高等职业教育电子信息类专业系列教材

电子技术基础

（模拟部分）

第二版
Second Edition

杨碧石　刘建兰　姜林林　编著

·北京·

内容简介

本书介绍半导体的基本知识及放大电路的基本概念、分析方法和电路指标计算。全书共8章，主要内容包括常用半导体器件、基本放大电路、集成运算放大器、模拟信号运算与处理电路、反馈放大电路、信号发生电路、功率放大电路和直流稳压电源等。本书每章后面都配有本章小结、本章关键术语、自我测试题、习题和综合实训，便于读者巩固所学理论知识，提高分析问题和解决问题的能力。

本书可作为职业院校电子、电气、自动化、计算机等有关专业的教材，也可作为自学者及相关技术人员的参考用书。

图书在版编目（CIP）数据

电子技术基础．模拟部分/杨碧石，刘建兰，姜林林编著．—2 版．—北京：化学工业出版社，2024.3
　ISBN 978-7-122-44847-7

Ⅰ.①电⋯　Ⅱ.①杨⋯②刘⋯③姜⋯　Ⅲ.①电子技术-高等职业教育-教材　Ⅳ.①TN

中国国家版本馆 CIP 数据核字（2024）第 051279 号

责任编辑：葛瑞祎		文字编辑：宋　旋	
责任校对：王　静		装帧设计：韩　飞	

出版发行：化学工业出版社
　　　　　（北京市东城区青年湖南街13号　邮政编码100011）
印　　装：三河市双峰印刷装订有限公司
787mm×1092mm　1/16　印张16¼　字数418千字
2025年2月北京第2版第1次印刷

购书咨询：010-64518888　　　售后服务：010-64518899
网　　址：http://www.cip.com.cn

凡购买本书，如有缺损质量问题，本社销售中心负责调换。

定　　价：49.00元　　　　　　　　　　　　版权所有　违者必究

第二版前言

电子技术是目前发展最快的学科之一。当今正处于一个知识爆炸的时代,知识的不断更新给学习带来了很大的压力。为学生提供一本深入浅出、通俗易懂的教材,是编著者一直奋斗的目标。一本合适的教材,除了在内容方面符合规定的教学要求外,更要立足于读者的基础和需求,按照科学的认识规律,引导读者循序渐进地学习新的知识。

基于上述目的,本书再版时为适应高职高专技术应用型人才能力培养的需要,立足于电路的典型性、教学的需要和实际应用。为满足不同教学需要,在第 1 版的基础上,本教材进行了以下改进:

(1)每章节中加入了"能量小贴士",通过兼具趣味性和科技性的拓展阅读,丰富学生视野,培养学生科技情怀,提升学生职业素养。

(2)在课程体系上以现代电子技术的基础知识、基本理论和基本技能为主线,突出器件与应用相结合、基础知识与实用技术相结合、理论教学与实践训练相结合。

(3)在内容取舍上,根据高职高专教学要求和特点,以应用为目的,做到理论精简、重点突出,对第 1 版中的第 1~4 章进行了整合简化处理,突出集成电路的应用,以提高学生的职业技能和实际应用能力。

(4)在陈述表达上,语言尽量做到简明扼要、深入浅出、层次分明、概念清楚,便于学生抓住重点,理解难点。

(5)增加在线测试,让学生可以随时练习,夯实基础,检验学习效果。

(6)配有丰富的数字化资源,包括微课、教学课件、授课计划、动画、例题库、习题解答等,学习者可以通过移动终端扫描二维码观看,辅教辅学,提高学习效果。教学课件可在化工教育网站上免费下载使用。

本书由杨碧石、刘建兰、姜林林共同编著。全书由杨碧石统稿。在本书编著过程中,得到了王力和车玲等老师的大力支持和帮助,他们对书稿提出了宝贵的意见,在此,向他们表示衷心的感谢。

希望本书能够得到专家、同行和学生的认同和指正,意见或建议可用 E-mail 发至 ntybs@126.com 或 ntybs@mail.ntvu.edu.cn。

编著者

目 录

第1章 常用半导体器件 ... 1

- 1.1 半导体的特性 ... 2
  - 1.1.1 本征半导体 ... 2
  - 1.1.2 杂质半导体 ... 3
  - 1.1.3 PN结的形成 ... 5
  - 1.1.4 PN结的单向导电性 ... 6
- 1.2 半导体二极管 ... 6
  - 1.2.1 二极管的单向导电性 ... 7
  - 1.2.2 二极管的伏安特性 ... 8
  - 1.2.3 二极管的主要参数 ... 9
  - 1.2.4 半导体二极管的基本应用 ... 10
  - 1.2.5 特殊二极管 ... 12
- 1.3 双极型三极管 ... 17
  - 1.3.1 三极管的结构和符号 ... 17
  - 1.3.2 三极管的电流分配与放大原理 ... 18
  - 1.3.3 三极管的特性曲线和主要参数 ... 20
  - 1.3.4 特殊三极管简介 ... 23
- 1.4 单极型三极管 ... 24
  - 1.4.1 N沟道增强型MOS管 ... 24
  - 1.4.2 N沟道耗尽型MOS管 ... 27
  - 1.4.3 P沟道MOS管简介 ... 28
  - 1.4.4 结型场效应管 ... 29
  - 1.4.5 场效应管主要参数 ... 30
  - 1.4.6 场效应管使用注意事项 ... 31
- 1.5 故障诊断和检测 ... 32
  - 1.5.1 二极管的简易测试 ... 32
  - 1.5.2 二极管电路的故障排查技术 ... 33
  - 1.5.3 三极管的简易测试 ... 33
  - 1.5.4 模拟电路的故障检测方法 ... 35
- 本章小结 ... 35
- 本章关键术语 ... 37

自我测试题 ———————————————————————— 37
习题 ————————————————————————— 38
综合实训 ———————————————————————— 42

第 2 章 基本放大电路 43

2.1 放大电路的组成和主要性能指标 ———————————— 44
　2.1.1 放大电路的组成 ——————————————— 44
　2.1.2 放大电路的主要性能指标 ———————————— 45
2.2 共发射极基本放大电路 ——————————————— 47
　2.2.1 共发射极放大电路的组成 ———————————— 47
　2.2.2 单管共射放大电路的放大原理 ——————————— 48
2.3 放大电路的静态分析 ———————————————— 49
　2.3.1 用估算法确定静态工作点 ———————————— 49
　2.3.2 用图解法确定静态工作点 ———————————— 50
2.4 放大电路的动态分析 ———————————————— 51
　2.4.1 图解法 —————————————————— 51
　2.4.2 微变等效电路法 ——————————————— 55
2.5 工作点稳定电路 —————————————————— 60
　2.5.1 温度对静态工作点的影响 ———————————— 61
　2.5.2 静态工作点稳定电路 ————————————— 61
2.6 放大电路的三种基本组态 —————————————— 63
　2.6.1 共集电极放大电路 —————————————— 64
　2.6.2 共基极放大电路 ——————————————— 66
　2.6.3 三种基本组态的比较 ————————————— 67
2.7 多级放大电路 ——————————————————— 68
　2.7.1 多级放大电路的组成 ————————————— 68
　2.7.2 多级放大电路的分析计算 ———————————— 69
2.8 单管共射放大电路的频率响应 ————————————— 70
　2.8.1 混合 π 等效电路 ——————————————— 71
　2.8.2 阻容耦合单管共射放大电路的频率响应 ——————— 71
　2.8.3 直接耦合单管共射放大电路的频率响应 ——————— 74
2.9 故障诊断和检测 —————————————————— 74
　2.9.1 放大电路静态故障检测 ————————————— 75
　2.9.2 放大电路动态故障检测 ————————————— 75
本章小结 ———————————————————————— 75
本章关键术语 —————————————————————— 76
自我测试题 ——————————————————————— 76
习题 ————————————————————————— 77
综合实训 ———————————————————————— 82

第3章 集成运算放大器

- 3.1 集成运算放大器的基本特点及基本组成 ... 84
  - 3.1.1 集成运算放大器的基本特点 ... 84
  - 3.1.2 集成运算放大器的基本组成 ... 84
- 3.2 电流源电路 ... 85
  - 3.2.1 镜像电流源 ... 85
  - 3.2.2 比例电流源 ... 86
  - 3.2.3 微电流源 ... 87
- 3.3 差动放大电路 ... 88
  - 3.3.1 差动放大电路的静态分析 ... 89
  - 3.3.2 差动放大电路差模信号的动态分析 ... 90
  - 3.3.3 差动放大电路共模信号的动态分析 ... 91
  - 3.3.4 带恒流源的差动放大电路 ... 94
- 3.4 集成运算放大器中的中间级和输出级电路 ... 95
  - 3.4.1 复合管电路 ... 96
  - 3.4.2 集成运算放大器的输出电路 ... 96
- 3.5 通用集成运算放大器 ... 97
  - 3.5.1 通用型集成运算放大器 F007 ... 97
  - 3.5.2 集成运算放大器的主要参数 ... 99
  - 3.5.3 理想运算放大器 ... 101
  - 3.5.4 集成运放使用中的几个问题 ... 102
- 3.6 故障诊断和检测 ... 103
- 本章小结 ... 104
- 本章关键术语 ... 104
- 自我测试题 ... 104
- 习题 ... 106

第4章 模拟信号运算与处理电路

- 4.1 基本运算电路 ... 110
  - 4.1.1 比例运算电路 ... 111
  - 4.1.2 求和运算电路 ... 114
  - 4.1.3 积分与微分运算电路 ... 116
- 4.2 对数和指数运算电路 ... 121
  - 4.2.1 对数运算电路 ... 121
  - 4.2.2 指数运算电路 ... 122
- 4.3 模拟乘法器及其应用 ... 123
  - 4.3.1 乘法器的工作原理 ... 123
  - 4.3.2 乘法器应用电路 ... 123
- 4.4 有源滤波器 ... 125
  - 4.4.1 滤波电路的作用和分类 ... 125

    4.4.2 低通滤波器 —— 125
    4.4.3 高通滤波器 —— 127
    4.4.4 带通滤波器 —— 127
    4.4.5 带阻滤波器 —— 128
  4.5 电压比较器 —— 128
    4.5.1 过零比较器 —— 129
    4.5.2 单限比较器 —— 130
    4.5.3 滞回比较器（施密特触发器）—— 130
    4.5.4 窗口比较器 —— 132
    4.5.5 集成电压比较器 —— 133
  4.6 信号检测系统中的放大电路 —— 134
    4.6.1 测量放大器 —— 134
    4.6.2 电荷放大器 —— 136
    4.6.3 隔离放大器 —— 136
  4.7 故障诊断和检测 —— 139
    4.7.1 同相运算电路的故障检测 —— 139
    4.7.2 反相运算电路的故障检测 —— 139
    4.7.3 加法运算电路的故障检测 —— 139
    4.7.4 比较器电路的故障检测 —— 140
本章小结 —— 140
本章关键术语 —— 141
自我测试题 —— 141
习题 —— 142
综合实训 —— 146

第5章 反馈放大电路 147

  5.1 反馈的概念 —— 148
    5.1.1 反馈的基本概念 —— 148
    5.1.2 反馈的一般表达式 —— 150
  5.2 负反馈放大电路的组态 —— 150
    5.2.1 电压串联负反馈放大电路 —— 151
    5.2.2 电压并联负反馈放大电路 —— 151
    5.2.3 电流串联负反馈放大电路 —— 152
    5.2.4 电流并联负反馈放大电路 —— 153
  5.3 负反馈对放大电路工作性能的影响 —— 154
    5.3.1 提高放大倍数的稳定性 —— 154
    5.3.2 减小非线性失真 —— 155
    5.3.3 拓宽频带 —— 156
    5.3.4 改变输入电阻和输出电阻 —— 156
    5.3.5 放大电路引入负反馈的一般原则 —— 158

5.4 深度负反馈放大电路的分析计算 ……………………………………… 159
    5.4.1 利用关系式 $A_f \approx \dfrac{1}{F}$ 估算反馈放大电路的

        电压放大倍数 ……………………………………… 159
    5.4.2 利用关系式 $X_i \approx X_f$ 估算反馈放大电路的

        电压放大倍数 ……………………………………… 159
    5.4.3 深度负反馈放大电路计算举例 ……………………… 160
5.5 负反馈放大电路的自激振荡和消除方法 ………………………… 162
    5.5.1 产生自激振荡的条件和原因 ………………………… 162
    5.5.2 消除自激振荡的常用方法 …………………………… 162
5.6 故障诊断和检测 ………………………………………………… 164
本章小结 ………………………………………………………………… 164
本章关键术语 …………………………………………………………… 164
自我测试题 ……………………………………………………………… 164
习题 ……………………………………………………………………… 165
综合实训 ………………………………………………………………… 169

第6章 信号发生电路　170

6.1 正弦波信号发生器 ……………………………………………… 171
    6.1.1 正弦波振荡电路的基本概念 ………………………… 171
    6.1.2 RC 正弦波振荡电路 ………………………………… 173
6.2 LC 正弦波信号发生器 …………………………………………… 175
    6.2.1 LC 并联电路的特性 ………………………………… 176
    6.2.2 变压器反馈式振荡电路 ……………………………… 177
    6.2.3 电感三点式振荡电路 ………………………………… 179
    6.2.4 电容三点式振荡电路 ………………………………… 180
    6.2.5 石英晶体振荡电路 …………………………………… 182
6.3 非正弦信号发生电路 …………………………………………… 184
    6.3.1 方波发生电路 ………………………………………… 184
    6.3.2 三角波发生电路 ……………………………………… 186
    6.3.3 压控振荡器 …………………………………………… 188
6.4 故障诊断和检测 ………………………………………………… 189
    6.4.1 正弦波发生电路的故障检测 ………………………… 189
    6.4.2 非正弦波发生电路的故障检测 ……………………… 190
本章小结 ………………………………………………………………… 190
本章关键术语 …………………………………………………………… 190
自我测试题 ……………………………………………………………… 190
习题 ……………………………………………………………………… 191
综合实训 ………………………………………………………………… 195

第 7 章　功率放大电路　　196

- 7.1 功率放大电路的基本要求及分类 —— 196
  - 7.1.1 功率放大电路的基本要求 —— 197
  - 7.1.2 功率放大电路的分类 —— 198
- 7.2 互补对称式功率放大电路 —— 199
  - 7.2.1 OCL 乙类功率放大电路 —— 199
  - 7.2.2 OCL 功率放大电路参数分析计算 —— 200
  - 7.2.3 OCL 甲乙类功率放大电路 —— 202
  - 7.2.4 单电源功率放大电路 —— 203
  - 7.2.5 前置级为运放的功率放大电路 —— 204
- 7.3 集成功率放大电路 —— 204
  - 7.3.1 集成功率放大器 LM386 简介 —— 205
  - 7.3.2 集成功率放大器 LM386 的应用 —— 206
- 7.4 故障诊断和检测 —— 207
  - 7.4.1 甲类功率放大器的故障检测 —— 207
  - 7.4.2 甲乙类功率放大器的故障检测 —— 208
- 本章小结 —— 208
- 本章关键术语 —— 208
- 自我测试题 —— 209
- 习题 —— 210
- 综合实训 —— 213

第 8 章　直流稳压电源　　214

- 8.1 直流稳压电源的基本组成 —— 214
- 8.2 滤波电路 —— 215
  - 8.2.1 电容滤波电路 —— 216
  - 8.2.2 LC 滤波电路 —— 218
  - 8.2.3 RC 滤波电路 —— 220
- 8.3 串联型直流稳压电路 —— 220
  - 8.3.1 电路组成和工作原理 —— 220
  - 8.3.2 输出电压的调节范围 —— 222
  - 8.3.3 调整管的选择 —— 222
  - 8.3.4 稳压电源过载保护电路 —— 225
- 8.4 集成稳压器 —— 226
  - 8.4.1 三端集成稳压器的组成 —— 227
  - 8.4.2 三端集成稳压器的应用 —— 228
  - 8.4.3 三端式可调集成稳压器 —— 231
- 8.5 开关型稳压电路 —— 232
  - 8.5.1 开关型稳压电路的特点和分类 —— 233
  - 8.5.2 开关型稳压电源的基本工作原理 —— 233

  8.6 故障诊断和检测 ……………………………………………… 235
    8.6.1 变压器故障检测 ………………………………………… 236
    8.6.2 滤波电路故障检测 ……………………………………… 236
    8.6.3 稳压电路故障检测 ……………………………………… 236
 本章小结 ……………………………………………………………… 236
 本章关键术语 ………………………………………………………… 237
 自我测试题 …………………………………………………………… 237
 习题 …………………………………………………………………… 238
 综合实训 ……………………………………………………………… 241

附录 Multisim 简介   242

部分习题参考答案   245

参考文献   249

常用半导体器件

学习目标

要掌握： 半导体的基本结构、特性及导电原理；N 型和 P 型半导体的性质；PN 结形成过程；二极管工作原理、伏安特性及主要参数；特殊二极管的工作原理和主要特点；三极管的基本结构、工作原理、伏安特性及主要参数。

会画出： 二极管的主要应用电路；特殊二极管的实际应用电路。

会使用： 二极管和三极管的检测方法，二极管应用电路中的故障诊断和排除方法。

会应用： 用实验或 Multisim 软件分析和调试二极管实际应用电路。

本章主要介绍半导体的特性、半导体二极管和半导体三极管。

半导体中存在两种载流子，即自由电子和空穴，电子带负电，空穴带正电。纯净的半导体称为本征半导体，它的导电能力很差。掺有其他元素的半导体称为杂质半导体，其导电能力与掺杂的浓度有关。纯净的半导体中掺入不同的杂质元素，可以得到 N 型半导体和 P 型半导体，N 型半导体中多数载流子是自由电子，P 型半导体中多数载流子是空穴。

采用一定的工艺措施，使 P 型半导体和 N 型半导体结合在一起，在二者的交界处形成一个空间电荷层——PN 结，这是制造各种半导体器件的基础。

PN 结的基本特点是具有单向导电性，PN 结正向偏置时导通，反向偏置时截止。

半导体二极管就是利用一个 PN 结加上外壳，引出两个电极而制成的，故具有单向导电性，半导体二极管的性能可用其伏安特性来描述，其伏安特性有正向特性和反向特性，分别描述半导体二极管正偏和反偏时的工作性能。

半导体二极管可以用于整流和检波等电路。除普通半导体二极管外，本章还将介绍特殊半导体二极管如稳压二极管、变容二极管、发光二极管、光电二极管等的工作原理和基本应用。

半导体三极管是常用的半导体器件。本章主要讨论半导体三极管的结构、工作原理、特性曲线、主要参数。

半导体器件是组成各种电子电路包括模拟和数字电路、分立元件和集成电路的基础。本章在讨论半导体的特性的基础上，介绍半导体二极管和三极管的结构、工作原理、特性曲线、主要参数及二极管的基本应用。

下面首先讨论半导体的特性。

1.1 半导体的特性

在物理学中已知,自然界的各种物质,根据其导电能力的差别,可分为导体、绝缘体、半导体三大类。物质的导电性能决定于原子结构的最外层电子,导体一般为低价元素,它们的最外层电子极容易挣脱原子核的束缚而成为自由电子,并在外电场的作用下产生定向移动,形成电流;高价元素(如惰性气体)或高分子物质(如橡胶),它们的最外层电子所受的原子核束缚力很强,很难成为自由电子,所以这些物质的导电性能很差,是绝缘体。而半导体一般为四价元素的物质,例如硅、锗。硅和锗的原子序数分别为 14 和 32。但它们有一个共同点,即原子最外层的轨道上均有 4 个价电子,所以称它们为四价元素。硅(锗)的原子在空间排列成规则的晶格,

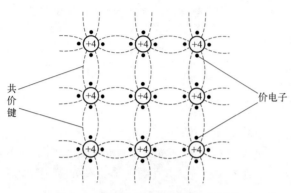

图 1.1 晶体中的共价键结构示意图

结构为晶体结构。它们最外层的价电子之间以共价键的形式结合起来,结构比较稳定,共价键结构示意图如图 1.1 所示。

半导体的导电能力介于导体和绝缘体之间,而且其导电能力在外界其他因素的作用下会发生显著的变化。例如,半导体中加入杂质(称为"掺杂")后其导电能力(电导率)发生明显的变化,各种不同器件的制作,正是利用了掺杂来改变和控制半导体的电导率;温度的变化也会使半导体的电导率发生变化,利用这种热敏效应,可以制作出热敏元件,但热敏效应也会使半导体器件的热稳定性下降;光照也可以改变半导体的电导率,利用这种光电效应,可以制作出光电二极管、光电三极管、光电耦合器和光电电池等。

归纳

半导体具有掺杂性、热敏性和光敏性 3 个特性。

1.1.1 本征半导体

纯净的、不含其他杂质的半导体称为本征半导体。本征半导体在热力学温度 $T=0K$(相当于 $-273℃$)时不导电,如同绝缘体一样。本征半导体在环境温度升高或光照的作用下,将有少数价电子获得足够的能量,以克服共价键的束缚而成为自由电子。在没有外加电场时自由电子做无规则的运动。价电子离开共价键后,在该共价键处留下一个空位,这种带正电荷的空位称为"空穴"。在本征半导体中,自由电子和空穴是成对出现的,即自由电子与空穴

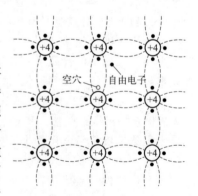

图 1.2 本征半导体结构示意图

数目相等,如图 1.2 所示。相邻共价键中的价电子可以在获得能量后移至有空穴的共价键,并在原来的位置上产生一个新的空穴。这种新的空穴可以在外加电场作用下运动,价电子运

动填补一个空穴后，在原来所处位置上产生一个新的空穴，空穴运动的方向与价电子运动的方向相反。在没有外加电场时，如同自由电子一样，空穴在晶体中也做无规则的运动，对外部不显现电流。

> **能量小贴士**
>
> **拓展阅读：** 本征半导体的晶体结构中，有极少数的价电子获得足够能量，克服共价键的束缚变成自由电子，同时产生了空穴。自由电子带负电，而空穴带正电，说明了电子与空穴是对立的，但两者共同参与导电，说明又具有统一性。这里应用了辩证法三大规律中的对立统一规律。

当有外加电场时，自由电子和空穴都在电场的作用下做定向运动：自由电子带负电逆电场方向而运动，而空穴带正电表现为顺电场方向而运动。这种定向运动叠加在原来的无规则运动上，对外部显现电流。自由电子和空穴都是载运电流的粒子，统称为载流子。将自由电子移动形成的导电现象简称为电子导电，而将空穴移动形成的导电现象简称为空穴导电。

不难看出，在本征半导体中自由电子与空穴总是成对出现的，成为电子-空穴对。本征半导体具有一定的导电能力，但因其自由电子的数量很少，所以导电能力很弱。产生电子-空穴对的物理现象称为激发，激发数目的多少与温度有关。在实际的半导体中，除了产生电子-空穴对以外，还存在一个逆过程，即自由电子也会释放能量而进入有空穴的共价键，同时消失一个自由电子和空穴，这种现象称为复合。当温度一定时，激发与复合的数量相等，维持动态平衡。

1.1.2 杂质半导体

本征半导体中虽然存在着两种载流子，但因本征半导体载流子的浓度很低，所以它的导电能力很差。但是在本征半导体中掺入某种特定的杂质后，其导电性能将发生质的变化。利用这一特性，可以制成各种性能的半导体器件。掺入杂质的半导体称为杂质半导体。根据掺入杂质性质的不同，可以分为电子型半导体和空穴型半导体。载流子以电子为主的半导体称为电子型半导体或 N 型半导体；载流子以空穴为主的半导体称为空穴型半导体或 P 型半导体。

（1） N 型半导体

在本征半导体（四价元素硅或锗的晶体）中掺入少量的五价杂质元素，如磷、锑和砷等，则原来晶格中的某些硅原子将被杂质原子代替。由于杂质原子的最外层有 5 个价电子，因此，它与周围 4 个硅原子组成共价键时多余一个电子。这个电子不受共价键束缚，而只受自身原子核的吸引。这种束缚力比较微弱，因此，只需较小的能量便可激发使其成为自由电子（如在室温下即可成为自由电子），如图 1.3 所示。因为五价杂质原子可以提供电子，所以称为"施主原子"或"施主杂质"。五价原子提供一个电子（成为自由电子）后，本身因失去电子而成为正离子，但并不产生新的空穴，因为五价原子周围的共价键中没有空穴，这与本征半导体成对产生载流子的原理有所不同。

在这种杂质半导体中，除了由本征激发产生电子-空穴对外，还有五价原子提供的大量自由电子，因而自由电子的浓度将大大高于空穴的浓度，所以主要依靠电子导电，故称为电子型半导体或 N 型半导体。N 型半导体中的自由电子称为"多数载流子"（简称"多子"），而其中的空穴称为"少数载流子"（简称"少子"）。

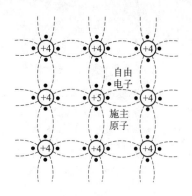

图 1.3　N 型半导体结构示意图

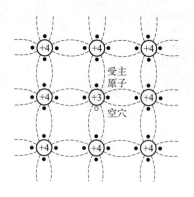

图 1.4　P 型半导体结构示意图

（2）P 型半导体

在本征半导体中掺入少量的三价杂质元素，如硼、锡和铟等，可以形成 P 型半导体。此时杂质原子的最外层有 3 个价电子，因此，它与周围 4 个硅原子组成共价键时，由于缺少一个电子而形成空穴，如图 1.4 所示。因为三价杂质原子提供一个空穴而可以接受一个电子，所以称为"受主原子"或"受主杂质"。在这种杂质半导体中，空穴的浓度将大大高于自由电子的浓度。因主要依靠空穴导电，故称为空穴型半导体或 P 型半导体。P 型半导体中的空穴称为"多数载流子"（简称"多子"），而其中的自由电子称为"少数载流子"（简称"少子"）。

提示

在杂质半导体中，多数载流子的浓度主要取决于掺入的杂质浓度；而少数载流子浓度主要取决于温度。

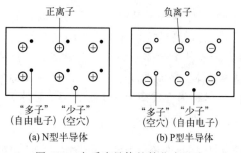

图 1.5　杂质半导体的简化表示法

对于杂质半导体来说，无论是 N 型半导体或 P 型半导体，从总体上看，仍然保持着电中性。以后，为简单起见，通常只画出其中的正离子和等量的自由电子来表示 N 型半导体；同样，只画出负离子和等量的空穴来表示 P 型半导体，杂质半导体（N 型、P 型）的简化表示方法如图 1.5 所示。

总之，在纯净的半导体中掺入杂质以后，其导电性能将大大改善。例如，在四价的硅原子中掺入百万分之一的三价杂质硼原子后，在室温时的电阻率与本征半导体相比，将下降到五十万分之一，可见导电能力大大提高了。当然，仅仅提高导电能力不是最终目的，因为导体的导电能力更强。

归纳

杂质半导体的奇妙之处在于，掺入不同性质、不同浓度的杂质，并使 P 型半导体和 N 型半导体采用不同的方式组合，可以制造出形形色色、品种繁多、用途各异的半导体器件。

1.1.3 PN结的形成

将P型半导体与N型半导体在保证晶格连续的情况下结合在一起,在其交界面形成一个具有特殊导电性能的区域——PN结。PN结是构造半导体器件的基本单元。

半导体内的电流就其实质来说,和导体中的电流一样,都是电子在移动。但半导体中电子的移动比导体要复杂得多。首先,导体中只有自由电子导电,而半导体中,除了自由电子形成电流外,还有空穴运动形成电流。其次,导体中是自由电子在电场作用下运动产生电流,而在半导体中有两种运动产生电流。

在P型半导体和N型半导体交界面两侧,电子和空穴的浓度截然不同,P型区内空穴浓度远远大于N型区,N型区内电子浓度远远大于P型区。由于存在浓度差,所以P型区内空穴向N型区扩散,N型区内电子向P型区扩散。这种由存在浓度差引起的载流子从高浓度区域向低浓度区域的运动称为扩散运动,所形成的电流称为扩散电流。

P型区的空穴向N型区扩散并与N型区的电子复合,N型区的电子向P型区扩散并与P型区的空穴复合。P型区一边失去空穴,留下了带负电的"受主杂质离子";N型区一边失去电子,留下了带正电的"施主杂质离子"。这些带电的杂质离子,由于物质结构的关系,不能随意移动,不参与导电,因而在交界面附近出现了带电离子集中的薄层,称为空间电荷层,又称耗尽层或阻挡层,如图1.6所示。空间电荷区的左半部是带负电的杂质离子,右半部是带正电的杂质离子,从而在空间电荷区中形成了一个由N型区指向P型区的内建电场,称为内电场。在内电场的作用下,N型区中的"少子"空穴向P型区漂移,P型区中的"少子"电子向N型区漂移。载流子在内电场作用下的这种运动称为漂移运动,所形成的电流称为漂移电流。

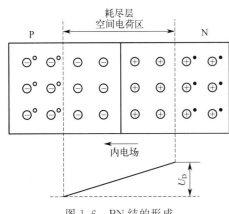

图1.6 PN结的形成

拓展阅读: PN结形成过程中,先有多子的扩散运动,后有少子的漂移运动,看似对立的两种运动,在达到动态平衡时,就形成了PN结。说明了扩散运动与漂移运动是对立的,但两者共同作用说明又具有统一性,这就是辩证法中的对立统一规律。

归纳

在半导体PN结中进行着两种载流子运动,即多数载流子的扩散运动和少数载流子的漂移运动,而两种运动相互制约,最终两种载流子运动达到动态平衡。达到动态平衡后的PN结,内建电场的方向由N型区指向P型区,说明N型区的电位比P型区高,这个电位差称为电位势垒U_D(又称"导通电压"或"死区电压")。电位势垒与材料有关,硅材料的为0.6~0.8V,锗材料的为0.2~0.3V。

1.1.4 PN 结的单向导电性

假设在 PN 结上加一个正向电压,即电源的正极接 P 型区,电源的负极接 N 型区。PN 结的这种接法称为正向接法或称正向偏置(简称正偏)。

正向接法时,外电场的方向与 PN 结中内电场的方向相反,因而削弱了内电场。此时,在外电场的作用下,P 型区中的空穴向右移动,与空间电荷区内的一部分负离子中和;N 型区中的电子向左移动,与空间电荷区内的一部分正离子中和。结果,由于多子移向了耗尽层,使空间电荷区的宽度变窄,于是电位势垒也随之降低,这将有利于多数载流子的扩散运动,而不利于少数载流子的漂移运动。因此,回路中的扩散电流将大大超过漂移电流,最后形成一个较大的正向电流,其方向在 PN 结中是从 P 型区流向 N 型区。

正向偏置时,只要在 PN 结两端加上一定的正向电压(大于电位势垒),即可得到较大的正向电流。为了防止回路中电流过大,一般可接入一个电阻。

假设在 PN 结上加上一个反向电压,即电源的正极接 N 型区,而电源的负极接 P 型区,这种接法称为反向接法或反向偏置(简称反偏)。

反向接法时,外电场的方向与 PN 结中内电场的方向一致,因而增强了内电场的作用。此时,外电场使 P 型区中的空穴和 N 型区中的电子各自向着远离耗尽层的方向移动,从而使空间电荷区变宽,同时电位势垒也随之增高,其结果将不利于多数载流子的扩散运动,而有利于少数载流子的漂移运动。因此,漂移电流将超过扩散电流,于是在回路中形成一个基本上由少数载流子运动产生的反向电流,方向在 PN 结中是从 N 型区流向 P 型区。因为少数载流子的浓度很低,所以反向电流的数值非常小。在一定温度下,当外加反向电压超过某个值(大约零点几伏)后,反向电流将不再随着外加反向电压的增加而增大,所以又称为反向饱和电流,通常用符号 I_S 表示。正因为反向饱和电流是由少数载流子产生的,所以对温度十分敏感。随着温度的升高,I_S 将急剧增大。

归纳

当 PN 结正向偏置时,回路中将产生一个较大的正向电流,PN 结处于导通状态;当 PN 结反向偏置时,回路中的反向电流非常小,几乎等于零,PN 结处于截止状态。可见,PN 结具有单向导电性。

思考题

1. 本征半导体中有几种载流子?其浓度与什么有关?
2. P 型半导体和 N 型半导体是如何形成的?
3. 本征半导体和杂质半导体存在哪些差别?
4. 什么是扩散运动和漂移运动?PN 结的正向电流和反向电流是何种运动的结果?
5. 什么是 PN 结?PN 结是如何形成的?如何理解 PN 结的单向导电性?

1.2 半导体二极管

在 PN 结的外面装上管壳,再引出两个电极,就可以做成半导体二极管（以下称为二极管）。图 1.7 所示为二极管的图形符号，其中正极（阳极）从 P 型区引出，负极（阴极）从 N 型区引出。

图 1.7 二极管的符号

二极管的类型很多，从制造二极管的材料来分，有硅二极管和锗二极管。从管子的结构来分，主要有点接触型和面接触型。点接触型二极管的特点是 PN 结的面积小，因而，管子中不允许通过较大的电流，但是因为它们的结电容也小，可以在高频下工作，适用于检波电路。面接触型二极管则相反，由于 PN 结的面积大，故允许流过较大的电流，但只能在较低频率下工作，可用于整流电路。此外还有一种开关型二极管，适于在脉冲数字电路中作为开关管。几种常用二极管的外形如图 1.8 所示。

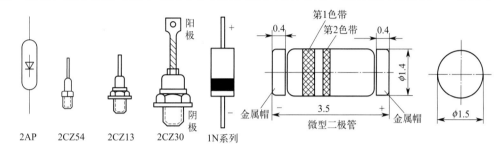

图 1.8 几种常用二极管的外形

1.2.1 二极管的单向导电性

（1）实验观察

按图 1.9 所示电路连接电路图，观察两个指示灯的发光情况，说明二极管的工作状态。

用多媒体讲课时，也可以用软件仿真演示。

（2）知识探索

实验中当开关 S 闭合时，电源的正极接二极管 VD_1 的正极，电源的负极通过指示灯 L_1 接二极管 VD_1 的负极。二极管的这种接法称为正向接法或称正向偏置（简称正偏）。

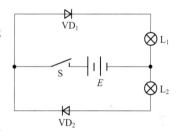

图 1.9 二极管的实验电路

在一定温度下，当外加反向电压超过某个值（大约零点几伏）后，反向电流将不再随着外加反向电压的增加而增大，所以又称为反向饱和电流，通常用符号 I_S 表示。随着温度的升高，I_S 将急剧增大。

正向接法时，只要在二极管两端加上一定的正向电压（大于电位势垒），即可得到较大的正向电流，所以指示灯发光。

实验中当开关 S 闭合时，电源的正极接二极管 VD_2 的负极，电源的负极通过指示灯 L_2 接二极管 VD_2 的正极。二极管的这种接法称为反向接法或称反向偏置（简称反偏）。反向接法时，电路中的反向电流很小（约等于零），所以指示灯不亮。

当二极管正向偏置时，所在电路中将产生一个

二极管具有单向导电性。

较大的正向电流,二极管处于导通状态;当二极管反向偏置时,所在电路中的反向电流非常小,几乎等于0,二极管处于截止状态。

1.2.2 二极管的伏安特性

二极管的性能可用其伏安特性来描述。二极管两端电压 u_D 与流过的电流 i_D 间的关系称为伏安特性,二极管的伏安特性可用 i_D 与 u_D 之间关系的函数式 $i_D = f(u_D)$ 来表示,也可用 i_D 与 u_D 之间的曲线来表示。

一个典型的二极管的伏安特性曲线如图1.10所示。特性曲线分为两部分:加正向电压时的特性称为正向特性(图中右半部分);加反向电压时的特性称为反向特性(图中左半部分)。

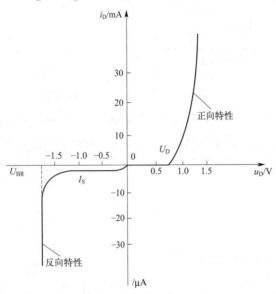

图1.10 二极管的伏安特性曲线

(1)正向特性

当加在二极管上的正向电压比较小时,由于外电场不足以克服内电场对载流子扩散运动造成的阻力,所以正向电流很小,几乎等于零。只有当加在二极管两端的正向电压超过某一数值时,正向电流才明显地增大。正向特性上的这一数值(U_D)通常称为"导通电压"或称为"死区电压",如图1.10所示。导通电压的大小与二极管的材料以及温度等因素有关。一般硅二极管的导通电压为0.6~0.8V,锗二极管的导通电压为0.2~0.3V。

当正向电压超过导通电压以后,随着电压的升高,正向电流将迅速增大。电流与电压的关系基本上是一条指数曲线。

> **能量小贴士**
>
> **拓展阅读:** 在二极管正向特性中,当正向电压超过导通电压后,正向电流将迅速增大,二极管由截止变为导通,这是量变到质变转化的过程,这里应用了辩证法三大规律中的量变质变规律。当二极管正向电压 u_D 从0增大到 U_D 期间,有电压而无电流通过,称为"死区"。正像一个人成功前都有一段默默无闻的奋斗时期,克服了这段时期,就可以获得量变到质变的跳跃,正像二极管迅速导通一样。

根据半导体物理的原理,可用下式来近似描述二极管的伏安特性:

$$i_D = I_S(e^{u_D/U_T} - 1) \tag{1.1}$$

式中,I_S 为二极管的反向饱和电流;U_T 为温度的电压当量(在常温下为26mV)。

(2)反向特性

由图1.10可见,当在二极管上加上反向电压时,反向电流的值很小。而且当反向电压超过零点几伏以后，反向电流不再随着反向电压而增大，即达到了饱和，这个电流称为反向饱和电流，用符号 I_S 表示。如果使反向电压继续升高，当超过 U_{BR} 以后，反向电流将急剧增大，这种现象称为击穿，U_{BR} 称为反向击穿电压。

二极管发生击穿的原因有两种：一种是空间电荷层里的载流子在外加电压的作用下，获得了足够的能量，和原子碰撞而产生新的载流子，这种过程不断地进行，使得新产生的载流子雪崩式地增长，表现为反向电流急剧增大，二极管出现击穿，这种击穿称为雪崩击穿；另一种是对于掺杂浓度高的PN结，空间电荷层的宽度很薄，所以在较低的反向电压下，空间电荷层中就有较强的电场，足以把空间电荷层里的半导体原子中的价电子从共价键中激发出来，使反向电流突然增大，出现击穿，这种击穿称为齐纳击穿。击穿电压高于7V时为雪崩击穿，击穿电压低于4V时为齐纳击穿。

发生击穿并不意味着二极管被损坏。实际上，当反向击穿时，只要注意控制反向电流的数值，不使其过大，以免因过热而烧坏二极管，则当反向电压降低时，二极管的性能可以恢复正常。

二极管反向击穿分两种：当二极管反向击穿后，反向电流还不太大时，二极管的功耗不大，PN结的温度没有超过允许的最高结温，二极管（PN结）仍不会损坏，一旦降低反向电压，二极管仍能正常工作，这种击穿是可逆的，称为电击穿；当发生电击穿后，若仍继续增加反向电压，反向电流也随之增大，管子会因功耗过大使PN结的温度超过最高允许的温度而烧坏，造成二极管的永久性损坏，这种击穿是不可逆的，称为热击穿。

1.2.3　二极管的主要参数

半导体（电子）器件的参数是其特性的定量描述，也是实际工作中根据要求选用器件的主要依据。各种器件的参数可由手册查得。二极管的主要参数有以下几个。

（1）最大整流电流 I_F

指二极管长期运行时，允许通过管子的最大正向平均电流。I_F 的数值由二极管面积和散热条件所决定。使用时，管子的平均电流不得超过此值，否则可能使二极管过热而损坏。

（2）最高反向工作电压 U_R

工作时加在二极管两端的反向电压不得超过此值，否则二极管可能被击穿。为了留有余地，通常将击穿电压 U_{BR} 的一半定为最高反向工作电压 U_R。

（3）反向电流 I_R

反向电流 I_R 指在室温条件下，在二极管两端加上规定的反向电压时，流过管子的反向电流。通常希望 I_R 值愈小愈好。反向电流愈小，说明二极管的单向导电性愈好。此外，由于反向电流是由少数载流子形成的,所以 I_R 受温度的影响很大。

(4)最高工作频率 f_M

最高工作频率 f_M 主要决定于 PN 结结电容的大小。结电容愈大,则二极管允许的最高工作频率愈低。

思考题

1. 二极管有几种结构类型?各适用于什么场合?
2. 二极管的伏安特性曲线分为哪几个部分?各有什么特点?
3. 二极管导通电压和击穿电压哪一个电压较大?当温度升高时,其导通电压如何变化?
4. 理想情况下,二极管在什么偏置下相当于一个开关的打开和闭合?
5. 二极管何时会产生反向击穿的现象?

1.2.4 半导体二极管的基本应用

二极管的单向导电特性使它在电子电路中得到了广泛的应用。下面介绍一些二极管在模拟电子电路中的基本应用。

(1)整流电路

利用二极管的单向导电特性,可以将交流电变换为单向脉动直流电,完成整流作用。完成整流功能的电路称为整流电路。根据交流电的相数,整流电路可分为单相整流和三相整流。而以电路形式区分,整流电路有半波整流电路、全波整流电路和桥式整流电路等,其中单相桥式整流电路在小型电子设备或小功率电路中使用较为广泛,单相桥式整流电路如图 1.11 所示。

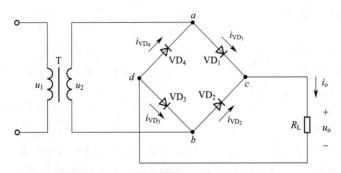

图 1.11 单相桥式整流电路

为简化分析,二极管采用理想二极管,即正向电压作用时,作为短路处理;反向电压作用时,作为开路处理。

① 工作原理。由图 1.11 可知,在 u_2 的正半周期间,a 端为正,b 端为负,二极管 VD_1、VD_3 正偏导通,VD_2、VD_4 反偏截止。回路中电流的通路为:$a \rightarrow VD_1 \rightarrow c \rightarrow R_L \rightarrow d \rightarrow VD_3 \rightarrow b$。负载 R_L 中的电流 i_o 及其两端电压 u_o 的波形如图 1.12 中 $0 \sim \pi$ 区间所示。

在 u_2 的负半周期间,a 端为负,b 端为正,二

极管 VD_2、VD_4 正偏导通，VD_1、VD_3 反偏截止。回路中电流的通路为：$b \rightarrow VD_2 \rightarrow c \rightarrow R_L \rightarrow d \rightarrow VD_4 \rightarrow a$。负载 R_L 中的电流 i_o 及其两端电压 u_o 的波形如图 1.12 中 $\pi \sim 2\pi$ 所示。

通过上述分析可知，在 u_2 的整个周期内，R_L 上都获得极性一定，但大小变动的脉动直流电压和脉动直流电流。

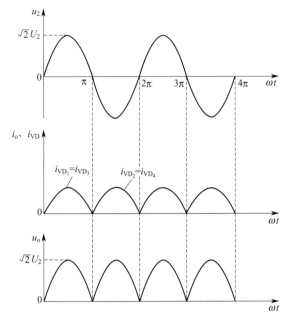

图 1.12 单相桥式整流电路工作波形

练习

请用实验来测试图 1.11 所示电路的整流功能（或用 Multisim 软件仿真）。

② 参数计算。单相桥式整流电路的整流电压的平均值，即输出电压 u_o 的直流分量 $U_{O(AV)}$ 为

$$U_{O(AV)} = \frac{1}{\pi} \int_0^\pi \sqrt{2} U_2 \sin\omega t \, d\omega t$$

$$= \frac{2\sqrt{2}}{\pi} U_2 = 0.9 U_2 \quad (1.2)$$

负载电阻 R_L 中的直流电流 $I_{O(AV)}$（即负载电流平均值）为

$$I_{O(AV)} = \frac{U_{O(AV)}}{R_L} = 0.9 \frac{U_2}{R_L} \quad (1.3)$$

单相桥式整流电路中，每两个二极管串联后在 u_2 的正、负半周轮流导通，因此，流过每个二极管的电流相等且为负载中平均电流的一半，即

$$I_{VD(AV)} = I_{VD_1(AV)} = I_{VD_2(AV)} = I_{VD_3(AV)} = I_{VD_4(AV)} = \frac{1}{2} I_{O(AV)} = 0.45 \frac{U_2}{R_L} \quad (1.4)$$

当 VD_1、VD_3 导通时，在理想条件下，VD_2、VD_4 的阴极与 a 端是等电位的点，VD_2、VD_4 的阳极与 b 端是等电位的点，因此其两端的最高反向工作电压即为交流电压 u_2 的最大值；同理，当 VD_2、VD_4 导通时，在理想条件下，VD_1、VD_3 的阴极与 b 端是等电位的点，VD_1、VD_3 的阳极与 a 端是等电位的点，因此其两端的最高反向工作电压也为交流电压 u_2 的最大值，即

$$U_{DRM} = \sqrt{2} U_2 \quad (1.5)$$

在工程应用中，上述式(1.4) 和式(1.5) 作为选用二极管的依据。

（2）检波电路

在通信、广播、电视及测量仪器中，常常用二极管检波。以广播系统为例，为了使频率较低的语音信号能远距离传输，往往用表达语音信号的电压波形去控制频率一定的高频正弦波电压的幅度，称为调制。调制后的高频信号经天线可以发送到远方。这种幅度被调制的调制波被收音机输入调谐回路"捕获"后，经放大，可由检波电路检出调制的语音信号。图 1.13 所示为二极管检波电路及工作波形。

（3）限幅电路

利用二极管的单向导电特性和导通后两端电压基本不变的特点，可以组成限幅电路（或称削波电路），用来限制输出电压的幅度。图 1.14 所示为双向限幅电路，设二极管为理想二

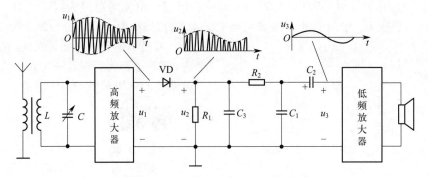

图 1.13　二极管检波电路及工作波形

极管，输入信号 u_i 是幅值为 15V 的正弦波。

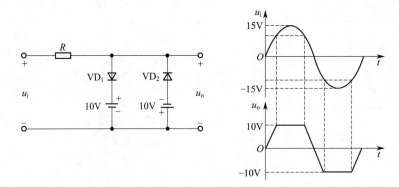

图 1.14　二极管双向限幅电路

当输入信号 u_i 为正半周且大于 10V 时，VD_1 导通，VD_2 截止，输出电压被限定在 10V；当输入信号 u_i 为负半周小于 $-10V$ 时，VD_2 导通，VD_1 截止，输出电压被限定在 $-10V$；当输入信号 u_i 在 -10～$+10V$ 之间变化时，VD_1 和 VD_2 均截止，$u_o = u_i$。可见，电路把输出电压限制在 $\pm10V$ 的范围之内。

练习

请用实验来测试图 1.14 所示电路的限幅功能（或用 Multisim 软件仿真）。

思考题

1. 某单相桥式整流电路的输入是峰值为 20V 的正弦波，则输出电压的峰值是多少？
2. 桥式整流电路中的一个二极管开路对输出会有什么影响？
3. 如果桥式整流电路中的一个二极管短路，会有什么可能的结果？
4. 整流的直流电压小于其应该具有的值，可能的问题是什么？
5. 说明检波电路、限幅电路的作用。

1.2.5　特殊二极管

除普通二极管外，还有一些二极管由于使用的材料和工艺特殊，从而具有特殊的功能和用途,这种二极管属于特殊二极管,如稳压二极管、变容二极管、发光二极管、光电二极管等。

(1)稳压二极管

稳压二极管(又称齐纳二极管)是一种特殊的面接触型硅二极管,由于它在电路中能起稳定电压的作用,故称为稳压二极管,简称稳压管,其伏安特性及符号如图 1.15 所示。稳压二极管工作在反向击穿区,则当反向电流的变化量 ΔI 较大时,管子两端相应的电压变化量 ΔU 都很小,说明其具有"稳压"特性。

下面分析稳压二极管的主要参数与稳压二极管应用电路。

① 稳压二极管参数。

a. 稳定电压 U_Z。U_Z 是指稳压管工作在反向击穿区时的稳定工作电压。稳定电压 U_Z 是根据要求挑选稳压管的主要依据之一。由于稳定电压随着工作电流的不同而略有变化,所以测试 U_Z 时应使稳压管的电流为规定值。不同型号的稳压管,其稳定电压的值不同。对于同一型号的稳压管,由于制造工艺的分散性,各个不同管子的 U_Z 值也有些差别。例如稳压管 2DW7C 其 $U_Z = 6.1 \sim 6.5\mathrm{V}$,表

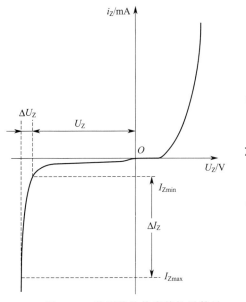

图 1.15 稳压管的伏安特性及符号

示型号同为 2DW7C 的不同的稳压管,其稳定电压有的可能为 6.1V,有的可能为 6.5V 等,但并不意味着同一个管子的稳定电压会有如此大的变化范围。

b. 稳定电流 I_Z。I_Z(I_{Zmin})是指稳压管的工作电压等于稳定电压时通过管子所需的最小电流。若低于此值,无稳压效果;若高于此值,只要不超过最大工作电流 I_{ZM} 均可以正常工作,且电流愈大,稳压效果愈好。

c. 动态内阻 r_z。r_z 指稳压管两端电压和稳压管中电流的变化量之比,即 $r_z = \Delta U_Z / \Delta I_Z$,稳压管的反向特性曲线愈陡,则动态内阻愈小,稳压性能愈好。

d. 电压的温度系数 α_U。α_U 表示当稳压管的电流保持不变时,环境温度每变化1℃能引起的稳定电压变化的百分比。一般来说,稳定电压大于 7V 的稳压管(属于雪崩击穿)的 α_U 为正值,稳定电压小于 4V 的稳压管(属于齐纳击穿)的 α_U 为负值,而稳定电压在 4~7V 之间的稳压管(两种击穿都有可能发生,也可能同时发生)的温度稳定性较好。

e. 最大工作电流 I_{ZM} 和最大耗散功率 P_{ZM}。I_{ZM}(I_{Zmax})是指管子允许通过的最大电流。P_{ZM} 等于最大工作电流 I_{ZM} 和它对应的稳定电压 U_Z 的乘积,它是由管子的温升所决定的参数。I_{ZM} 和 P_{ZM} 是为了保证管子不发生热击穿而规定的极限参数。

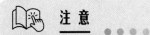

稳压管应用时需注意几个问题:第一,应确保稳压管工作在反向偏置状态(除利用正向特性稳压外);第二,稳压管工作时的电流应在 I_Z 和 I_{ZM} 之间,因而电路中必须串接限流电阻;第三,稳压管可以串联使用,串联后的稳压值为各管稳压值之和,但不能并联使用,以免因稳压管稳压值的差异造成各管电流分配不均匀,引起管子过载而损坏。

② 稳压二极管稳压电路。

稳压二极管组成的稳压电路如图 1.16 所示，其中 U_I 为未经稳定的直流输入电压，R 为限流电阻，R_L 为负载电阻，U_O 为稳压电路的输出电压。

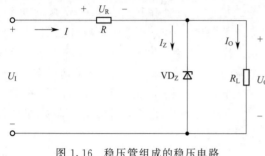

图 1.16　稳压管组成的稳压电路

a. 稳压原理。在图 1.16 所示的稳压电路中，使 U_O 不稳的原因主要有两个：一是 U_I 的变化；另一个是 R_L 的变化。下面分析电路的稳压原理。

当负载电阻 R_L 不变，而 U_I 增大时将引起输出电压 U_O 上升，使稳压管两端反向电压增加。由于其动态内阻极小，所以将使流过稳压管的电流 I_Z 剧增，I 也增加，R 上的电压 U_R 随之增大，补偿了 U_I 增大，使 U_O 几乎保持不变。

当 U_I 不变，而负载电阻 R_L 减小时，将引起输出电流 I_O 上升，使输出电压 U_O 下降，稳压管两端反向电压也随之下降，由于其动态内阻极小，这将使 I_Z 大大减小，I 也随之减小，R 上的电压 U_R 减小，补偿了 U_O 减小，使 U_O 几乎保持不变。

b. 电路参数计算。确定稳压电路输入电压 U_I：一般取 $U_I=(1.5\sim 2)U_O$。

确定限流电阻 R 时，应考虑以下两种极限情况。

输入直流电压 U_I 为最大值，同时负载电流为最小值 I_{Omin}，这时流过稳压管的电流最大，为了不烧毁稳压管，此时的电流应小于稳压管的最大工作电流 I_{ZM}，因此限流电阻 R 的最小值应满足：

$$R_{min} \geqslant \frac{U_{Imax}-U_O}{I_{ZM}+I_{Omin}}$$

输入电压为最小值，同时负载电流为最大值 I_{Omax}，此时流过稳压管的电流为最小，为保证稳压管工作在击穿区，应保证流过稳压管的电流不小于稳压管的稳定电流 I_Z，因此限流电阻 R 的最大值应满足：

$$R_{max} \leqslant \frac{U_{Imin}-U_O}{I_Z+I_{Omax}}$$

限流电阻 R 的选择公式如下：

$$\frac{U_{Imin}-U_O}{I_Z+I_{Omax}} \geqslant R \geqslant \frac{U_{Imax}-U_O}{I_{ZM}+I_{Omin}} \tag{1.6}$$

> **提示**
>
> 选择稳压二极管：稳压二极管是电路的关键器件，担负着稳压电路的调节作用。为了使稳压电路能够满足输出电压 U_O 和负载电流 I_L 的要求，选择稳压管时要留有一定的裕量。一般情况下，可以按 $U_Z=U_O$ 及 $I_{ZM}=(1.5\sim 3)I_{Omax}$，这是因为当负载开路时，所有电流都要流过稳压管，另外在电源电压升高时，也会使流过稳压二极管的电流增加。

限流电阻 R 的阻值选得小一些，电阻上的损耗就会小一点；R 的阻值选得大一些，电路的稳压性能就好一些。若出现不正常现象，则说明初选的稳压管的最大工作电流太小，应选 I_{ZM} 比较大的管子。

> 稳压二极管稳压电路结构简单，但性能指标较低、输出电压不能调节、输出电流受稳压管的 I_{ZM} 限制，故这种稳压电路只能用在输出电压固定、输出电流变化不大的场合。稳压二极管除了实现稳压以外，还可以组成限幅电路，如在运算放大器组成的电压比较器中用稳压二极管来限定输出电压大小。

练习

请用实验来测试图 1.16 所示电路的稳压功能（或用 Multisim 软件仿真）。

（2）变容二极管

变容二极管是利用 PN 结具有电容特性的原理制成的特殊二极管，其符号如图 1.17 所示。

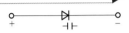

图 1.17 变容二极管的符号

变容二极管结电容随外加电压而变化，二极管（PN 结）的电容效应按产生的原因可分为扩散电容和势垒电容，扩散电容是由于载流子在扩散运动中的积累所形成的，PN 结正向偏置时，扩散电容大，反向偏置时，扩散电容很小，一般可以忽略。势垒电容是由空间电荷层中的电荷量变化形成的，PN 结正向偏置时，势垒电容很小，反向偏置时，势垒电容大。

变容二极管可用于电子调谐、调频、调相和频率的自动控制等电路中。

> **注意**
>
> 扩散电容和势垒电容都随外加电压的改变而改变，与普通电容不一样，属非线性电容。PN 结的结电容是扩散电容和势垒电容之和，PN 结正向偏置时，以扩散电容为主，PN 结反向偏置时，则以势垒电容为主。

（3）发光二极管

发光二极管（LED）是一种将电能转换成光能的特殊二极管（发光器件），其外形及符号如图 1.18 所示。

通常制成发光二极管的半导体中掺杂浓度很高，当管子外加正向电压时，大量的电子和空穴在空间电荷区复合时释放出的能量大部分转为光能，从而使发光二极管发光。

发光二极管光的颜色（光谱的波长）由制成二极管的材料决定，常用的发光

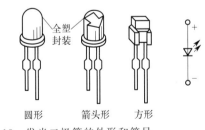

图 1.18 发光二极管的外形和符号

材料是砷化镓、磷化镓等，可以发出红、黄和绿等可见光，也可以发出看不见的红外光。

发光二极管正向偏压远大于硅二极管，一般为 1.2～3.2V，而发光二极管反向击穿电压远小于硅二极管（一般为 3～10V）。

发光二极管因其具有驱动电压低、功耗小、寿命长和可靠性高等优点，因而通常用作显示器件，广泛应用于显示电路中，除单个使用外，还可以用多个 PN 结按分段式制成数码管

或做成点阵式显示器。发光二极管的另一个重要用途是将电信号变为光信号，通过光缆传输，然后用光电二极管接收，再现电信号，组成光电传输系统，应用于光纤通信和自动控制系统中，此外它还可以与光电管一起构成光电耦合器件。

> **注 意**
>
> 　　发光二极管使用时必须正向偏置，其工作电流一般在几毫安至几十毫安，使用时应串联限流电阻。由于发光二极管的反向耐压较低，通常在发光二极管的两端反向并联一个二极管，起到保护作用。

（4）光电二极管

　　光电二极管又称光敏二极管或远红外线接收管，是一种光能与电能进行转换的器件，是将光信号转换为电信号的特殊二极管（受光器件），其结构及符号如图1.19所示。光电二极管的结构与普通二极管一样，其基本结构也是一个PN结，它的管壳上开有一个嵌着玻璃的窗口，以便于光线射入。

　　光电二极管工作在反向偏置下，在无光照时，它与普通二极管一样，反向电流很小，该电流称为暗电流，此时光电二极管的反向电阻高达几十兆欧。当有光照时，产生电子-空穴对，统称为光生载流子，在反压的作用下，光生载流子参与导电，形成比无光照时大得多的反向电流，该反向电流称为光电流，此时光电二极管的反向电阻下降至几千欧至几十千欧。光电流与光照强度成正比，如果外电路接上负载，便可获得随光照强弱而变化的电信号。所以，光电二极管又叫光敏二极管。

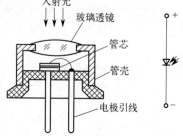

图1.19　光电二极管的结构和符号

> **归 纳**
>
> 　　光电二极管一般作为光电检测器件，将光信号转变成电信号。所以光电二极管可用来测量光照的强度，也可做成光电池。

（5）激光二极管

　　激光二极管的符号与发光二极管一样，结构上与发光二极管很相近，它是在发光二极管的PN结间安置一层具有光活性的半导体，其端面经过抛光后具有部分反射功能（光反馈），因而形成一光谐振腔，使光电子在腔中多次反射，发生激光振荡。在正向偏置的情况下，PN结发射出光来并与光谐振腔相互作用，从而进一步激励从PN结上发射出单波长的光，这样就产生了激光。而发光二极管没有光谐振腔，它的发光限于自发辐射，发出的是荧光，而不是激光。

> **归 纳**
>
> 　　激光二极管宜作为大容量、远距离光纤通信的光源。激光二极管也可以应用于小功率光电设备中，如计算机上的光盘驱动器、激光打印机中的打印头等。

思考题

1. 在稳压二极管组成的稳压电路中限流电阻起什么作用？
2. 变容二极管工作在什么偏压状态？其用途是什么？
3. 发光二极管（LED）与光电二极管有何区别？
4. 光电二极管正常工作时的偏压状态如何？
5. 在没有光的条件下，光电二极管中有一个非常小的反向电流。该电流叫作什么？

1.3 双极型三极管

半导体三极管中有空穴和自由电子两种载流子参与导电，故称为双极型三极管（BJT）。双极型三极管通常也可称为双极型晶体管或半导体三极管，简称晶体管或三极管。三极管的种类很多，按结构分，可分为 NPN 型和 PNP 型；按功率大小分，可分为大、中、小功率管；按所用半导体材料分，可分为硅管和锗管；按频率分，可分为高频管和低频管等。

1.3.1 三极管的结构和符号

图 1.20 所示为 NPN 型和 PNP 型三极管的结构示意图和符号。

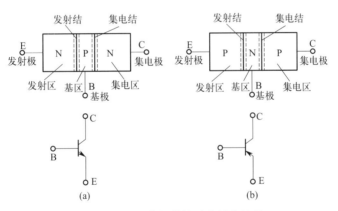

图 1.20 三极管的结构示意图和符号

三块半导体的电极引线分别称为发射极 E、基极 B 和集电极 C。三块半导体分别称为发射区、基区和集电区，相应半导体交界处形成了两个 PN 结。发射区和基区交界处的 PN 结称为发射结；集电区和基区交界处的 PN 结称为集电结。在电路符号中，发射极的箭头表示发射结在正向偏置时的电流方向。不管是 NPN 三极管还是 PNP 三极管，为了获得良好的特性，都是发射区高掺杂，基区掺杂浓度低，集电结面积尽量大。

图 1.21 所示为几种三极管的外形及管脚排列，其中大功率管用管壳兼作集电极。

图 1.22 所示为几种微型塑封片状三极管的外形，其功耗一般为 200～500mW，图 1.22(a) 所示为 SOT-23 微型三极管，图 1.22(b) 所示为 SOT-143 高频三极管，图 1.22(c) 所示为 SOT-89 较高功率（300mW）三极管，其底面有金属散热片和集电极相连。

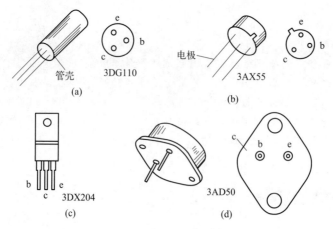

图 1.21　三极管的外形和管脚排列

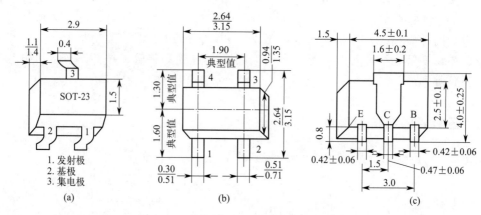

图 1.22　微型塑封片状三极管的外形尺寸

1.3.2　三极管的电流分配与放大原理

要使三极管有放大作用，其内部条件是：发射区进行高掺杂，多数载流子浓度很高；基区做得很薄，掺杂少，则基区中多子的浓度很低。而外部条件是：三极管的发射结必须正向偏置，集电结必须反向偏置，即对 NPN 三极管，要求 $U_C > U_B > U_E$；而对 PNP 三极管，要求 $U_C < U_B < U_E$。以三极管基极作为信号的输入端，集电极作为输出端，发射极作为输入和输出回路的公共端的电路，称为共发射极电路，简称共射电路。下面以图 1.23 所示的共射接法的 NPN 三极管为例，讨论三极管内部的载流子的运动情况及放大原理。

满足上述内部、外部条件的情况下，三极管内部载流子的运动有以下 3 个过程。

（1）发射

发射区发射大量的电子越过发射结到达基区，形成电子电流，而基区中的多子空穴也向发射区扩散而形成空穴电流，两者之和即为发射极电流 I_E。I_E 主要由发射区发射的电子电流所产生。

（2）复合与扩散

电子到达基区后，电子与空穴产生复合运动而形成基极电流 I_B［图中 $(1-\bar{\alpha})I_E$］，基区被复合掉的空穴由外电源 V_{BB} 不断进行补充。大多数电子在基区中继续扩散，到达靠

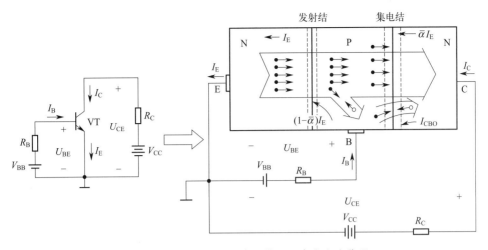

图 1.23 共发射极电路直流偏置和直流电流分配

集电结的一侧。

（3）收集

由于集电结反偏，外电场的方向将阻止集电区中的多子电子向基区运动，但是却有利于将基区中扩散过来的电子收集到集电极形成集电极电流 I_C（图中 $\bar{\alpha}I_E$）。

以上分析了三极管中载流子运动的主要过程。此外，因为集电结反向偏置，所以集电区中的少子空穴和基区中的少子电子在外电场的作用下，还将进行漂移运动而形成反向电流，这个电流称为反向饱和电流，用 I_{CBO} 表示。可见，集电极电流 I_C 由两部分组成：发射区发射的电子被集电极收集后形成的 I_C（$\bar{\alpha}I_E$），以及集电区和基区的少子进行漂移运动而产生的反向饱和电流 I_{CBO}，即

$$I_C = I_C + I_{CBO} \approx I_C \tag{1.7}$$

发射极电流 I_E 也包括两部分，大部分成为 I_C，少部分成为 I_B 以及集电极-发射极间的反向饱和电流或称穿透电流 I_{CEO}，即

$$I_E = I_C + I_B + I_{CEO} \tag{1.8}$$

$$I_{CEO} = (1+\bar{\beta})I_{CBO} \tag{1.9}$$

共发射极直流电流放大系数（$\bar{\beta}$）一般为几十至几百；而共基极直流电流放大系数（$\bar{\alpha}$）小于1。在忽略反向饱和电流条件下，三极管中3个电流的关系为

$$I_E = I_C + I_B \tag{1.10}$$

通常将直流电流放大系数定义为某一时刻两个电流之比。共发射极直流电流放大系数（$\bar{\beta}$）和共基极直流电流放大系数（$\bar{\alpha}$）可由下式计算：

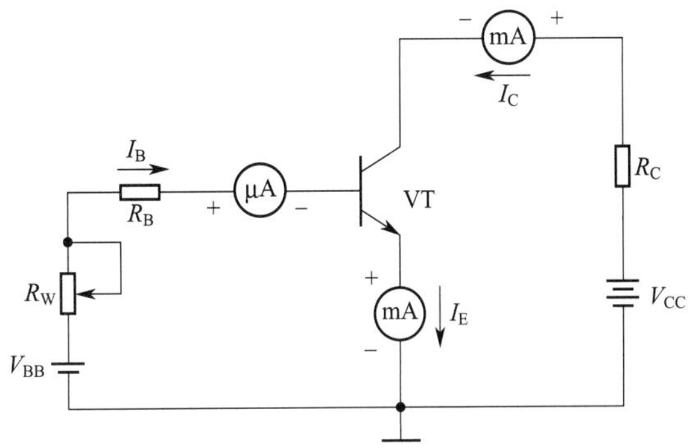

$$\bar{\beta} = \frac{I_C}{I_B} \tag{1.11}$$

图 1.24 三极管电流测量电路

$$\bar{\alpha} = \frac{I_C}{I_E} \tag{1.12}$$

以上从三极管中载流子的运动情况来分析管子中各电极的电流的分配关系。

下面通过图 1.24 研究共发射极（NPN 管）接法时，管内电流分配关系的实验电路。

在电路中用 3 个电流表分别测量发射极电流 I_E、基极电流 I_B 和集电极电流 I_C，改变 R_W 或 V_{BB} 可改变 I_B 的数值，测出对应的 I_C 和 I_E，将测试数据填入表 1.1 中。这组具体数据说明三极管中的电流关系。

> **练习**
>
> 请用实验来测试图 1.24 所示电路中的电流之间的关系（或用 Multisim 软件仿真）。

表 1.1　三极管电流关系的一组典型的数据

I_B/mA	−0.001	0	0.01	0.02	0.03	0.04	0.05
I_C/mA	0.001	0.01	0.36	0.72	1.08	1.50	1.91
I_E/mA	0	0.01	0.37	0.74	1.21	1.54	1.96

从表 1.1 可得出：$I_E = I_B + I_C$，$I_B < I_C < I_E$，$I_C \approx I_E$；当 I_B 有一个微小的变化时，相应的集电极电流将发生较大的变化。如 I_B 从 0.02mA 变为 0.04mA（$\Delta I_B = 0.02$mA），相应的 I_C 由 0.72mA 变为 1.50mA（$\Delta I_C = 0.78$mA），说明三极管具有电流放大作用。

> **归纳**
>
> 通常将集电极电流与基极电流的变化量之比定义为三极管的共射交流电流放大系数，用 β 表示：
>
> $$\beta = \frac{\Delta I_C}{\Delta I_B}$$
>
> 相应地，将集电极电流与发射极电流的变化量之比定义为共基交流电流放大系数，用 α 表示：
>
> $$\alpha = \frac{\Delta I_C}{\Delta I_E}$$
>
> 电流放大系数有直流和交流之分，但两者的数值却差别不大，所以今后在计算中，两者不再严格区分。

> **注意**
>
> 表 1.1 中第 1 列表示当发射极开路（$I_E = 0$）时，集电极和基极之间的反向电流称为反向饱和电流（I_{CBO}）。第 2 列中当基极开路（$I_B = 0$）时，集电极和发射极之间的电流称为穿透电流（I_{CEO}）。

1.3.3　三极管的特性曲线和主要参数

上面讨论了三极管各极电流之间的关系，现在进一步讨论各极电流与电压之间的关系，这个关系主要体现在三极管的特性曲线上。本小节主要讨论 NPN 三极管的共射特性曲线。

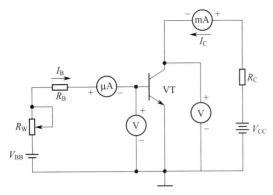

图 1.25 三极管特性曲线测试电路

图 1.25 是三极管特性曲线测试电路示意图,图中 R_W 用于调节 I_B,为了避免 R_W 调到零时,I_B 过大而损坏三极管,串联一个保护电阻 R_B 来限制 I_B。

(1)输入特性曲线

当三极管接成共射组态时,以 u_{CE} 为参变量,表示输入电流 i_B 和输入电压 u_{BE} 之间关系的曲线称为三极管的共射输入特性,其函数式为

$$i_B = f(u_{BE})|_{u_{CE}=常数} \quad (1.13)$$

图 1.26(a) 所示为硅三极管的共射输入特性曲线。当 $u_{CE}=0$ 时,从三极管的输入回路看,基极和发射极之间相当于两个 PN 结(发射结和集电结)并联,所以当 B、E 之间加上正向电压时,三极管的输入特性应为两个二极管并联后的正向伏安特性(见左边一条特性)。

在相同的 u_{BE} 下,当 u_{CE} 从零增大时,i_B 将减小。这是因为 $u_{CE}=0$ 时,发射结和集电结均正偏,i_B 为两个正向偏置 PN 结的电流之和;当 u_{CE} 增大时,集电结从正向偏置逐渐往反向偏置过渡,有越来越多的非平衡少数载流子到达集电区,使 i_B 减小。

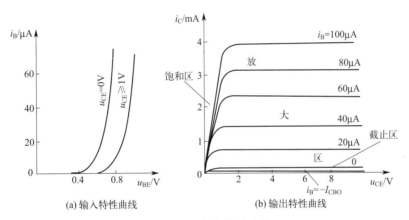

图 1.26 三极管特性曲线

> **注意**
>
> 当 u_{CE} 继续增大时,使集电结反向偏置后,i_B 受 u_{CE} 的影响减小,不同 u_{CE} 值时的输入特性曲线几乎重叠在一起,这是由于基区很薄,在集电结反向偏置时,绝大多数非平衡少数载流子几乎都可以漂移到集电区,形成 i_C,所以当继续增大 u_{CE} 时,对输入特性曲线几乎不产生影响。所以实际放大电路中,u_{CE} 大于等于 1V 的输入特性更有实用意义。

(2)输出特性曲线

以 i_B 为参变量,表示输出电流 i_C 和输出电压 u_{CE} 之间关系的曲线称为三极管的输出特性,其函数式为

$$i_C = f(u_{CE})|_{i_B=常数} \quad (1.14)$$

晶体管输出特性

图 1.26(b) 所示为硅三极管的共射输出特性曲线。曲线将三极管划分为 3 个区域。

① 截止区。一般将输出特性曲线 $i_B \leqslant 0$ 以下的区域，称为截止区。其特点：$i_B=0$，$i_C \approx 0$，$u_{CE}=V_{CC}$，三极管没有放大作用。对于硅管，当 $u_{BE}<0.7V$（即小于导通电压）时已开始截止，但为了截止可靠，常使 $u_{BE} \leqslant 0$，即发射结零偏或反偏，截止时，集电结也反向偏置（$u_{BC}<0$），即发射结、集电结均处于反向偏置状态。

② 放大区。输出特性曲线近似水平的部分是放大区。其特点：发射结正向偏置 $u_{BE}>0$（应大于导通电压），集电结反偏 $u_{BC}<0$；i_C 大小受 i_B 控制，且 $\Delta I_C \gg \Delta I_B$，$\Delta I_C = \beta \Delta I_B$，表明了三极管的电流放大作用，各条曲线近似水平，$i_C$ 与 u_{CE} 的变化基本无关，是近似的恒流特性，表明三极管相当于一受控电流源，具有较大的动态电阻。由于放大区特性曲线平坦，间隔均匀，ΔI_C 与 ΔI_B 成正比，所以放大区也称为线性区。这时 $u_{BE}=0.6 \sim 0.8V$（NPN 硅管），$u_{CE}=V_{CC}-i_C R_C$。

③ 饱和区。输出特性曲线的直线上升和弯曲线部分是饱和区。其特点：i_C 不受 i_B 控制，失去放大作用，发射结正向偏置 $u_{BE}>0$，集电极正向偏置 $u_{BC}>0$。临界饱和时 $u_{CE}=u_{BE}$，过饱和时 $u_{CE}<u_{BE}$。小功率硅三极管的饱和压降 $U_{CES}<0.3V$。

> **练习**
>
> 请用实验来测试图 1.25 所示电路中的三极管特性曲线（或用 Multisim 软件仿真）。

（3）三极管的主要参数

三极管的电流放大系数是表征管子放大作用大小的参数。综合前面的讨论，有以下几个参数。

① 电流放大系数。三极管的电流放大系数有直流和交流之分，且有共射接法和共基接法两种组态。交流电流放大系数（共射 β）定义为集电极电流与基极电流的变化量之比；而（共基 α）定义为集电极电流与发射极电流的变化量之比。直流放大系数（共射 $\bar{\beta}$）定义为某一时刻集电极电流与基极电流之比，但两者的数值却差别不大，所以今后在计算中，两者不再严格区分。

② 极间反向电流。集电极和基极之间的反向饱和电流 I_{CBO}，表示当发射极 E 开路时，集电极 C 和基极 B 之间的反向电流。一般小功率锗三极管的 I_{CBO} 约为几微安至几十微安，硅三极管的 I_{CBO} 要小得多，有的可以达到纳安数量级。

集电极和发射极之间的穿透电流 I_{CEO}，表示当基极 B 开路时，集电极 C 和发射极 E 之间的电流，$I_{CEO}=(1+\beta)I_{CBO}$。一般小功率锗管的 I_{CEO} 约为几十微安至几百微安，硅管的 I_{CEO} 约为几微安。

> **提示**
>
> 极间反向饱和电流是衡量三极管质量好坏的重要参数，其值越小，受温度影响越小，管子工作越稳定。

③ 极限参数。集电极最大允许电流 I_{CM} 是指三极管集电极允许的最大电流，一般以 β 下降到其额定值的 2/3 时的 I_C 值规定为集电极最大允许电流 I_{CM}。

集电极最大允许耗散功率 P_{CM} 表示集电结上允许耗散功率的最大值。$P_{CM}=I_C U_{CE}$。

当 $P_C > P_{CM}$ 时，集电结会因过热而烧毁。锗三极管允许集电结温度为 75℃，硅三极管允许集电结温度为 150℃。对于大功率管，为了提高 P_{CM}，通常采用加散热装置的方法。

极间反向击穿电压 $U_{(BR)CEO}$ 指基极开路时集电极与发射极间的反向击穿电压；$U_{(BR)CBO}$ 指发射极开路时集电极与基极间的反向击穿电压。

在共射极输出特性曲线上，由极限参数 I_{CM}、$U_{(BR)CEO}$、P_{CM} 所限定的区域如图 1.27 所示，通常称为安全工作区。为了确保三极管安全工作，使用时不能超出这个区域。

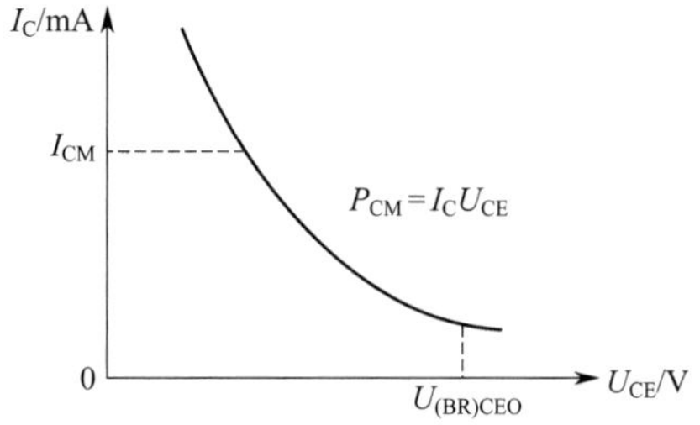

1.3.4 特殊三极管简介

除普通三极管外，还有一些特殊三极管，如光电三极管、光电耦合器等。

图 1.27 三极管安全工作区

（1）光电三极管

光电三极管是将光信号转换成光电流信号的半导体受光器件，并且还能把光电流放大，它又称为光敏三极管，其工作原理与光电二极管基本相同。

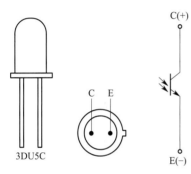

图 1.28 光电三极管外形与符号

图 1.28 所示为光电三极管的外形示意图和电路符号。一般的光电三极管只引出两个管脚（E、C 极），基极 B 不引出，管壳上也开有窗口，光电三极管也具有两个 PN 结，且有 NPN 型和 PNP 型之分。NPN 型管使用时，E 极接电源负极，C 极接电源正极。在没有光照时，流过管子的电流（暗电流）为穿透电流（I_{CEO}），数值很小，比普通三极管的穿透电流还小。当有光照时，由于光能激发使流过集电结的反向电流增大到 I_L，则流过管子的电流（光电流）为

$$I_C = (1+\beta)I_L \tag{1.15}$$

可见，在相同的光照条件下，光电三极管的光电流比光电二极管约大 β 倍（通常光电三极管的 $\beta = 100 \sim 1000$），因此光电三极管比光电二极管具有高得多的灵敏度。

光电三极管有 3AU、3DU 等系列，例如 3DU5C 光电三极管，它的最高工作电压为 30V，暗电流小于 0.2μA，在照度为 1000lx 时的光电流大于（等于）3mA，峰值波长为 900nm。

 归纳

光电三极管的基本应用是将光信号转换成电信号输出，可以制成光电三极管开关电路、转速测试、物体计数等电路。

（2）光电耦合器

光电耦合器是将发光器件（LED）和受光器件（光电二极管或光电三极管等）封装在同一个管壳内组成的电-光-电器件，其符号如图 1.29 所示。图中左边是发光二极管，右边是光电三极管。当在光电耦合器的输入端加电信号时，发光二极管发光，光电管受到光照后产生光电流，由输出端引出，于是实现了电-光-电的传输和转换。光电耦合器的主要参数有输入参数、输出参数、传输参数等。

① 输入参数就是发光二极管的参数。

② 输出参数与使用的光电管的基本相同，这里只对光电流和饱和压降加以说明。

光电流是指光电耦合器输入一定的电流（一般为 10mA）、输出端接有一定负载（约 500Ω）并按规定极性加一定电压（通常为 10V）时，在输出端所产生的电

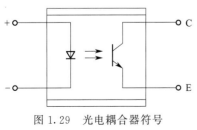

图 1.29 光电耦合器符号

流；对于由光电三极管构成的耦合器，光电流为几毫安以上；由光电二极管构成的耦合器，则光电流约为几十微安到几百微安。

饱和压降是指由光电三极管构成的光电耦合器中，输入一定电流（一般为 20mA），输出回路按规定极性加一定电压（10V），调节负载电阻，使输出电流为一定值（一般为 2mA）时的光电耦合器输出端的电压，其值通常为 0.3V。

③ 传输参数有 CTR、R_{ISO}、U_{ISO}。

电流传输比 CTR：指在直流工作状态下，光电耦合器的输出电流与输入电流之比，在不加复合管时，CTR 总是小于 1。

隔离电阻 R_{ISO}：指输入与输出之间的绝缘电阻，一般为 $10^9 \sim 10^{13} \Omega$。

极间耐压 U_{ISO}：指发光二极管与光电管之间的绝缘耐压，一般都在 500V 以上。

光电耦合器的种类繁多，有普通的光电耦合器和线性耦合器之分。普通的光电耦合器常用作光电开关，如 GD-11～GD-14、CD-MB 等。线性光电耦合器输出信号随输入信号成线性比例变化，它有 GD2203 等型号。

光电耦合器以光为媒介实现电信号传输，输出端与输入端之间在电气上是绝缘的，因此抗干扰性能好，能隔噪声，而且具有响应快、寿命长等优点，用作线性传输时失真小、工作频率高；用作开关时，无机械触点疲劳，具有很高的可靠性；它还能实现电平转换、电信号电气隔离等功能。因此，它在电子技术等领域中已得到广泛的应用。

思考题

1. 给出双极型三极管的三个区的名称，其中何种结构将三个区域分开？
2. 给出正向和反向偏置的定义。
3. 三极管实现电流放大的内部条件和外部条件是什么？
4. 三极管输出特性曲线分为几个区域？工作在各区域的条件和特点是什么？
5. 三极管的安全工作区是如何确定的？使用三极管应注意哪些问题？
6. 光电耦合器有什么特点？

1.4 单极型三极管

绝缘栅场效应管由金属、氧化物和半导体制成，故又称为金属-氧化物-半导体场效应管（MOSFET），简称 MOS 管，按它的制造工艺和性能可分为增强型与耗尽型两类，每类又可分为 N 沟道和 P 沟道两种。所谓增强型是 $u_{GS}=0$ 时，漏极与源极之间没有导电沟道，即使在漏极与源极之间加有电压，也没有漏极电流；而耗尽型是 $u_{GS}=0$ 时，漏极与源极之间已经有了导电沟道。下面分别讨论这两种管子的工作原理、特性及主要参数。

1.4.1 N 沟道增强型 MOS 管

（1）结构和符号

图 1.30(a) 所示为 N 沟道增强型 MOSFET（简称增强型 NMOS 管）的结构示意图，它以

一块掺杂浓度较低的 P 型硅片作为衬底，利用扩散工艺在 P 型硅片中形成两个高掺杂的 N^+ 区，并用金属铝引出两个电极，作为源极 S 和漏极 D；然后在硅片表面覆盖一层很薄的二氧化硅（SiO_2）绝缘层，在漏源极之间的绝缘层上再制造一层金属铝作为栅极 G，另外在衬底引出衬底引线 B（它通常在管内与源极 S 相连接）。显见，MOSFET 的栅极与源极、漏极均绝缘无电接触，故称绝缘栅极。其栅极、源极和漏极，分别相当于 BJT 的基极、发射极和集电极。

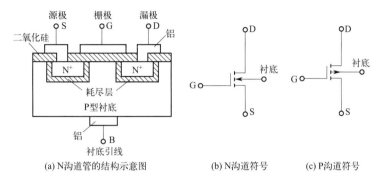

图 1.30 增强型 MOS 管

图 1.30(b)、(c) 所示为 N、P 沟道增强型 MOS 管电路符号，漏极与源极间的三段短线，表示管子的原始导电沟道不存在，为增强型；垂直于沟道的箭头表示导电沟道的类型，箭头由 P 区指向 N 区，所以 N 沟道的箭头向里，而 P 沟道的箭头向外。

（2）工作原理

由图 1.30(a) 可见，NMOS 管的两个 N 区被 P 型衬底隔开，成为两个背靠背的 PN 结（又称耗尽层），当栅源电压 $u_{GS}=0$ 时，不论漏源电压 u_{DS} 为何极性，总有一个 PN 结是反向偏置的，因此，漏极和源极之间不可能有电流通过，漏极电流 $i_D=0$。

当栅极和源极之间加上足够大的正向偏压 u_{GS} 后，便在栅极下面的二氧化硅绝缘层中产生一个由栅极指向 P 型衬底的电场，在电场效应作用下，排斥栅极下面的 P 型衬底中的空穴（多子），将电子（少子）吸引到衬底表面，形成一个 N 型薄层。N 型薄层的导电类型与 P 型衬底相反，故称为反型层，将两个 N^+ 区连通，形成了 N 型导电沟道，这时若在漏极 D 和源极 S 之间加上正向电压 u_{DS}，就会有漏极电流 i_D 产生，如图 1.31(a) 所示。开始形成导电沟道的 u_{GS}，记作 $U_{GS(th)}$，称为开启电压。随着 u_{GS} 的增加，必将有更多的电子吸

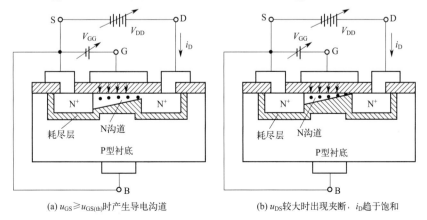

图 1.31 N 沟道增强型 MOS 管导电沟道的形成

引到衬底表面，导电沟道增宽，沟道电阻减小。因此在同样的 u_{DS} 下，u_{GS} 越大，i_D 越大，从而实现栅源电压 u_{GS} 对漏极电流 i_D 的控制。当 $u_{GS} \geq U_{GS(th)}$，$u_{DS} > 0$ 时，有电流 i_D 流过导电沟道，并因 i_D 在沟道各部位产生电压降，使沟道的截面积从左到右逐步变小，且当 $u_{GS} - u_{DS} = U_{GS(th)}$ 时，在沟道最右端的靠近漏极处产生预夹断，如图 1.31(b) 所示。而且，当 $u_{GS} - u_{DS} < U_{GS(th)}$ 时，预夹断区往左延伸，管子工作于恒流区。

能量小贴士

拓展阅读： 在 N 沟道增强型 MOS 管中，当栅极与源极之间所加正向电压 u_{GS} 从零开始增加而未达到阈值电压 $U_{GS(th)}$ 前，由于电场吸引衬底中自由电子的能力弱，在漏极与源极间不能形成导电沟道，因而 MOS 管不导通；而当 u_{GS} 加大到 $U_{GS(th)}$ 后，电场吸引衬底中自由电子的能力增强，漏源间就形成了导电沟道，MOS 管也就导通了，这是量变到质变的转化过程。这里体现的就是辩证法中的量变质变规律。

归纳

NMOS 管是一个受栅源电压 u_{GS} 控制的器件。当 $u_{GS} < U_{GS(th)}$ 时，漏源之间不导通；只有当 $u_{GS} > U_{GS(th)}$ 时，MOS 管才会导通。由于在结构上漏极和源极是对称的，所以 D、S 可互换使用。

（3）转移特性曲线

由于场效应管的输入电流近于零，故不讨论输入特性。转移特性是指 u_{DS} 保持不变，i_D 与 u_{GS} 的函数关系，即

$$i_D = f(u_{GS})|_{u_{DS} = 常数} \tag{1.16}$$

转移特性曲线如图 1.32(a) 所示。图中 $u_{DS} = 10V$ 不变，当 $u_{GS} < U_{GS(th)}$ 时，因没有导电沟道，$i_D = 0$；当 $u_{GS} > U_{GS(th)}$（=2V）时形成导电沟道，产生漏极电流 i_D；u_{GS} 增大，i_D 跟随增大。

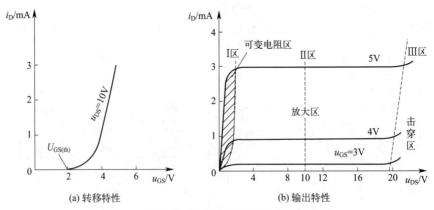

图 1.32 N 沟道增强型 MOSFET 的特性曲线

（4）输出特性

输出特性是指 u_{GS} 保持不变，i_D 与 u_{DS} 的函数关系，即

$$i_D = f(u_{DS})|_{u_{GS}=\text{常数}} \tag{1.17}$$

输出特性曲线如图 1.32(b) 所示,它可分为 4 个区域。

① 可变电阻区。如图 1.32(b) 中 Ⅰ 区所示,在图 1.31(a) 结构中可知,若固定 $u_{GS}(=5V) > U_{GS(th)}$,在栅、源极处有较大导电沟道,而在栅、漏极之间电压为 $u_{GD}=u_{GS}-u_{DS}(=5V-u_{DS})$,当 u_{DS} 由 0V 逐渐增大,必使 u_{GD} 逐渐减小($<u_{GS}=5V$),使漏极处沟道变狭成楔形。然而这时 i_D 随 u_{DS} 成线性增加,输出特性按线性上升,如图中所示。这样 D、S 极间等效为一个线性电阻,而阻值大小与所固定的 u_{GS} 值有关。当 u_{GS} 越小,i_D 随 u_{DS} 增长越慢,等效电阻越大。

> **归纳**
>
> 场效应管 D、S 极间相当于一个受 u_{GS} 电压控制的可变电阻,称为可变电阻区。

② 恒流区(放大区)。当 u_{DS} 增加到使 $u_{GD}=U_{GS(th)}$ [即 $u_{DS}=u_{GS}-U_{GS(th)}$] 时,在漏极附近的反型层首先消失,即导电沟道在漏极附近被夹断;随着 u_{DS} 的增加,使 $u_{GD}<U_{GS(th)}$,夹断区长度朝源极方向延伸,在达到 $u_{GD}=U_{GS(th)}$ 后,u_{DS} 电压再增加部分主要降落在夹断区上,而 i_D 不再随 u_{DS} 增加而趋于饱和,如图 1.32(b) 中的 Ⅱ 区所示,该区域称为输出特性的恒流区(或称饱和区)。

> **归纳**
>
> 在恒流区,漏极电流 i_D 由栅源电压 u_{GS} 控制,而与 u_{DS} 基本无关,场效应管的 D、S 极间相当于一个受电压 u_{GS} 控制的电流源。恒流区也称为放大区。

③ 击穿区。若 u_D 不断增大,PN 结因承受过大的反向电压而被击穿,使 i_D 急剧增大,如图 1.32(b) 中的 Ⅲ 区所示,该区域称为输出特性的击穿区。

④ 截止区。当 $u_{GS}<U_{GS(th)}$ 时,没有导电沟道,使 $i_D=0$。这时称为全夹断,该区域称为输出特性的截止区,为图 1.32(b) 中靠近横轴的区域(基本上与横轴重合)。

在放大区内,只要 $u_{GS}>U_{GS(th)}$,增强型 NMOS 管的 i_D 近似表达式为

$$i_D = I_{DO}\left(\frac{u_{GS}}{U_{GS(th)}}-1\right)^2 \tag{1.18}$$

式中,I_{DO} 是 $u_{GS}=2U_{GS(th)}$ 时对应的 i_D 值;$U_{GS(th)}$ 为开启电压。

1.4.2 N 沟道耗尽型 MOS 管

耗尽型 NMOS 管的结构示意图和电路符号如图 1.33 所示。

它的结构和增强型基本相同,主要区别是:这类管子在制造时,已在二氧化硅绝缘层中掺入了大量的正离子,所以在 $u_{GS}=0$ 时,在这些正离子产生的电场作用下,漏、源极间的 P 型衬底表面已经出现了反型层(即 N 型导电沟道),只要加上正向电压 u_{DS},就有 i_D 产生。如果加上了正的 u_{GS},则加强了绝缘层中的电场,将吸引更多的电子至衬底表面,使沟道加宽,i_D 增大。反之,u_{GS} 为负时,则削弱绝缘层中的电场,使沟道变窄,i_D 减小。当 u_{GS} 负向增加到某一数值时,导电沟道消失,$i_D≈0$,管子截止,所对应的 u_{GS} 称为夹断电压 $U_{GS(off)}$。由以上分析可知,这类管子在 $u_{GS}=0$ 时,导电沟道便已形成。当 u_{GS} 由零减

小到 $U_{GS(off)}$ 时，沟道逐渐变窄而夹断，故称为"耗尽型"。耗尽型 MOS 管在 $u_{GS}<0$、$u_{GS}=0$ 和 $u_{GS}>0$ 的情况下都可以工作，这是它的一个重要特点。

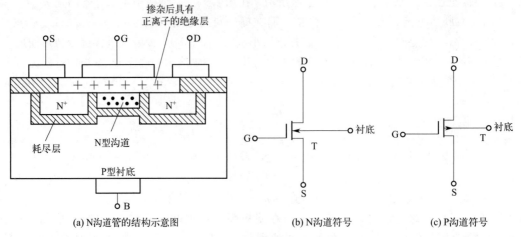

(a) N沟道管的结构示意图 (b) N沟道符号 (c) P沟道符号

图 1.33　耗尽型 MOS 管

耗尽型 NMOS 管的转移特性曲线和输出特性曲线如图 1.34 所示。

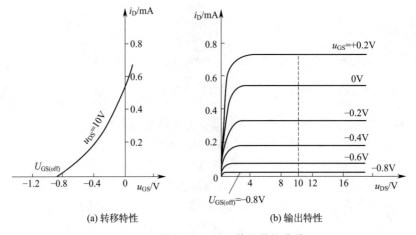

(a) 转移特性　　　　　(b) 输出特性

图 1.34　耗尽型 NMOS 管的特性曲线

它在放大区内的电流 i_D 近似表达式为

$$i_D = I_{DSS}\left(1 - \frac{u_{GS}}{U_{GS(off)}}\right)^2 \tag{1.19}$$

式中，I_{DSS} 为 $u_{GS}=0$ 时对应的 i_D 值（称为零偏漏极电流）；$U_{GS(off)}$ 为夹断电压。

1.4.3　P 沟道 MOS 管简介

P 沟道 MOS 管和 N 沟道 MOS 管的主要区别在于作为衬底的半导体材料的类型，PMOS 管是以 N 型硅作为衬底，而漏极和源极从 P^+ 区引出，形成的反型层为 P 型，相应沟道为 P 型沟道。对于耗尽型 PMOS 管，在二氧化硅绝缘层中掺入的是负离子。

P 沟道 MOS 管使用时，u_{GS}、u_{DS} 的极性与 NMOS 管相反。增强型 PMOS 管的开启电压 $U_{GS(th)}$ 是负值，耗尽型的 P 沟道场效应管的夹断电压 $U_{GS(off)}$ 是正值。P 沟道 MOS 管其转移特性曲线和输出特性曲线形状与 N 沟道 MOS 管相似,只是电压极性不同。

增强型 PMOS 管的电路符号和耗尽型 PMOS 管的电路符号,已示于图 1.30(c) 和图 1.33(c) 中。

提 示

由于绝缘栅型场效应管的输入电阻极高,一般大于 $10^9\Omega$,大的可以达到 $10^{15}\Omega$,栅极感应到的电荷难以泄放,使绝缘层内的电场强度很高,场效应管即使有较高的 $U_{(BR)GS}$,仍会击穿二氧化硅绝缘层,使管子损坏。所以目前生产 MOS 管时,常制有过压保护电路。

思考题

1. 为什么说场效应管属于单极型器件?
2. 指出 MOSFET 的两种类型。
3. 如果一个耗尽型 MOSFET 的栅极到源极的电压为零,则从漏极到源极的电流为多少?

1.4.4 结型场效应管

结型场效应管也有 N 沟道和 P 沟道两大类,本节将以 N 沟道结型场效应管讨论这种管子的工作原理、特性及主要参数。

(1) 结型场效应管工作原理

图 1.35(a) 所示为 N 沟道 JFET 的结构示意图,在一块 N 型半导体的两侧,各制成一个高掺杂的 P^+ 区,形成两个 PN 结(也称耗尽层)。

将 P^+ 区引出两个电极并连接在一起,为栅极 G,在 N 型半导体两端各引出一个电极,分别为源极 S 和漏极 D。两个 PN 结中间的 N 区是导电沟道,结型场效应管属于耗尽型。这种结构的管子称为 N 沟道 JFET,其电路符号如图 1.35(b) 所示。

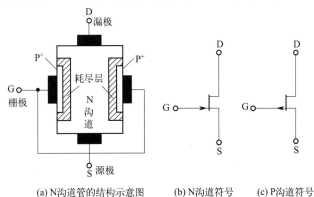

(a) N沟道管的结构示意图　　(b) N沟道符号　　(c) P沟道符号

图 1.35　结型场效应管

P 沟道 JFET 导电沟道是 P 区,栅极与 N^+ 区相连,其电路符号如图 1.35(c) 所示。

N 沟道 JFET 工作于放大电路时,在漏极 D 和源极 S 之间需加正向电压,即 $u_{DS}>0$,这时 N 沟道中的多数载流子(电子)在电场作用下,形成漏极电流 i_D。为了控制漏极电流,在栅极 G 与源极 S 之间必须加反向电压,即要求 $u_{GS}<0$,两个 PN 结均反向偏置,栅极电

流 $i_G \approx 0$，JFET 呈现高达 $10^7 \Omega$ 以上的输入电阻。

当 u_{GS} 由零值向负值变化时，两个 PN 结的耗尽层加宽，则导电沟道变窄，沟道电阻增大，在一定 u_{DS} 下，漏极电流 i_D 减小。当 u_{GS} 继续向负值变化到一定值时，两侧耗尽层将在中间全部合拢，导电沟道全被夹断，使 $i_D = 0$。导电沟道刚发生全夹断时的 u_{GS} 亦称为夹断电压，记作 $U_{GS(off)}$。

> **归纳**
>
> JFET 是利用 PN 结上外加电压 u_{GS} 所产生的电场效应来改变耗尽层的宽窄，以达到控制漏极电流 i_D 的目的，这就是结型场效应管名称的由来。

（2）结型场效应管特性曲线

N 沟道结型场效应管和 P 沟道结型场效应管的漏极特性和转移特性如表 1.2 所示。

表 1.2 结型场效应管的符号和特性曲线

种类		符号	转移特性	漏极特性
结型 N 沟道	耗尽层			
结型 P 沟道	耗尽层			

由结型场效应管的转移特性来描述 i_D 与 u_{GS} 之间的关系，只要 $u_{DS} > |U_{GS(off)}|$，管子肯定工作在恒流区，此时 i_D 也可近似地用式(1.19) 表示。

1.4.5 场效应管主要参数

（1）直流参数

① 开启电压 $U_{GS(th)}$（U_{TN} 和 U_{TP}）：它是增强型场效应管的一个重要参数。它表示增强型场效应管开始产生沟道的 U_{GS} 电压值。NMOS 管 $U_{GS(th)}$ 为正值，PMOS 管 $U_{GS(th)}$ 为负值。

② 夹断电压 $U_{GS(off)}$：它是耗尽层场效应管的一个重要参数。它表示当 U_{DS} 一定时，使 I_D 减小到某一个微小电流时所需的 U_{GS} 值。

③ 漏极饱和电流 I_{DSS}：也称零偏漏极电流，它也是耗尽层场效应管的一个重要参数。它表示当栅极和源极之间的电压 U_{DS} 等于零，而漏极和源极之间的电压大于夹断电压时对应的漏极电流。

④ 直流输入电阻 R_{GS}：它是场效应管栅极和源极之间的等效电阻，它表示栅源电压与栅源电流之比，一般为 $10^9 \sim 10^{12} \Omega$。

（2）交流参数

① 跨导：该参数表示栅源极之间电压对漏极电流的控制能力，是反映管子放大性能的

重要参数。

$$g_m = \frac{\Delta I_D}{\Delta U_{GS}}\bigg|_{U_{DS}=常数} \quad (1.20)$$

若 I_D 的单位是 mA,U_{GS} 的单位是 V,则 g_m 的单位是 mS。N 沟道绝缘栅增强型场效应管的跨导 g_m 的数值可由下式近似求得:

$$g_m = \frac{2}{U_{GS(th)}}\sqrt{I_{DO}I_{DQ}} \quad (1.21)$$

N 沟道结型场效应管的跨导 g_m 的数值可由下式近似求得:

$$g_m = -\frac{2}{U_{GS(off)}}\sqrt{I_{DSS}I_{DQ}} \quad (1.22)$$

② 极间电容:这是场效应管 3 个电极之间的等效电容,包括 C_{GS}、C_{GD}、C_{DS}。极间电容愈小,则管子的高频性能愈好。极间电容一般为几个皮法。

(3)极限参数

① 最大漏极电流:它是管子在工作时允许的最大漏极电流。

② 漏极最大允许耗散功率 P_{DM}:场效应管的漏极耗散功率等于漏极电流与漏极和源极之间电压的乘积,这部分功率将转化为热能,使管子的温度升高,漏极最大允许耗散功率决定于场效应管允许的温升。

③ 漏源击穿电压 $U_{(BR)DS}$:这是在场效应管的漏极特性曲线上,当漏极电流 I_D 急剧上升产生雪崩击穿时的 U_{DS}。工作时外加在漏极和源极之间的电压不得超过此值。

④ 栅源击穿电压 $U_{(BR)GS}$:MOS 场效应管的栅极与沟道之间有一层很薄的二氧化硅绝缘层,当 U_{GS} 过高时,可能将二氧化硅绝缘层击穿,使栅极与衬底发生短路。这种击穿不同于一般的 PN 结击穿,而与电容器击穿的情况类似,属于破坏击穿。栅源间发生击穿,MOS 场效应管即被破坏。结型场效应管正常工作时,栅源之间的 PN 结处于反向偏置状态,若 U_{GS} 过高时,PN 结将被击穿。

1.4.6 场效应管使用注意事项

① 根据场效应管的结构,通常漏极和源极可以互换。但大部分产品出厂时已将源极和衬底连接在一起,这时漏极和源极不能互换。

② 场效应管各极间电压的极性要正确接入,结型场效应管的栅源电压不能接反,但可以在开路的状态下保存。而 MOS 场效应管无论在存放还是在工作中,都不应使栅极悬空,并且应在栅极和源极之间提供直流通路或加双向稳压管保护。结型场效应管可以用多用表检测,而 MOS 场效应管不能用多用表检测。

③ 焊接场效应管时,电烙铁必须有外接地线,以屏蔽交流电场。特别是焊接 MOS 场效应管时,应采用等电位焊接方法或利用烙铁余热焊接。

思考题

1. 结型场效应管的导电原理是什么?
2. 场效应管的放大能力由什么参数决定?
3. 应如何保存和焊接 MOS 场效应管?

1.5 故障诊断和检测

故障诊断是寻找并查明电路中错误以便进行改正的过程。当电路或系统不能正常工作时，就应该进行故障诊断。要对模拟电路进行故障诊断，必须熟悉其工作原理，并能够判断其工作是否正常。

本节将介绍半导体器件的测试技术和如何检测电路中的一些故障，并了解故障可能对电路或系统产生的后果。

1.5.1 二极管的简易测试

通常在二极管的管壳上都印有识别的标记，有的为二极管的图形符号，依此图形符号的方向可直接识别二极管的正负极；有的为色环，塑封用白色环，玻璃封装为黑色（或其他色）环，则标有色环的一端引脚为二极管的负极；对于直立型引脚的二极管，两根引脚中较长的一根为二极管的正极。

工程上常用多用表来简单测试、判别二极管的引脚和好坏。

(1) 用指针式多用表检测普通小功率二极管

使用二极管时，可以用指针式多用表测试二极管的好坏或判别正、负极性。测量时，将多用表拨到"电阻"挡，一般用 $R\times100$ 或 $R\times1k$ 这两挡（不要用 $R\times1$ 挡或 $R\times10k$ 挡，因为 $R\times1$ 挡电流较大，容易烧坏二极管，而 $R\times10k$ 挡电压较高，可能击穿二极管，导致被测管子损坏）。

如图 1.36(a) 所示，将红、黑表笔分别接二极管的两端（应当指出：当多用表拨在电阻挡时，表内电池的正极与黑表笔相连，负极与红表笔相连，不应与多用表面板上用来表示测量直流电压或电流的"＋""－"符号混淆），若测得电阻很小，约在几百欧到几千欧时，再将二极管两个电极对调位置，如图 1.36(b) 所示，若测得电阻较大，大于几百千欧，则表明二极管是正常的。所测电阻小的那一次为二极管的正向接法，此时，与黑表笔相接触的是二极管的正极，与红表笔相接触的是负极。一般硅材料的普通小功率二极管正向电阻为几千欧，锗材料的为几百欧；反向电阻，硅管在几百千欧以上，锗管在几十千欧以上。大功率二极管的正反向电阻数值比小功率二极管的都要小得多，但有一点是相同的，就是对于一个二极管而言，反向电阻与正向电阻的比值越大，其性能越好。

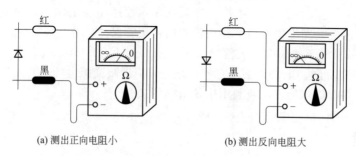

(a) 测出正向电阻小　　(b) 测出反向电阻大

图 1.36　用多用表检测二极管

如果上述两次测得的阻值都很小，表明管子内部已经短路，若两次测得的阻值都很大，则管内部已经断路。出现短路或断路时，表示管子已损坏。

（2）用数字式多用表检测普通小功率二极管

与指针式多用表相比，数字式多用表有许多优点，使用越来越普遍。

数字式多用表在电阻测量挡内，设置了"二极管"挡位，将红表笔插入"V·Ω"插孔，黑表笔插入"COM"插孔，即可进行测量。两表笔的开路电压为2.8V（典型值），测试电流为(1 ± 0.5)mA。与指针式多用表不同的是，数字式多用表红表笔连接表内电池的正极，黑表笔连接表内电池的负极，测量时，红表笔连接二极管的正极，黑表笔连接二极管的负极。测量结果应显示三位数字，为二极管正向压降近似值。在正向接入时，锗管应显示0.150~0.300V或150~300mV的正向压降数值，硅管应显示0.550~0.700V或550~700mV的正向压降数值；若显示高位的超量程符号"1"，则表示二极管内部断路或二极管极性接反；若显示全零，则表示二极管内部短路。

1.5.2 二极管电路的故障排查技术

在二极管应用电路中，二极管的损坏将直接影响电路的正常功能。如桥式整流电路中，有一个二极管短路，会使变压器次级绕组短路，导致变压器被烧；如有一个二极管开路，导致输出电压变小，用示波器检测时看到的输出波形是半波。

1.5.3 三极管的简易测试

在使用三极管前应了解它的性能优劣，判别它能否符合使用要求。除了用专门的仪器测试外，也可用多用表做一些简单的测试。

（1）三极管好坏的判别

使用三极管时，要首先判断它的好坏，可以用一只普通多用表（或数字多用表）测试三极管的好坏。测量时，将多用表拨到"电阻"挡，一般用 $R\times100$ 或 $R\times1k$ 这两挡（因为 $R\times1$ 挡电流较大，$R\times10k$ 挡电压较高，都容易使被测管损坏），测试三极管的两个PN结，方法同测试二极管一样。

（2）硅管或锗管的判别

因为硅管发射极正向压降一般为0.6~0.8V，而锗管只有0.2~0.3V，所以只要按图1.37测得基-射极的正向压降，即可区别硅管或锗管。

（3）估计比较 β 的大小

按图1.38连接NPN型管电路，多用表拨至"$R\times1k$"挡（此时黑表笔与表内电池的正极相接，红表笔与表内电池的负极相接），比较开关S断开和接通时的电阻值，前后两个读数相差越大，表示三极管的 β 越高。这是因为当S断开时，管子截止，C-E极之间的电阻大，S接通后，管子发射极正偏，集电极反偏，处于导通放大状态，根据 $I_C=\beta I_B$ 原理，如果 β 大，I_C 也大，C、E极之间的电阻就小，所以两次读数相差大就表示 β 大。

如果被测是PNP型三极管，只要将多用表黑表笔接E极，红表笔接C极（与测NPN型管的接法相反），其他不变，仍可用同样的方法估测比较 β 的大小。

（4）估测 I_{CEO}

将多用表的选挡开关拨至"$R\times1k$"挡测NPN型三极管时，黑表笔（表内电池正极）接集电极，红表笔（表内电池负极）接发射极，如图1.39所示（测PNP型管时红、黑表笔对调）。所测阻值大的管子，I_{CEO} 小。对于小功率管，当测出的阻值在几十千欧以上时，表示 I_{CEO} 不太大，该三极管可以使用。若阻值无穷大，表示三极管内部开路；若阻值为 0，表示三极管内部短路，这 2 种情况时三极管已经损坏不能使用。对于大功率管，由于 I_{CEO} 通常比较大，所以阻值很小，有的只有数十欧。

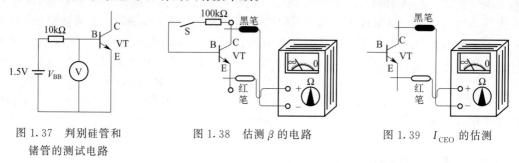

图 1.37　判别硅管和锗管的测试电路　　图 1.38　估测 β 的电路　　图 1.39　I_{CEO} 的估测

（5）NPN 管型和 PNP 管型的判别

三极管内部有两个 PN 结，根据 PN 结正向电阻小、反向电阻大的特性，可以测定管型。

测试时，可以先测定管子的基极。将多用表选挡开关放在"$R \times 1k$"挡或"$R \times 100$"挡，用黑表笔和任一管脚相接（假设它是基极 B），红表笔分别和另外 2 个管脚相接，测量其阻值都很小，如图 1.40(a) 所示；再把红表笔接假设的基极 B，黑表笔分别和另外两个管脚相接，若测量其阻值都很大，如图 1.40(b) 所示，此时可以确定假设的基极 B 是正确的，而且是 NPN 型的管子。原因是黑表笔与表内电池的正极相接，每 1 次测得的是 2 个 PN 结的正向电阻值，所以很小；而每 2 次测得的是 2 个 PN 结的反向电阻值，所以很大。

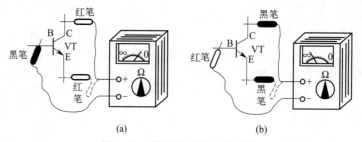

图 1.40　管型和基极 B 的判别

如果用红表笔与任一管脚相接，黑表笔分别与另两个管脚相接，再把红表笔调换另一管脚，按上述方法测量，如果 2 次阻值都很小，则红表笔所接的就是 PNP 管的基极。

（6）3 个管脚的判别

首先用前述方法确定三极管的基极 B 和管型。假定确定为 NPN 型管，而且基极 B 已找出，则可用图 1.38 估测 β 值的方法来判断 C、E 极，即先假定一个待定电极为集电极 C（另一个假定为发射极 E）接入电路，记下欧姆表摆动的幅度，然后再把这两个待定电极对调一下，即原来假定为 C 极的改为假定为 E 极（原假定为 E 极的改为假定为 C 极）接入电路，再记下欧姆表摆动的幅度。摆动幅度大的一次（即阻值小的一次），黑表笔所接的管脚为集电极 C，红表笔所接管脚为发射极 E。这是因为三极管只有各电极电压极性正确时才能导通放大，β 值较大，则摆动幅度更大。如果待测电极管子是 PNP 型管，只要把图 1.38 电路中红、黑表笔对调位置，仍照上述方法测试即可。

（7）晶体三极管测试器

晶体三极管也可以用晶体三极管测试器来进行测试，如在某印刷电路（PCB）中放大器工作不正常，可以用晶体三极管测试器的测试夹（测试表棒）分别接到三极管的三个极上，如果三极管是正常的，测试器会提供一个正确的测试结果，避免了盲目拆除三极管的麻烦；如果三极管已经损坏，则测试器得不到测试结果，即可拆换三极管，排除故障。

1.5.4 模拟电路的故障检测方法

对电路进行故障检查测试是一种逻辑思考的过程，必须完全了解电子电路或者系统的运用来消除其不正常的功能。发生故障的电路或者系统，就是当输入已知为正确的输入电压时，却没有电压输出或者有不正常的电压输出。

对于故障电路或者系统的故障检测，首先是分析问题，包括确认问题及尽可能排除原因。分析问题第一件重要的事是尝试排除任何可观察到的可能产生问题的地方，一般而言，一开始应先确认电源是否正确连接，若使用电池的电路，确认电池是否良好。电源检查后，再可以利用视觉观察故障，例如烧毁的电阻、断线、连接松动和熔丝开路等。因为有些故障与温度有关，有时通过触摸可发现过热的零件，但必须小心接触工作中的电路，以避免可能的燃烧或电击。对于间歇性故障，电路可能正常工作一段时间，而当过热时出现故障。原则上，在进行工作之前应仔细分析。

对大部分的电路或系统的故障检测通常有三种方法。

① 从已知输入电压的输入端开始，往输出端方向检测，直到检查出不正确的点为止。当测试时发现没有电压或者不正确的电压时，就已经把电路的问题缩小到从最后测量到正确电压到目前测量点之间了。在所有故障检测方法中，必须知道各点应有的电压，以便看到测量值时可以判断出不正确的值。

② 从电路的输出端开始，往输入端方向检测，检测各点的电压直到检测出正确的点为止。此时就已经把电路的问题缩小到从最后测量到不正确电压点到目前正确电压之间了。

③ 使用二分测试法从电路中央开始，如果这个测量显示正确电压，则电路从输入端到测试点间工作正常，这意味着故障点是在目前测试点到输出端之间，故开始追踪这点到输出端的电压。如果这个测量显示没有电压或不正确电压，则电路故障点是在输入端到目前测试点之间，故开始追踪这点到输入端的电压。

思考题

1. 如何使用指针式多用表检测普通小功率二极管？其检测的是二极管的什么参数？用数字式多用表检测的是二极管的什么参数？
2. 为何不能用 $R \times 1$ 或 $R \times 10k$ 这两挡检测普通小功率二极管？为什么对于同一个二极管用不同挡位进行检测时，测得的数据会有差异？
3. 二极管限幅电路中如果有一个二极管开路或短路分别会出现什么现象？
4. 如何判断三极管好坏及管脚？
5. 三极管在什么情况下会饱和？什么情况下会截止？

本章小结

1. 半导体材料的原子有四个价电子，硅和锗是使用最广泛的半导体材料。
2. 半导体原子之间以对称方式共价键结合在一起，所形成的固态物质称为晶体。在晶体结构中，逃离原属原子的价电子，就称为自由电子。当电子离开原子成为自由电子后，就会在共价键上留下一个空穴，形成所谓的电子-空穴对。这些电子-空穴对是因为热扰动所产生的，电子从外界的热源获得足够能量，然后就能离开原来的原子。

3. 自由电子会自然地失去能量，然后回落到空穴中，这称为复合。但是，因为电子-空穴对会因为热扰动而持续产生，因此材料中永远存在着自由电子。

4. 当在半导体材料的两端施加电压，因为热扰动所产生的自由电子就会朝同一方向流动而形成电流，这是在纯质半导体中的一种电流。

5. 将含有五个价电子的杂质原子加入半导体，就形成 N 型半导体；如将含有三个价电子的杂质原子加入半导体，就形成 P 型半导体。将五价或三价的杂质加入半导体的过程称为掺杂。

6. N 型半导体中的多数载流子是自由电子，这是在掺杂的过程中产生的；而少数载流子是空穴，是由热扰动产生的电子-空穴对所形成。在 P 型半导体中的多数载流子是空穴，这是在掺杂的过程中产生的；而少数载流子是自由电子，是由热扰动产生的电子-空穴对所形成。

7. 当 P 型半导体和 N 型半导体结合在一起，就会在交界面形成一个有特殊导电性质的耗尽区，这个耗尽区就是 PN 结。PN 结具有单向导电性。

8. 在 PN 结两端引出两根导线，就组成了二极管，所以二极管具有单向导电性。二极管在正向偏压下会传导电流，但在反向偏压下则会截断电流。

9. 二极管导通需要外加一定的电压，这个电压称为二极管导通电压（硅管为 0.7V，锗管为 0.2V）。理想二极管在正向偏压下，则可视为短路，而在反向偏压下则可视为开路。当温度升高时，二极管的反向电流迅速增大；而二极管的正向压降随温度升高而减小；一般温度升高 1℃，二极管的正向压降减少 2～2.5mV；温度升高 10℃，二极管的反向电流约增大一倍。二极管的参数是合理选择和正确使用的依据，使用时，相关参数不能超过它的极限参数。

10. 整流电路利用二极管的单向导电性将交流电压变成单向脉动的直流电压，主要分析输出直流（平均）电压、输出直流（平均）电流、流过二极管的最大整流电流（平均电流）及二极管承受的最高反向电压。

11. 特殊二极管也具有单向导电性，利用 PN 结击穿时的特性可制成稳压二极管，利用发光材料可制成发光二极管，利用 PN 结的光敏性可制成光敏二极管。

12. 稳压电路结构简单，但输出电流变化范围较小（通常在几毫安至几十毫安之间）、输出电压不可调。二极管稳压电路要正常安全工作，限流电阻的合理选择是关键。

13. 利用两个 PN 结可制成一个三极管，三极管有三个区、三个极和两个结，三极管有两种类型（NPN、PNP）。三极管是具有放大作用的半导体器件，三极管通过基极电流控制集电极电流，以实现电流放大，是电流控制器件。

14. 三极管的偏置和三个工作区（放大、截止和饱和）。模拟电路中三极管应工作在放大区（发射结正偏、集电结反偏），而当三极管工作在截止区（发射结和集电结都反偏）和饱和区（发射结和集电结都正偏）时，可当作电子开关使用。使用三极管时应特别注意管子的极限参数，以防损坏三极管。

15. 场效应管是单极性的器件。场效应管分为结型（N 沟道、P 沟道）和绝缘栅型（N 沟道增强型、P 沟道增强型、N 沟道耗尽型、P 沟道耗尽型）两大类共六种类型。场效应管是具有放大作用的半导体器件，场效应管通过栅源电压控制漏极电流，以实现电流放大，是电压控制器件。

16. 场效应晶体管的高输入阻抗是因为栅极源极 PN 结反向偏压，反向偏压在沟道内产生耗尽区，也因此增加了沟道的电阻值。场效应管作为放大器件应用时，应使其工作在恒流区，利用栅-源电压产生的电场改变漏-源间导电沟道电阻大小来控制漏极电流。

17. 场效应管和三极管都是非线性器件，场效应管的 G、D、S 可以和三极管的 B、C、E 相对应，所以场效应管放大电路的三种组态与三极管放大电路的三种组态相对应。三极管受温度影响较大，场效应管受温度影响较小。

本章关键术语

导体　conductor　能够传导大量电流的材料。
晶体　crystal　一种内部原子按照对称方式排列的固体物质。
半导体　semiconductor　导电性介于导体和绝缘体之间的材料。
绝缘体　insulator　一般情况下，不会传导电流的材料。
硅　silicon　一种半导体材料。
电子　electron　带有负电荷的基本粒子。
空穴　hole　在原子价带上，因为电子脱离后所形成等效正电荷的空洞。
自由电子　free electron　获得足够的能量，能够离开原来所属原子的价带的电子。
掺杂　doping　将杂质加入纯净半导体材料，以便控制其导电特性的过程。
阳极　anode　二极管的 P 型区。
阴极　cathode　二极管的 N 型区。
PN 结　PN junction　在两种不同形态半导体材料中间的界面。
二极管　diode　拥有单一 PN 结的半导体元件，只能单方向传导电流。
偏压　bias　对二极管施加的直流电压，使二极管导通或关断。
正向偏压　forward bias　能让二极管传导电流的偏压条件。
截止　cutoff　三极管不导通的状态。
饱和　saturation　三极管中集电极电流达到最大值并且与基极电流无关的状态。
结型场效应管　JFET　场效应晶体管两种主要形式之一。
金属氧化物半导体场效应晶体管　MOSFET　场效应晶体管两种主要形式之一。
耗尽　depletion　在 MOSFET 通道中移去或耗尽带电载流子的过程，因此会降低通道的导电性。
增强　enhancement　在 MOSFET 中，产生沟道或者因为在沟道中增加带电载流子而增加导电性的过程。
夹断电压　pinch-off-voltage　当栅极对源极电压等于零且漏极电流开始变成定电流时的场效应晶体管漏极对源极的电压值。
跨导　transconductance　场效应晶体管中，漏极电流改变量相对于栅极-源极电压改变量的比值。

自我测试题

一、选择题（请将下列题目中的正确答案填入括号内）

1. 在（　　）的情况下会产生电子-空穴对。
(a) 热扰动　　　(b) 重新结合　　　(c) 掺杂

2. 半导体中的电流是由（　　）形成的。
(a) 电子　　　(b) 空穴　　　(c) 电子和空穴

3. 在半导体材料中加入三价杂质的目的是（　　）。
(a) 降低导电性　　(b) 增加空穴的数目　　(c) 增加自由电子的数目

4. 在正向偏压下，二极管会（　　）。
(a) 传导电流　　(b) 截断电流　　(c) 存在高的阻抗

5. 对于硅二极管，一般标准正向偏压的电压值为（　　）。
   (a) 必须大于 0.2V　　(b) 必须大于 0.6V　　(c) 依照多数载流子的浓度而定
6. 稳压二极管作稳压元件应用时，应使其工作在（　　）状态。
   (a) 正向导通　　(b) 反向截止　　(c) 反向击穿
7. 在 PNP 三极管中，P 型区域是（　　）。
   (a) 基区和发射区　　(b) 基区和集电区　　(c) 发射区和集电区
8. 场效应管用作放大应用时，应使其工作在（　　）。
   (a) 夹断区　　(b) 恒流区　　(c) 可变电阻区
9. 场效应管是（　　）。
   (a) 单极性器件　　(b) 电流控制器件　　(c) 双极性器件
10. 场效应管的沟道介于（　　）之间。
    (a) 栅极与源极　　(b) 漏极与源极　　(c) 栅极与漏极

二、判断题（正确的在括号内打√，错误的在括号内打×）
1. 硅的原子序数是 14。（　　）
2. 硅晶体中每一个原子都有四个自由电子。（　　）
3. 在纯净的半导体中没有自由电子。（　　）
4. 因为 P 型半导体的多子是空穴，所以在自由状态下它带正电。（　　）
5. 由于多子的扩散运动和少子的漂移运动，自由平衡状态下的 PN 结电流不为零。（　　）
6. PN 结加反向电压时，空间电荷区将变窄。（　　）
7. 稳压管组成的稳压电路中，其稳定电压值是恒定的。（　　）
8. 发光二极管能不能正常发光与电路中限流电阻的大小无关。（　　）

三、分析计算题
1. 半导体受热后会发生何种现象？
2. 试分析对二极管施加正向偏压时，为何需要串联一个电阻？
3. 在图 1.41 所示电路中，已知电源电压 $U_I=10V$，稳压管 $U_Z=6V$，稳定电流的最小值为 5mA，试求：（1）当 $R=500\Omega$，$R_L=2k\Omega$ 时，电路能否稳压？（2）如果 $R=R_L=2k\Omega$ 时，电路能否稳压？
4. 在图 1.41 所示电路中，已知 $U_I=20\sin\omega t$ V，稳压管 $U_Z=12V$，试近似画出 U_O 的波形。
5. 在图 1.41 所示电路中，已知稳压二极管的 $U_Z=6V$，稳定电流为 10mA，额定功耗为 200mW。试求：若电源电压 U_I 在 18~30V 范围内变化，输出电压 U_O 是否基本不变？稳压二极管是否安全？

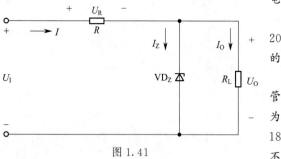

图 1.41

习题

一、选择题（请将下列题目中的正确答案填入括号内）
1. 将杂质原子加入纯净半导体材料的过程称为（　　）。
   (a) 复合　　(b) 结合　　(c) 掺杂

2. 本征半导体晶体掺入五价元素的原子后成为（　　）。
   (a) 本征半导体　　　　(b) N 型半导体　　　　(c) P 型半导体
3. N 型半导体中的多数载流子是（　　）。
   (a) 自由电子　　　　　(b) 空穴　　　　　　　(c) 正离子
4. 当 PN 结正偏时，空间电荷区中载流子的扩散电流和漂移电流相比，（　　）。
   (a) 前者强于后者　　　(b) 后者强于前者　　　(c) 二者平衡
5. 宏观上扩散电流（　　）漂移电流的 PN 结，是平衡的 PN 结。
   (a) 大于　　　　　　　(b) 小于　　　　　　　(c) 等于
6. 在半导体二极管中，PN 结附近由正负离子组成的区域称为（　　）。
   (a) 中性区　　　　　　(b) 耗尽区　　　　　　(c) 扩散区
7. 当温度升高后，二极管的正向导通电压（　　），反向饱和电流（　　）。
   (a) 增大　　　　(b) 减小　　　　(c) 不变
8. 用多用表的"$R\times10$"挡和"$R\times100$"挡测量同一个二极管的正向电阻，两次测得的值分别是 R_1 和 R_2，则二者相比（　　）。
   (a) $R_1>R_2$　　　　(b) $R_1=R_2$　　　　(c) $R_1<R_2$
9. 对放大电路中的三极管进行测量，各极对地的电压为 $U_B=2.7\text{V}$，$U_E=2\text{V}$，$U_C=6\text{V}$，则该管为（　　）。
   (a) NPN 硅管　　(b) PNP 硅管　　(c) NPN 锗管　　(d) PNP 锗管
10. 三极管的反向电流 I_{CBO} 是由（　　）组成的。
    (a) 多数载流子　　　(b) 少数载流子　　　(c) 多数载流子和少数载流子共同
11. 温度升高时，三极管的参数 β 将（　　）。
    (a) 增大　　　　(b) 减少　　　　(c) 不变
12. 工作在放大区的某三极管，当 I_B 从 $20\mu\text{A}$ 增大到 $30\mu\text{A}$ 时，I_C 从 1mA 变为 2mA，那么它的 β 约为（　　）。
    (a) 100　　　　(b) 50　　　　(c) 33
13. 测得某放大电路中三极管的 3 个管脚 1、2、3 的电位分别为 0V、-0.2V 和 -3V，则管脚 1、2、3 对应的 3 个电极是（　　）。
    (a) EBC　　　　(b) ECB　　　　(c) CBE　　　　(d) BEC
14. 同双极型三极管相比，场效应管的热稳定性（　　）。
    (a) 差　　　　　(b) 好　　　　　(c) 与普通晶体管大致相同
15. 场效应管是通过改变（　　）来控制漏极电流的。
    (a) 栅极电流　　(b) 漏极电压　　(c) 栅源电压
16. 在焊接场效应管时，电烙铁要有外接地线或先断电后再快速焊接，其原因为（　　）。
    (a) 防止过热烧坏　　(b) 防止栅极感应电压过高而造成击穿
    (c) 防止漏、极间造成短路
17. 增强型 PMOS 管的开启电压 $U_{GS(th)}$（　　）。
    (a) 大于零　　　(b) 等于零　　　(c) 小于零
18. 耗尽型 MOS 管进行放大工作时，其栅源电压（　　）。
    (a) 大于零　　　(b) 小于零　　　(c) 或大于零或小于零
19. 场效应管的 G、S 极之间电阻比三极管 B、E 极间电阻（　　）。
    (a) 大　　　　　(b) 小　　　　　(c) 差不多

二、判断题（正确的在括号内打√，错误的在括号内打×）

1. 二极管外加正向电压时呈现的电阻很小，而外加反向电压时呈现的电阻很大。（ ）
2. 随着正向电流的增大，普通二极管的直流电阻和交流电阻都增大。（ ）
3. 把一个二极管直接同一个电动势为 1.5V、内阻为零的电池正向偏置连接，该管电流过大使管子烧坏。（ ）
4. 不同稳定电压值的稳压管可以串联使用，也可以并联使用。（ ）
5. 光电二极管是受光器件，能将光信号转换成电信号。（ ）
6. 温度升高时，三极管发射结压降 U_{BE} 将升高。（ ）
7. 发射结正向偏置，集电结反向偏置是三极管工作在放大区的外部条件。（ ）
8. 结型场效应晶体管发生预夹断后，管子进入可变电阻区。（ ）
9. 增强型 NMOS 管的反型层由自由电子和空穴组成。（ ）
10. 场效应晶体管是一个电压控制电流的受控器件。（ ）

三、填空题

1. 本征半导体中有____种载流子，分别叫____、____，其载流子浓度与____有关。
2. 本征半导体和杂质半导体主要差别是_____。
3. 在杂质半导体中多数载流子的浓度主要取决于_____，而少数载流子的浓度则与_____有很大关系。
4. PN 结的正向电流是_____运动的结果，而反向电流是_____运动的结果。
5. PN 结的单向导电性表现形式是_____。
6. N 型半导体是在本征半导体中掺入少量的____价元素组成的，这种半导体内的多数载流子为_____，少数载流子为_____。P 型半导体是在本征半导体中掺入少量的____价元素组成的，这种半导体内的多数载流子为_____，少数载流子为_____。
7. PN 结正向偏置时，外电场的方向与内电场的方向_____，有利于_____的_____运动，而不利于_____的_____运动；PN 结反向偏置时，外电场的方向与内电场的方向_____，有利于_____的_____运动，而不利于_____的_____运动，这种情况下的电流称为_____电流。
8. PN 结形成过程中，P 型半导体中多数载流子由_____区向_____区进行扩散，N 型半导体中多数载流子由_____区向_____区进行扩散。扩散的结果使它们的交界处建立起一个_____，其方向由_____区指向_____区。
9. 二极管的伏安特性曲线可划分为四个区，分别是____区、____区、____区和____区。
10. 当温度升高后，二极管的正向导通电压_____，反向饱和电流_____。
11. 二极管有____种结构类型。____二极管类型适用于整流电路。
12. 理想情况下，二极管在____偏置下相当于一个开关的闭合。
13. 某单相桥式整流电路中的一个二极管开路，则输出电压_____。
14. 检波和限幅电路是利用二极管_____的特性。
15. 在稳压二极管组成的稳压电路中限流电阻的作用是_____。
16. 在无光照时，光电二极管中有一个非常小的反向电流。该电流叫_____。
17. 双极型三极管内部有____区、____区和____区，有____结和____结及向外引出的____极、____极和____个电极。
18. 三极管实现电流放大的内部条件是_____，外部条件是_____。
19. 三极管输出特性曲线分为_____个区域，分别是____区、____区和____区，工作在各区域的条件是_____。

20. BJT 中，由于两种载流子同时参与导电而称为双极型三极管，属于____控制型器件；FET 中，由于只有多子一种载流子参与导电而称为单极型三极管，属于____控制型器件。

四、名词解释题

1. 本征半导体、P 型半导体、N 型半导体。
2. 扩散运动、漂移运动。
3. PN 结、单向导电性。
4. 反向击穿电压、电击穿、热击穿。
5. 最大整流电流、最高反向工作电压。
6. 正向偏置、反向偏置。
7. 三极管安全工作区、放大区、饱和区、截止区。
8. 光电耦合器。

五、分析计算题

1. 欲使二极管具有良好的单向导电性，管子的正向电阻和反向电阻分别为大一些好，还是小一些好？

2. 假设一个二极管在 50℃时的反向电流为 10μA，试问它在 30℃和 60℃的反向电流大约分别为多大？已知温度每升高 10℃，反向电流大致增加一倍。

3. 假设用多用表的"$R×10$"挡测得某二极管的正向电阻为 200Ω，若改用"$R×100$"挡测量同一个二极管，则测得的结果将比 200Ω 大还是小，还是正好相等？为什么？

4. 欲使稳压管具有良好的稳压特性，它的工作电流、动态内阻以及温度系数等各项参数，大一些好还是小一些好？

5. 在图 1.41 所示电路中，已知电源电压 $U_I=10V$，$R=200Ω$，$R_L=1kΩ$，稳压管 $U_Z=6V$，试求：(1) 稳压管中的电流；(2) 当电源电压升高到 12V 时，电流将变为多少？(3) 当电源电压仍为 10V，但 R_L 改成 2kΩ 时，电流将变为多少？

6. 已知图 1.41 所示电路中，稳压管的稳定电压为 5V，稳定电流为 10mA，额定功耗为 125mW，$R=1kΩ$，$R_L=500Ω$。(1) 试分别计算 U_I 为 10V、15V 和 35V 三种情况下输出电压 U_O 的值；(2) 若 U_I 为 35V 时负载开路，则会出现什么现象，为什么？

7. 现有两个稳压管，其稳压值分别为 7V 和 5V，当工作在正向时管压降为 0.7V，如果将它们用不同的方法串联后接入电路，可能得到几种不同的稳压值？试画出各种不同的串联方法。

8. 在图 1.42 所示的限幅电路中，已知输入信号 u_i 为幅值（峰值）为 6V 的正弦波，试画出输出电压 u_o 的波形，假设二极管为理想二极管。

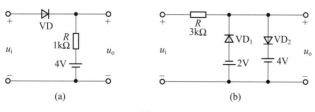

图 1.42

9. 在图 1.43 所示的电路中，设二极管为理想二极管，变压器副边电压 u_2 的幅值为 12V，负载 $R_L=2kΩ$。(1) 试画出输出电压 u_o 的波形；(2) 试求输出电压 U_O、输出电流 I_L 和二极管最大反向电压峰值 U_{DRM}。

10. 在图 1.44 所示限幅电路中的二极管是理想二极管，输入电压 u_i 变化范围为 $0\sim30\text{V}$。试画出该电路的电压传输特性曲线，即以 u_o 为纵坐标、u_i 为横坐标的 u_o 与 u_i 的关系曲线。

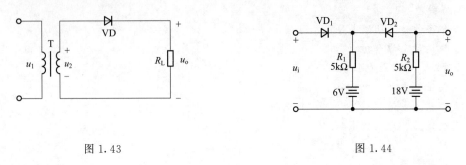

图 1.43　　　　　　　　　　图 1.44

综合实训

设计一个三极管特性及参数的检测电路

设计提示：

测试输入特性曲线时，在测试电路中将输入的直流电压设置成可调（可参考图 1.25），由小到大逐点测试相应的电压和电流值，即可得到三极管输入特性曲线；测试输出特性曲线时，在测试电路中将基极电流输入设置成可调，同时在基极电流为某个定值时将 U_{CE} 设置成可调，由小到大逐点测试相应的电压和电流值，即可得到三极管输出特性曲线中的一根曲线，改变基极电流定值进行重复测试，可得到一簇曲线。

第 2 章 基本放大电路

 学习目标

要掌握： 放大电路的组成、性能指标、频率特性曲线。
会分析： 放大电路的静态分析和动态分析。
会计算： 三种基本组态放大电路的静态和动态计算；多级放大电路的分析计算；放大电路的上下限截止频率的计算。
会选用： 多级放大电路的耦合方式。
会处理： 放大电路的故障诊断和排除方法。
会应用： 用实验或 Multisim 软件分析和调试各种放大电路。

本章主要讨论半导体三极管组成的各种放大电路的工作原理和基本分析方法。

放大电路是一种最常用、最典型的模拟电子电路。放大电路的组成原则是：首先半导体三极管必须工作在放大区；其次应保证输入信号能够传送到放大电路的输入回路；最后应保证放大后的信号能够传送到放大电路的输出端，并在信号传送中保证信号不失真。放大的本质是对能量的控制。

放大电路分析的一般过程为先静态，后动态。放大电路的基本分析方法主要有两种：静态的图解法和估算法，动态的图解法和微变等效电路法。

图解法的实质是在半导体三极管的特性曲线上用作图的方法求解。其主要优点是：既能分析静态，又能分析动态；能够比较直观、形象地观察非线性失真。但是，作图过程比较烦琐，容易产生作图误差。

微变等效电路法近似地用一个线性的等效电路来代替非线性的放大器件。微变等效电路法的主要优点是既能分析简单电路，又能分析比较复杂的电路；分析的过程比较简单方便，不需作图。但是，微变等效电路法只能分析动态，不能分析静态。在实际工作中常常将上述两种分析方法结合起来使用。

半导体三极管是一种温度敏感元件，当温度变化时，半导体三极管的各种参数将随之发生变化，使放大电路的静态工作点不稳定，甚至不能正常工作。本章讨论的分压式工作点稳定电路，实质上是利用负反馈的作用保持静态工作点基本稳定。

单管放大电路有 3 种基本的组态，即共射组态、共集组态和共基组态。各种组态具有显著不同的特点。

多级放大电路的耦合方式主要有4种：变压器耦合、阻容耦合、直接耦合和光电耦合。其中只有直接耦合方式适用于集成放大电路。多级放大电路的电压放大倍数等于各级电压放大倍数的乘积，但在计算每一级的电压放大倍数时要考虑前后级的相互影响。多级放大电路的输入电阻通常情况下等于第一级的输入电阻；而其输出电阻通常情况下等于末级的输出电阻。

放大电路的频率响应：由于三极管存在极间电容，以及有些放大电路中外接电抗性元件，因此放大电路的电压放大倍数成为频率的函数，可以用对数频率特性曲线（或称波特图）来描述这种关系。通频带（BW）也是放大电路的一项重要技术指标。对阻容耦合单管共射放大电路来说，低频段电压放大倍数下降的主要原因是信号在隔直（耦合）电容上产生压降，同时产生 $0°\sim+90°$ 超前的附加相移；而高频段电压放大倍数的下降是由三极管的极间电容引起的，同时产生 $-90°\sim0°$ 滞后的附加相移。因此下限频率 f_L 和上限频率 f_H 的数值分别与隔直（耦合）电容和极间电容的时间常数成反比。

下面首先讨论放大电路的组成和主要性能指标。

2.1 放大电路的组成和主要性能指标

放大现象存在于各种场合，例如，利用放大镜放大微小物体，这是光学中的放大；利用杠杆原理用小力移动重物，这是力学中的放大；利用变压器将低电压变换为高电压，这是电学中的放大。研究它们的共同点，一是都将原物形状或大小按一定比例放大了，二是放大前后能量守恒，如杠杆原理中前后做功相同。

2.1.1 放大电路的组成

放大电路是最常见、最典型的模拟电子电路。在我们的生活、工作和科学实验中，往往需要将微弱的模拟信号加以放大，以便测量和利用，这些场合都离不开放大电路。电子技术中的放大电路是由三极管或集成运算放大器和电阻、电容等元件构成的二端网络，其输入端口接信号源，输出端口接负载。扩音机是一种常见的放大器，图2.1是它的工作过程方框图。

图 2.1 扩音机方框图

各种声音通过话筒的作用，转换成随声音强弱而变化的电压和电流，它们携带着原来声音中的全部信息，通常被称为电信号。由话筒输出的电信号是很微弱的，把这些微弱的电信号送入扩音机的输入端（图中 i_i 表示输入电流，u_i 表示输入电压），经过电压放大和功率放大后，从扩音机输出端输出较强的电信号（图中 i_o 表示输出电流，u_o 表示输出电压），最后通过扬声器把放大了的电信号转换成比原来响亮得多的声音。

能把微弱的电信号放大，转换成较强的电信号的电路称为放大电路，简称放大器。应当指出放大器必须对电信号有功率放大作用，即放大器的输出功率应比输入功率要大，否则，不能算是放大器。例如，变压器虽然可以把电信号的电流或电压幅度增大，但它的输出功率总比输入功率小，这就不能称为放大器。

放大表面上是指将信号的幅度由小变大，但是在电子技术中，放大的本质是实现能量的控制，即用能量比较小的输入信号控制另一个能源，从而在负载上得到能量比较大的信号。

由于输入信号（例如天线或传感器得到的信号）能量过于微弱，不足以推动负载，因此需要另外提供一个能源，由小能量的输入信号控制这个能源，使之输出较大的能量，然后推动负载。另外，放大作用是针对变化量而言的。放大是指当输入信号有一个比较小的变化量时，在输出端的负载上得到了一个变化量比较大的信号。

> **提示**
>
> 放大电路的放大倍数是指输出信号与输入信号的变化量之比，由此可见，所谓放大作用，其放大的对象是变化量。

> **注意**
>
> 电路中电压和电流符号写法的规定：为了便于区别放大器电路中电流或电压的直流分量、交流分量、总量等概念，文字符号写法作如下规定。
> ① 直流分量用大写字母和大写下标的符号，如 I_B 表示基极的直流电流。
> ② 交流分量用小写字母和小写下标的符号，如 i_b 表示基极的交流电流。
> ③ 总量是直流分量和交流分量之和，用小写字母和大写下标的符号。如 $i_B = I_B + i_b$，即 i_B 表示基极电流的总量。
> 如果交流分量是正弦波，其表达式为：$i_b = I_{bm} \sin\omega t = \sqrt{2} I_b \sin\omega t$。
> 可见正弦波有效值是用大写字母和小写下标符号，而正弦波的峰值是有效值下标再添加小写 m，如 I_b、I_{bm} 分别表示基极正弦电流有效值和峰值。

2.1.2 放大电路的主要性能指标

为了评价一个放大电路质量的优劣，需要规定若干性能指标，测试指标时，一般在放大电路的输入端加上一个正弦测试电压，如图 2.2 所示。放大电路的主要性能指标有以下几项：

（1）放大倍数

放大倍数是衡量一个放大电路放大能力的指标。其中，电压放大倍数定义为输出电压与输入电压的变化量之比。当输入一个正弦波电压时，也可用输出电压与输入电压的有效值之比（在中频段不计附加相移时），即

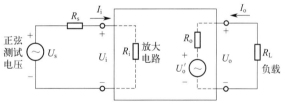

图 2.2 放大电路主要性能指标测量原理方框图

$$A_u = \frac{U_o}{U_i} \tag{2.1}$$

如考虑到输入信号通过放大电路时可能产生相位移时，应该用输出电压和输入电压的相量之比表示电压放大倍数。后面讨论不考虑放大电路附加相移时直接用上式计算。

与此类似，电流放大倍数定义为输出电流的正弦有效值 I_o 与输入电流的正弦有效值 I_i 之比，用 A_i 表示，即

$$A_i = \frac{I_o}{I_i} \tag{2.2}$$

必须注意，上述两式在输出电压与输出电流基本上是正弦波，也就是说，放大电路无明显失真的前提下才有意义。这个前提同样适用于随后将要说明的各项指标。

（2）输入电阻

从放大电路的输入端看进去的等效电阻称为放大电路的输入电阻，见图 2.2。此处只考虑中频段的情况，故从放大电路输入端看，等效为一个纯电阻 R_i。输入电阻 R_i 的大小等于外加正弦输入电压与相应的输入电流之比，即

$$R_i = \frac{U_i}{I_i} \tag{2.3}$$

输入电阻这项技术指标衡量了一个放大电路向信号源索取信号大小的能力。通常希望放大电路的输入电阻愈大愈好，R_i 愈大，说明放大电路对信号源索取的电流愈小。

（3）输出电阻

输出电阻是从放大电路的输出端看进去的等效电阻，见图 2.2。在中频段，从放大电路的输出端看，放大电路同样等效为一个纯电阻 R_o。输出电阻 R_o 的定义是当输入端信号源短路（即 $U_s=0$，但保留 R_s），输出端负载开路（即 $R_L=\infty$）时，外加一个正弦输出电压 U_o，得到相应的输出电流 I_o，二者之比即是输出电阻 R_o，即

$$R_o = \frac{U_o}{I_o} \tag{2.4}$$

输出电阻是描述放大电路带负载能力的技术指标。通常希望放大电路的输出电阻愈小愈好。R_o 愈小，说明放大电路的带负载能力愈强。

（4）通频带

通频带是衡量一个放大电路对不同频率的输入信号适应能力的指标。

通常，放大电路的放大倍数将随着信号频率的变化而变化。当频率升高或降低时，放大倍数都将减小，而在中间一段频率范围内，因各种电抗性元件的作用可以忽略，故放大倍数基本不变。通常将放大倍数在高频段和低频段分别下降至中频段放大倍数的 0.707 倍时所包括的频率范围，定义为放大电路的通频带。

显然，通频带愈宽，表明放大电路对信号频率的变化具有更强的适应能力。

（5）最大输出幅度

表示在输出波形没有明显失真的情况下，放大电路能够提供给负载的最大输出电压（或最大输出电流），一般指电压的有效值，以 U_{om} 表示，也可用峰-峰值表示。超出最大输出幅度后，输出波形将产生明显失真。

以上介绍了放大电路的几个主要技术指标，此外，针对不同的使用场合，还可能提出其他一些指标，例如最大输出功率与效率、非线性失真系数等，请读者自行参阅有关文献。

思考题

放大电路的实质是什么？

2.2 共发射极基本放大电路

本节将以 NPN 型三极管组成的基本共发射极（共射极）放大电路为例，阐明放大电路的组成原则及电路中各元器件的作用。

2.2.1 共发射极放大电路的组成

图 2.3 所示为一个阻容耦合的单管共发射极放大电路（图中为习惯画法）。

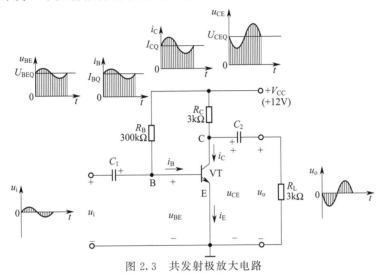

图 2.3 共发射极放大电路

> **注意**
>
> 图中符号"⊥"表示"地"，但实际上这一点并不真正接到大地上，通常以该点视为零电位点（即参考电位点）。

它由直流电源、信号源、三极管和电阻电容组成。电路中输入回路与输出回路的公共端是三极管的发射极，因此称为共发射极放大电路，简称共射放大电路。

图中三极管 VT 担负着放大作用，是放大电路中的核心。直流电源 V_{CC} 一方面取代 V_{BB} 为三极管的发射结提供正向偏置，又为集电结提供反向偏置；另一方面又是信号放大的能源，V_{CC} 一般为几伏到几十伏。R_B 是基极偏置电阻，和电源 V_{CC} 一起为基极提供一个合适的基极电流，通常称偏流，以保证三极管不失真地放大，其阻值一般为几十千欧到几百千欧。集电极负载电阻 R_C 将集电极电流的变化转换为集电极电压的变化，使放大电路具有电压放大功能，其阻值一般为几千欧到几十千欧。C_1、C_2 称为耦合电容，其作用是"隔直流，通交流"，对直流来说，容抗为无穷大，相当于开路，使直流电源 V_{CC} 不加到信号源和负载上；对交流来说，容抗却很小，可近似为短路，使输入和输出信号顺利传输，耦合电容的容量较大，一般是几微法至几十微法的电解电容，连接时应注意极性。R_L 是外接负载电阻。故在 C_1 与 C_2 之间为直流和交流叠加，而在 C_1 与 C_2 之外只有交流信号。

练习

请用实验来测试图 2.3 所示电路中的各点波形图（或用 Multisim 软件仿真）。

归 纳

要使一个三极管工作在放大区，应将其发射结正向偏置，集电结反向偏置。因此，V_{CC}、R_B 和 R_C 的数值必须与所用三极管的输入、输出特性很好地配合起来。

能量小贴士

拓展阅读： 放大的本质是能量的控制和转换，而体现出来的作用是将微小变化的输入信号放大。电路的放大条件是三极管发射结正向偏置，集电结反向偏置。这里就需要有辩证思考的能力，要明确一切事物的发展都有其内在和外在的原因，内部原因是事物发展变化的根本推动因素，外部原因是事物发展变化的外加驱动条件，外因必须通过内因才能发挥作用。放大电路之所以能够放大，本质是将直流电源提供的能量转化为放大的交流信号，是能量的提供者，是内因；而放大的条件是保证能量可以转换，是外因。因此，在学习中要充分发挥自己的内因作用，学习好专业知识。

2.2.2 单管共射放大电路的放大原理

假设电路中的各参数及三极管的输入、输出特性能保证三极管工作在放大区。此时，如果在放大电路的输入端加上一个正弦交流信号 u_i，则三极管基极与发射极之间的电压 u_{BE} 也随之发生变化产生 u_{be}。根据三极管的输入特性，当发射结电压 u_{BE} 发生变化时，将引起基极电流 i_B 产生相应的变化产生 i_b。由于三极管工作在放大区，具有电流放大特性，所以 i_b 将导致集电极电流发生更大的变化 i_c（$i_c = \beta i_b$），而 i_c 将导致集电极电压 u_{CE} 也存在一个变化量 u_{ce}。在图 2.3 所示电路中，输出电压变化量等于集电极电压变化量，即 $u_o = u_{ce}$。

当电路参数满足一定条件时，可以使输出电压 u_o 比输入电压 u_i 大得多。也就是说，当在放大电路的输入端加上一个微小正弦交流信号 u_i 时，在输出端将得到一个放大了的正弦交流信号 u_o，从而实现了放大作用。

归 纳

从以上分析可知，组成放大电路时必须遵循以下几个原则：
① 点合适，即三极管应工作在放大区；
② 能输入，即输入信号能传递到放大电路的输入端，并且要求传递过程中的损耗小；
③ 能输出，放大后的信号能送到负载上去；
④ 不失真，要求放大过程中信号不发生失真。

思考题

1. 组成三极管放大电路最基本的原则是什么？

2. 如果共发射极放大电路中的三极管是PNP型，请画出它的基本放大电路图。

2.3 放大电路的静态分析

对于一个放大电路的分析一般包括两个方面的内容：静态分析和动态分析。静态分析讨论的是直流量，动态分析讨论的是交流量。前者主要确定静态工作点，后者主要研究放大电路的性能指标。

当放大电路的输入端没有外加交流输入信号（即输入信号$u_i=0$）时，放大电路在直流电源V_{CC}的作用下，三极管的输入回路及输出回路只有直流量。此时的电压和电流都是直流量，称为直流工作状态，简称静态。这些直流电流和直流电压在三极管的输入、输出特性曲线上分别对应一个点，反映放大电路在静态时的工作状态，故称为静态工作点，简称Q点。三极管的静态工作点用I_{BQ}、I_{CQ}和U_{BEQ}、U_{CEQ}来表示。

静态工作点可以由放大电路的直流通路采用估算法计算，也可以用图解法确定。

2.3.1 用估算法确定静态工作点

首先画出放大电路的直流通路。由于电容对直流相当于开路，故图2.3所示共发射极放大电路的直流通路如图2.4所示。

由图2.4中的直流通路可知，在三极管的基极回路中，静态基极电流I_{BQ}从直流电源V_{CC}的正端流出，经过基极电阻R_B和三极管的发射结，最后流入公共端。列出回路方程为$I_{BQ}R_B+U_{BEQ}=V_{CC}$，由此可得到：

$$I_{BQ}=\frac{V_{CC}-U_{BEQ}}{R_B} \quad (2.5)$$

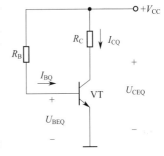

图2.4 共射放大电路的直流通路

式中，U_{BEQ}为静态时三极管的发射结电压。

由于三极管导通时，U_{BEQ}变化很小，可视为常数。其中硅管$U_{BEQ}=0.7V$，锗管$U_{BEQ}=0.2V$。当V_{CC}、R_B已知，则可由式(2.5)算出I_{BQ}。

根据三极管基极电流与集电极电流之间的关系，可求出静态集电极电流为

$$I_{CQ}\approx\beta I_{BQ} \quad (2.6)$$

再由直流通路列出集电极回路方程为$I_{CQ}R_C+U_{CEQ}=V_{CC}$，这样可得

$$U_{CEQ}=V_{CC}-I_{CQ}R_C \quad (2.7)$$

至此，静态工作点的电流、电压都已估算出来。

【例2.1】 求图2.3所示共射放大电路的静态工作点。已知$V_{CC}=12V$，$R_B=300k\Omega$，$R_C=3k\Omega$，三极管的$\beta=50$。

解： 根据式(2.5)～式(2.7)，得

$$I_{BQ}=\frac{V_{CC}-U_{BEQ}}{R_B}=\frac{12-0.7}{300}\approx0.04(mA)=40(\mu A)$$

$$I_{CQ}\approx\beta I_{BQ}=50\times0.04=2(mA)$$

$$U_{CEQ}=V_{CC}-I_{CQ}R_C=12-2\times3=6(V)$$

> **练习**
>
> 请用实验来测试图 2.3 所示电路的静态工作点（或用 Multisim 软件仿真）。

2.3.2 用图解法确定静态工作点

图解分析法

放大电路的图解法就是在三极管输入特性曲线和输出特性曲线上，用作图的方法来分析放大电路的静态工作情况。

在图 2.3 中，输入回路中电压与电流之间有以下关系：

$$V_{CC}=i_B R_B+u_{BE} \tag{2.8}$$

上式是一直线方程，在 i_B-u_{BE} 坐标系中可画出一条满足该式关系的直线，称为输入回路直流负载线，其斜率为 $-1/R_B$。该直线与纵轴的交点为 A 点，对应的坐标值为 $u_{BE}=0$、$i_B=V_{CC}/R_B$；该直线与横轴的交点为 B 点，对应的坐标值为 $u_{BE}=V_{CC}$、$i_B=0$。所以在 i_B-u_{BE} 坐标系中，找出 A 点和 B 点，并将它们相连，所得的直线就是输入回路直流负载线。

放大电路静态时的 i_B、u_{BE} 值除了应满足式(2.8)关系外，还应符合三极管的输入特性，所以实际的静态工作点值只能是直流负载线与输入特性曲线交点坐标所决定的数值。通常将这一交点称为静态工作点，记作 Q，相应的 i_B、u_{BE} 值就是静态工作点值，分别记作 I_{BQ} 和 U_{BEQ}，如图 2.5(a) 所示。

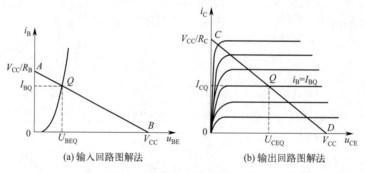

图 2.5 用图解法进行静态分析

在图 2.3 中，输出回路中电压与电流之间有以下关系：

$$V_{CC}=i_C R_C+u_{CE} \tag{2.9}$$

上式是输出回路方程。在 i_C-u_{CE} 坐标系中可画出一条满足该方程的直线，称为输出回路直流负载线，其斜率为 $-1/R_C$。该直线与纵轴的交点为 C 点，对应的坐标值为 $u_{CE}=0$、$i_C=V_{CC}/R_C$，这一电流值是 $u_{CE}=0$ 时流过输出回路的电流（即集电极短路电流）。输出回路直流负载线与横轴的交点为 D 点，对应的坐标值为 $u_{CE}=V_{CC}$、$i_C=0$。由于三极管输出回路的电压 u_{CE} 和电流 i_C 也应满足三极管输出特性决定的关系，所以求解静态工作点 Q，可以在三极管输出特性曲线的 i_C-u_{CE} 坐标系中，找出 C 点和 D 点，并将它们相连，所得的直线就是输出回路直流负载线。该直线与 $i_B=I_{BQ}$ 的那一条输出特性曲线的交点，就是静态工作点 Q，其相应的 i_C、u_{CE} 值就是静态工作点值，分别记作 I_{CQ} 和 U_{CEQ}，如图 2.5(b) 所示。

归纳

放大电路的静态工作点可以根据实际需要，采用不同的方法来求解，估算方法求解比较简单，而图解方法比较直观，容易判断静态工作点是否合适。

思考题

1. 什么是 Q 点？如何用图解法确定 Q 点？
2. 三极管集电极电流何时达到其最大值？集电极电流何时近似为 0？
3. 三极管的 U_{CE} 何时等于 V_{CC}？什么情况下 U_{CE} 变成最小值？

2.4 放大电路的动态分析

当放大电路的输入端有信号输入，即 $u_i \neq 0$ 时，三极管各个电极的电流及电极之间的电压将在静态值的基础上，叠加有交流分量，放大电路处于动态工作状态。放大电路的动态分析是在已经进行过的静态分析基础上，对放大电路有关电流、电压的交流分量之间关系再作分析。常用的分析方法有图解法和微变等效电路法。下面以图 2.3 所示的共发射极放大电路为例进行动态分析，在分析前应先画出该电路的交流通路，其交流通路如图 2.6 所示。

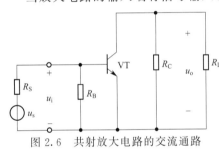
图 2.6 共射放大电路的交流通路

2.4.1 图解法

（1）放大电路中负载开路（$R_L = \infty$）

当输入信号 u_i 为正弦波电压时，u_{BE} 将在静态时的 U_{BEQ} 上叠加正弦输入电压 u_i。随着 u_{BE} 瞬时值的改变，工作点将在静态工作点 Q 上、下沿三极管输入特性曲线移动，使 i_B 在静态时的 I_{BQ} 基础上叠加一个交流分量（i_b），如图 2.7(a) 所示。

如果图 2.3 所示电路中 $R_L = \infty$，电路在信号输入后，三极管集电极电流中的直流分量 I_{CQ} 及交流分量 i_c 均流过 R_C。因此在动态时，工作点将在静态工作点 Q 上、下沿静态分析时作的直流负载线移动，其 i_B、i_C、u_{CE} 一一对应的数值，由这一条负载线与不同 i_B 时的输出特性曲线的交点决定，i_C、u_{CE} 的波形如图 2.7(b) 所示，其中 u_{CE} 的波形如图中的波形①。由图可见，i_C 及 u_{CE} 均在静态工作点值 I_{CQ}、U_{CEQ} 上叠加有交流分量，其中 u_{CE} 的交流分量 u_{ce} 就是 u_{CE} 经电容 C_2 隔直后的输出电压 u_o。通过作图，可得电压放大倍数 A_u。

若 u_i 的幅度过大，当 u_i 为正半周时，u_i 的瞬时值增大到使 i_B 达到一定值后，工作点从 Q 点沿负载线上移与输出特性曲线交于 M 点处，进入饱和区，i_C 几乎不再随 u_i 瞬时值的增大而增大，u_{CE} 的瞬时值为 U_{CES}，也不再减小，输出电压 u_o（等于 u_{CE} 的交流分量）负半周的底部被削平，产生波形失真，称为饱和失真；当 u_i 为负半周时，u_i 的瞬时值使 u_{BE} 小于死区电压后，有一段时间管子工作于截止区，i_B、i_C 的瞬时值近似为零，$u_{CE} \approx$

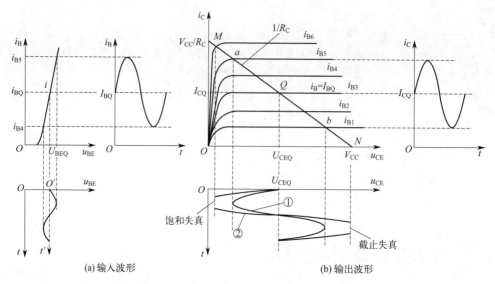

(a) 输入波形　　　　　　　　　　　(b) 输出波形

图 2.7　用图解法进行动态分析（$R_L = \infty$）

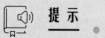 **提示**

从图 2.7 可见，当 u_i 为正半周时，u_{ce} 为负半周，u_o 也为负半周，这说明了共射放大电路的 u_o 与 u_i 的相位相反。

V_{CC}，u_o 波形的正半周顶部被削平，产生波形失真，称为截止失真。饱和失真和截止失真均是管子工作点进入非线性工作区引起的，故统称为非线性失真。为了使放大电路的输出不产生非线性失真，必须使管子始终工作于线性工作区，即放大区。为此应该满足两个条件：一是要有合适的静态工作点；二是输入信号不能太大，否则电路输出失真，使放大电路失去放大信号的意义。

放大电路的静态工作点随电路参数确定而确定，放大电路的最大不失真输出电压，即动态范围也就确定了。在理想的情况下，忽略 I_{CEO} 和 U_{CES}，静态工作点的设置会有以下 3 种情况。

归纳

（1）Q 点在负载线的中点，即 $U_{CEQ} = V_{CC}/2$，这种情况下放大电路的饱和失真与截止失真将随 u_i 的瞬时值增大而同时开始出现，此时动态范围最大，$U_{OPP} = 2U_{CEQ}$ 或 $U_{OPP} = 2I_{CQ}R_C$。

（2）Q 点在负载线中点下方，即 $U_{CEQ} > V_{CC}/2$，这种情况下放大电路首先出现的将是截止失真，这时的动态范围 $U_{OPP} = 2I_{CQ}R_C$。

（3）Q 点在负载线中点上方，即 $U_{CEQ} < V_{CC}/2$，这种情况下放大电路首先出现的将是饱和失真，这时的动态范围 $U_{OPP} = 2U_{CEQ}$。

综上分析可见，当忽略管子的 I_{CEO} 和 U_{CES} 时，放大电路动态范围等于 $2U_{CEQ}$ 与 $2I_{CQ}R_C$ 中较小的那个值。

（2）放大电路中接入负载（$R_L \neq \infty$）

如果图 2.3 所示电路中 $R_L \neq \infty$，此时：

$$u_o = u_{ce} = -i_c(R_C // R_L) = -i_c R_L' \tag{2.10}$$

因此，在动态时工作点应沿另一条负载线，即输出回路交流负载线移动，而不是沿输出回路直流负载线移动。输出回路交流负载线的斜率为 $-1/R'_L$，输出回路直流负载线的斜率为 $-1/R_C$。同时，当放大电路无非线性失真，且 $u_i \to 0$ 时，工作点应该就在 Q 点处。这说明输出回路交流负载线是一条过 Q 点的斜率为 $-1/R'_L$ 的直线，如图 2.8 所示。

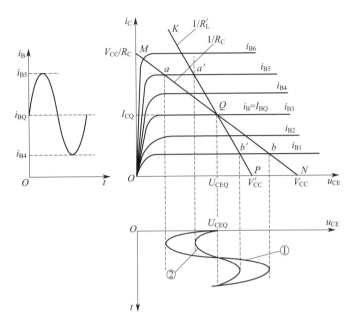

图 2.8　用图解法进行动态分析（$R_L \neq \infty$）

当 u_i 输入后，由于工作点是沿交流负载线在静态工作点（Q 点）的上、下移动，故 u_i 仍为原来的输入电压时，u_o 的波形，即 u_{CE} 的交流分量波形是图 2.8 中的波形②，而不是 $R_L = \infty$ 时图 2.8 所示的波形①。由此可见，R_L 接入后，并没有改变 u_o 与 u_i 的相位关系。但当 R_L 接入后，u_o 的幅值减小，即放大倍数变小。又因为 R_L 接入后工作点是沿交流负载线，而不是沿直流负载线移动，因此在负载接入后，放大电路的动态范围 U_{OPP} 为 $2U_{CEQ}$ 与 $2I_{CQ}R'_L$ 中较小的那个值。由于三极管的伏安特性非线性，严格讲三极管放大电路是一个非线性电路，因此常用图解法进行分析。

（3）图解法的应用

利用图解法，除了可以分析放大电路的静态和动态工作情况外，在实际工作中还有其他应用。

① 用图解法分析非线性失真。对放大电路有一个基本要求，就是输出信号尽可能不失真。所谓失真，是指输出信号的波形不像输入信号的波形。引起失真的原因有多种，其中最基本的一点，就是由于静态工作点不合适或输入信号过大，放大电路的工作范围超出了放大管特性曲线的线性范围。这种失真通常称为非线性失真。

如果静态工作点设置过低，在输入信号的负半周，工作点进入截止区，使 i_B、i_C 等于零，从而引起 i_B、i_C 和 u_{CE} 的波形发生失真，i_B、i_C 的负半周和 u_{CE} 的正半周都被削平。这种失真是由放大管进入截止区而引起的，故称为截止失真。当放大电路产生截止失真时，输出电压 u_{CE} 的波形出现顶部失真。

如果静态工作点设置过高，则在输入信号的正半周，工作点进入饱和区，即 i_C 不再随着 i_B 的增大而增大。此时，i_B 波形可以不失真，但是 i_C 和 u_{CE} 的波形发生了失真。这种失真是由放大管进入饱和区而引起的，故称为饱和失真。当放大电路产生饱和失真时，输出

电压 u_{CE} 的波形出现底部失真。

拓展阅读： 放大电路当工作点合适时能把输入信号有效放大，而当工作点偏高或偏低时，输出波形会产生饱和或截止失真，这是量变到质变的转化过程，这就是辩证法中的量变质变规律。

注意

对于 PNP 型三极管，当发生截止失真或饱和失真时，输出电压波形的失真情况将与 NPN 型三极管相反，读者可利用图解法自行分析。

归纳

可见，要使放大电路不产生非线性失真，必须有一个合适的静态工作点，工作点应大致选在交流负载线的中点。此外，输入信号的幅度不能太大，以避免放大电路的工作范围超过特性曲线的线性范围。在小信号放大电路中，这一条件一般都能满足。

② 用图解法分析电路参数对静态工作点的影响。通过前面的讨论可以看出，对一个放大电路来说，正确设置静态工作点的位置至关重要，如果静态工作点的设置不合理，不仅不能充分利用三极管的动态工作范围，致使最大输出幅度减小，而且输出波形可能产生严重的非线性失真。那么静态工作点的位置究竟与哪些因素有关呢？

在单管共射放大电路中，当各种电路参数，如集电极电源电压 V_{CC}、基极电阻 R_B、集电极电阻 R_C 以及三极管共射电流放大系数 β 等的数值发生变化时，静态工作点的位置也将随之改变。

如果电路中其他参数保持不变，而使集电极电源电压 V_{CC} 升高，则直流负载线将平行右移，静态工作点 Q 将移向右上方。反之，若 V_{CC} 降低，则 Q 点向左下方移动。

如果其他电路参数保持不变，增大基极电阻 R_B，则输出回路直流负载线的位置不变，但由于静态基极电流 I_{BQ} 减小，故 Q 点将沿直流负载线下移，靠近截止区，使输出波形易于产生截止失真。相反，若 R_B 减小，则 Q 点沿输出回路直流负载线上移，靠近饱和区，输出波形将容易产生饱和失真。

如果保持电路其他参数不变，增大集电极电阻 R_C，则 V_{CC}/R_C 减小，于是输出回路直流负载线与纵坐标轴的交点降低，但它与横坐标轴的交点不变，输出回路直流负载线比原来更加平坦。因 I_{BQ} 不变，故 Q 点将移近饱和区。结果将使动态范围变小，输出波形易于发生饱和失真。相反，若 R_C 减小，则 V_{CC}/R_C 增大，直流负载线将变陡，Q 点右移。动态工作范围有可能增大，但由于 U_{CEQ} 增大，因而使静态功耗升高。

如果电路中其他参数保持不变，增大三极管的共射电流放大系数 β，Q 点将沿着直流负载线上移，则 I_{CQ} 增大，U_{CEQ} 减小，Q 点靠近饱和区。若 β 减小，则 I_{CQ} 减小，Q 点远离饱和区，但单管共射放大电路的电压放大倍数可能下降。

> **能量小贴士**
>
> **拓展阅读:** 放大电路的分析应遵循"先静态、后动态"的原则，只有静态工作点合适，所进行的动态分析才有意义。Q 点不仅影响电路输出是否失真，还与动态参数密切相关。静态影响动态，Q 点稳定是放大电路正常工作的前提，两者相互制约，又对立统一，这里就是辩证法中的对立统一规律。

(4) 图解法的一般步骤

① 在三极管的输出特性曲线上画出直流负载线。

② 用图解法或近似估算法，确定静态基流 I_{BQ}。$i_B = I_{BQ}$ 的一条输出特性曲线与直流负载线的交点即为静态工作点 Q。由 Q 点的位置可从输出特性曲线上得到 I_{CQ}、U_{CEQ}。

③ 根据放大电路的交流通路求出集电极等效交流负载电阻 $R'_L = R_L // R_C$，然后在输出特性上通过 Q 点作一条斜率为 $-1/R'_L$ 的直线，即交流负载线。

④ 求电压放大倍数 A_u，可在输入特性曲线上和输出特性曲线上，在 Q 附近取一个适当的 Δi_B 值，从交流负载线上查出相应的 Δu_{CE} 值，然后根据所取的 Δi_B 值查出 Δu_{BE}，两者之比就是电压放大倍数 A_u，即 $A_u = \Delta u_{CE} / \Delta u_{BE}$。当输出电压不失真时，电压放大倍数可用输入与输出电压的有效值来计算。

(5) 图解法的主要优缺点

优点：利用图解法既能分析放大电路的静态工作状况，又能分析动态工作状况。图解的结果比较直观、形象，可以在输出特性曲线上直接看出静态工作点的位置是否合适，分析输出波形是否产生非线性失真，以及何种性质的非线性失真，大致估算放大电路的最大不失真输出幅度，定性分析电路参数变化对静态工作点位置的影响等。图解法尤其适用于分析放大电路工作在大信号情况下的工作状态，例如分析功率放大电路等。

缺点：作图的过程比较烦琐，而且容易产生作图误差，利用图解法不易得到准确的定量结果。另外，图解法的使用也有局限性，例如对于某些放大电路，比如发射极接有电阻 R_E 的电路，无法利用图解法直接求得电压放大倍数。

> **归纳**
>
> 从上面分析过程可见，通过图解法分析，可以了解放大电路中三极管各电极电流、极间电压的实际波形，可以帮助我们掌握放大电路是如何放大信号的；还可以求得放大倍数、U_{OPP}、u_o 与 u_i 的相位关系；通过图解法分析，也可以熟悉放大电路的非线性失真。但是，图解法需要烦琐的作图过程；u_i 很小时也难以作图；另一些反映放大电路性能指标也无法由图解法求得。微变等效电路法可以弥补图解法的这些不足之处。

2.4.2 微变等效电路法

微变等效电路法是解决放大器件特性非线性问题的另一种常用的方法。微变等效电路法可用于放大电路在小信号情况下的动态工作情况的分析。它的实质是在信号变化范围很小（微变）的前提下，认为三极管电压、电流之间的关系基本上是线性的。也就是说，在一个很小的变化范围内，可将三极管的输入、输出特性曲线近似地看作直线，这样，就可以用一个线性等效电路来代替非线性的三极管。相应的电路称为三极管的微变等效电路。用微变等效电路代替三极管后，含有非线性器件的放大电路也就转化为线性电路。然后就可以用电路原理中学到的方法来处理、分析放大电路了。

下面将从物理概念出发，引出简化的三极管的微变等效电路。

（1）三极管的微变等效电路

如何用一个线性的等效电路来代替非线性的三极管？

所谓等效，就是从线性等效电路的输入端和输出端往里看，其电压、电流之间的关系与原来三极管的输入端、输出端的电压、电流关系相同。而三极管的输入端、输出端的电压、电流之间的关系用其输入、输出特性曲线来描述。

下面从共发射极接法三极管的输入特性和输出特性两方面来分析讨论。

首先来研究三极管的输入特性。从图2.9(a)可以看出，在 Q 点附近的小范围内，输入特性曲线基本上是一段直线，也就是说，可以认为基极电流的变化量 Δi_B 与发射结电压的变化量 Δu_{BE} 成正比，因而，三极管的输入回路即基极 B、发射极 E 之间可用一个等效电阻来代替。这表示输入电压 Δu_{BE} 与输入电流 Δi_B 之间存在以下关系：

$$r_{be} = \frac{\Delta u_{BE}}{\Delta i_B} \qquad (2.11)$$

r_{be} 称为三极管的输入电阻。它是对信号变化量而言的，因此它是一个动态电阻，对于低频小功率管常用下式估算：

$$r_{be} = r_{bb'} + (1+\beta)\frac{26\text{mV}}{I_{EQ}} \qquad (2.12)$$

r_{be} 的值与 I_{EQ} 发射极电流有关，式中 $r_{bb'}$ 通常取 300Ω。Q 点越高，I_{EQ} 越大，则 r_{be} 越小。I_{EQ} 为 0.1～5mA 时上式适用，否则将产生较大的误差。

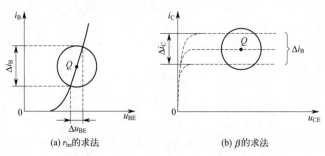

(a) r_{be} 的求法　　　　(b) β 的求法

图 2.9　三极管特性曲线的局部线性化

再从图2.9(b)所示的输出特性进行研究。在 Q 点附近的小范围内，输出曲线基本上是水平的，也就是说，集电极电流的变化量 Δi_C 与集电极电压的变化量 Δu_{CE} 无关，而只决定于基极电流变化量 Δi_B。而且，由于三极管的电流放大作用，Δi_C 大于 Δi_B，二者之间存在放大关系：

$$\Delta i_C \approx \beta \Delta i_B$$

所以，从三极管的输出端看进去，可以用一个大小为 $\beta \Delta i_B$ 的电流源来等效。但这个电流源是一个受控电流源而不是独立电流源，它实质上体现了基极电流对集电极电流的控制作用。换句话说，三极管的输出回路，可以用一个受控电流源 $\beta \Delta i_B$ 来代替。

根据以上的分析，得到了图2.10所示的微变等效电路。在这个等效电路中，忽略了 u_{CE} 对 i_C、i_B 的影响，所以称之为简化的 h 参数微变等效电路。

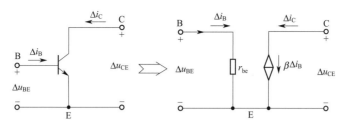

图 2.10 三极管简化的 h 参数微变等效电路

 归纳

在实际工作中，忽略 u_{CE} 对 i_C、i_B 的影响所造成的误差比较小，因此，在大多数情况下，采用简化的微变等效电路能够满足工程计算的要求。

（2）放大电路的微变等效电路

由三极管的微变等效电路和放大电路的交流通路图可得出放大电路的微变等效电路。在图 2.6 所示的共射放大电路交流通路中，只要把三极管用它的微变等效电路来替代，并把微变的信号改为正弦交流信号，就得到单管共射放大电路的微变等效电路，如图 2.11 所示。

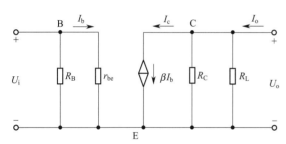

图 2.11 共射放大电路的微变等效电路

由图 2.11 计算放大电路的电压放大倍数、输入电阻和输出电阻时，可在输入端加上一个中频正弦交流电压，则图中的电压和电流的数值大小都可用相应的有效值表示。如考虑附加相移时，则电路中电压和电流参数用相量表示。电路中正弦输入电压有效值为 U_i，基极和集电极电流的有效值分别为 I_b、I_c，电路输出电压有效值为 U_o。

由图 2.11 可得：$U_i = I_b r_{be}$，$U_o = -I_c R'_L$，其中 $R'_L = R_C /\!/ R_L$，而 $I_c = \beta I_b$，所以 $U_o = -I_c R'_L = -\beta I_b R'_L$。而电压放大倍数 A_u 为 U_o 与 U_i 之比，即可得到：

$$A_u = \frac{U_o}{U_i} = \frac{-\beta R'_L}{r_{be}} \quad (2.13)$$

从图 2.11 的输入端往里看，其等效电阻为 R_B 与 r_{be} 这两个电阻的并联，因此，该共射放大电路的输入电阻为

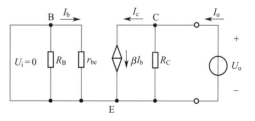

图 2.12 求 R_o 的等效电路

$$R_i = R_B /\!/ r_{be} \quad (2.14)$$

而放大电路的输出电阻 R_o 是当输入信号源短路、输出端开路时，从放大电路的输出端看进去的等效电阻。等效电路如图 2.12 所示。由图可见，当 $U_i = 0$ 时，$I_b = 0$，$I_c = 0$，所以该共射放大电路的输出电阻为

$$R_o = R_C \quad (2.15)$$

从以上的分析可知，A_u、R_i 均与三极管的输入电阻 r_{be} 有关。

【例 2.2】 在图 2.3 所示电路中，已知三极管的 $\beta=50$，$V_{CC}=12V$，$R_B=300k\Omega$，$R_C=3k\Omega$，$R_L=3k\Omega$。试用微变等效电路法求电压放大倍数、输入电阻和输出电阻。

解： 其微变等效电路如图 2.11 所示，在例 2.1 中已求出 $I_{CQ}=2mA\approx I_{EQ}$，所以

$$r_{be}=r_{bb'}+(1+\beta)\frac{26mV}{I_{EQ}}\approx 1k\Omega$$

$$R'_L=R_C//R_L=3//3=1.5(k\Omega)$$

$$A_u=\frac{-\beta R'_L}{r_{be}}=-50\times 1.5=-75$$

$$R_i=R_B//r_{be}=300//1=1(k\Omega)$$

$$R_o=R_C=3(k\Omega)$$

练习

请用实验来测试图 2.3 所示电路的动态指标（或用 Multisim 软件仿真）。

提示

由上例分析可知，微变等效电路法求解时按以下步骤进行：
① 利用近似估算法确定放大电路的静态工作点；
② 求出三极管输入等效电阻 r_{be}；
③ 画出放大电路的微变等效电路；
④ 根据微变等效电路列出相应方程，求解得到 A_u、R_i、R_o 等各项技术指标。

归纳

微变等效电路法既能分析简单的共射放大电路，也能分析较为复杂的电路，分析的过程比较简单、方便，可以利用有关线性电路的各种方法、定理求解，不需要烦琐的作图。但由于微变等效电路研究的对象是变化量，因此只能用以分析放大电路的动态工作情况，不能用微变等效电路法确定静态工作点。另外，微变等效电路法也不如图解法形象、直观，不能分析输出波形的非线性失真、最大输出幅度等。

在实际工作中，常常根据具体情况将微变等效电路法和图解法这两种基本分析方法结合起来使用。

能量小贴士

拓展阅读： 放大电路需要有合适的静态工作点才能正常放大，或得到最大的不失真输出电压。而放大倍数和电路中的直流电源、电阻均有关系，而且不是简单的线性关系，数值过大或过小，都会导致放大电路不能正常工作，电阻和电源的数值必须配合才能得到最佳结果。而这种情况也可对应在实际生活中，我们的日常生活中有很多规则和规范，我们在遵守的过程中，貌似受到了很多约束，限制了所谓自由，但也正因如此，我们的很多权利和权益才能得到保障，因此学习和工作都要遵循规范，没有规矩不成方圆，不能因为自己的原因去打破社会规则。

(3) 微变等效电路法的应用

微变等效电路法可用于放大电路在小信号情况下的动态工作情况的分析。有些放大电路不能用图解法直接得到其电压放大倍数,例如三极管发射极接有电阻的电路,但可以利用微变等效电路法求解。

在图2.13(a)所示的放大电路中,三极管的发射极通过一个电阻R_E接地。当放大电路的输入端加上交流正弦信号时,发射极电流的交流量流过R_E,产生一个电压降,因此不能用图解法求解。对于这样的电路可以用微变等效电路法进行分析求解。

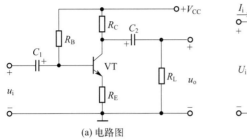 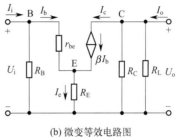

(a) 电路图 (b) 微变等效电路图

图 2.13 接有发射极电阻的共射放大电路

假设图2.13(a)所示电路中的耦合电容C_1、C_2足够大,可以认为交流短路,则放大电路的微变等效电路如图2.13(b)所示。

由图2.13(b)微变等效电路的输入回路可列出以下关系式:
$$U_i = I_b r_{be} + I_e R_E = I_b r_{be} + (1+\beta) I_b R_E$$

由等效电路的输出回路可得:$U_o = -I_c R'_L = -\beta I_b R'_L$,其中$R'_L = R_C // R_L$,于是可求得放大电路的电压放大倍数为

$$A_u = \frac{U_o}{U_i} = \frac{-\beta R'_L}{r_{be} + (1+\beta) R_E} \tag{2.16}$$

如果接入的发射极电阻R_E比较大,或三极管的共射电流放大系数β比较大,能够满足条件$(1+\beta)R_E \gg r_{be}$,则上式分母中的r_{be}可忽略,并认为$1+\beta \approx \beta$,则该式可简化为

$$A_u \approx -\frac{R'_L}{R_E} \tag{2.17}$$

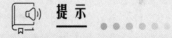 **提 示**

将此式与前面得到的无R_E时的电压放大倍数表达式相比较,可见引入发射极电阻R_E后,电压放大倍数比原来降低了。

此时,放大电路的电压放大倍数仅仅决定于电阻R'_L与R_E的比值,而与三极管的参数β、r_{be}等无关。这是一个很大的优点,因为三极管的参数容易随温度的变化而产生波动。如果电压放大倍数不依赖于管子的参数,则当温度变化时放大电路的A_u比较稳定。

由图2.13(b)所示的输入回路可求得该放大电路的输入电阻为

$$R_i = \frac{U_i}{I_i} = R_B // [r_{be} + (1+\beta) R_E] \tag{2.18}$$

 提 示

引入发射极电阻R_E后,放大电路的输入电阻比原来提高了。

输出电阻的计算与共发射极放大电路相同,即输出电阻 $R_o = R_C$。

【例 2.3】 在图 2.13(a) 所示的放大电路中,$V_{CC} = 12V$,$R_B = 300k\Omega$,$R_C = 2k\Omega$,$R_E = 300\Omega$,$R_L = 2k\Omega$,三极管的 $\beta = 100$,$r_{bb'} = 200\Omega$。试求电压放大倍数、输入电阻和输出电阻。

解:

$$I_{BQ} = \frac{V_{CC} - U_{BE}}{R_B + (1+\beta)R_E} = \frac{12 - 0.7}{300 + (1+100) \times 0.3} = 34(\mu A)$$

$$I_{CQ} = \beta I_{BQ} = 3.4 mA \approx I_{EQ}$$

$$r_{be} = r_{bb'} + (1+\beta)\frac{26mV}{I_{EQ}} \approx 1k\Omega$$

$$R'_L = R_C // R_L = 2 // 2 = 1(k\Omega)$$

$$A_u = \frac{-\beta R'_L}{r_{be} + (1+\beta)R_E} \approx -3.2$$

$$R_i = R_B // [r_{be} + (1+\beta)R_E] \approx 400 // 31.3 \approx 31.3(k\Omega)$$

$$R_o = R_C = 2k\Omega$$

练习

请用实验来测试图 2.13(a) 所示电路的静态工作点和动态指标(或用 Multisim 软件仿真)。

思考题

1. 放大电路中的直流负载线和交流负载线的概念有何不同?什么情况下两线是重合的?
2. 用图解法能分析放大电路的哪些动态指标?
3. 如何确定放大电路的最大动态范围?如何设置静态工作点才能使动态范围最大?
4. 以共射基本放大为例,说明截止失真和饱和失真产生的原因以及消除失真的方法?
5. 微变等效电路法其核心是什么?三极管用微变等效电路来代替的条件是什么?
6. 共发射极放大器的电压增益与哪些因素有关?

2.5 工作点稳定电路

静态工作点的选择是否合理,一方面涉及三极管能否安全工作,更重要的是影响放大电路的动态性能。在放大电路中,三极管必须有合适的静态工作点,才能使放大电路有足够大的动态范围、一定的放大倍数及输入、输出电阻。

前面已讨论过共射放大电路中,当 R_B 一经选定后,I_{BQ} 也就固定不变,故该电路称为固定式偏置电路。由于静态工作点由直流负载线与三极管输出特性曲线(对应于静态基极电流的那一条)的交点确定,当电源电压 V_{CC} 和集电极电阻 R_C 的大小确定后,静态工作点的位置决定于基极电流 I_{BQ} 的大小。

固定式偏置电路虽然简单并容易调整,但在外部环境温度变化时,静态工作点的位置将发生变化,放大电路的一些性能也将随之改变。因此如何使静态工作点保持稳定,是一个十分重要的问题。

2.5.1 温度对静态工作点的影响

有时在常温条件下，某些放大电路能够正常工作，各项指标都能达到规定的要求。但是，当温度升高时，放大电路的性能可能恶化，甚至不能正常工作。产生这种现象的原因，是放大电路中器件的参数受温度的影响而发生变化。

首先，当温度升高时，为得到同样的 I_B 所需的 U_{BE} 值将减小，三极管 U_{BE} 的温度系数为 $-2\sim-2.5\mathrm{mV}/℃$，即温度每升高 $1℃$，U_{BE} 下降 $2\sim2.5\mathrm{mV}$。

其次，温度升高时三极管的 β 值也将增加，使各条不同 i_B 值的输出特性曲线之间的间距增大。温度每升高 $1℃$，β 值增加 $0.5\%\sim1\%$。

最后，当温度升高时，三极管的反向饱和电流 I_{CBO} 将随温度按指数规律急剧增加。这是因为反向电流是由少数载流子形成的，因此受温度影响比较严重。温度每升高 $10℃$，I_{CBO} 大致将增加一倍。

 提示

双极型三极管是半导体器件，它们的参数值对温度比较敏感。温度变化主要影响放大电路中三极管的 3 个参数：发射结导通电压 U_{BE}、电流放大倍数 β 和集电极与基极之间的反向饱和电流 I_{CBO}。

 归纳

综上所述，温度升高对三极管各种参数的影响，最终将导致集电极电流 I_C 增大，静态工作点将上移，靠近饱和区，使输出波形产生严重的饱和失真。

2.5.2 静态工作点稳定电路

通过上面的分析可以看到，引起工作点波动的外因是环境温度的变化，内因则是三极管本身所具有的温度特性，所以要解决这个问题，不外乎从以上两方面来想办法。从外因来解决，就是要保持放大电路的环境温度恒定，例如将放大电路置于恒温槽中。显然，这种办法成本过高，一般不轻易采用。在实际工作中常常从放大电路本身想办法，采用适当的电路结构形式，在允许温度变化的前提下，尽量保持静态工作点稳定。

（1）电路组成

图 2.14 所示为最常用的静态工作点稳定电路。此电路与前面介绍的三极管共射放大电路有明显差别。三极管的发射极通过一个电阻 R_E 接地，在 R_E 的两端并联一个电容 C_E，称为旁路电容。另外，直流电源 V_{CC} 经电阻 R_{B1}、R_{B2} 分压后接到三极管的基极，所以通常称为分压式偏置电路（也称工作点稳定电路）。

为了保证 U_{BQ} 基本稳定，要求流过分压电阻 R_{B1} 和 R_{B2} 的电流 I_1 和 I_2 与静态基流 I_{BQ} 相比大得多，为此希望电阻 R_{B1} 和 R_{B2} 小一些。但当电阻 R_{B1} 和 R_{B2} 比较小时，这两个电阻上消耗的功率将增大，而且放大电路的输入电阻将降低，这些都是不利的。在实际工作中，通常选取适中的 R_{B1} 和 R_{B2} 值，使 $I_1(I_2)=(5\sim10)I_{BQ}$，且使 $U_{BQ}=(5\sim10)U_{BEQ}$。

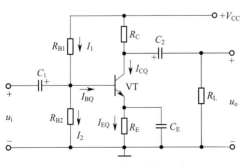

图 2.14 工作点稳定电路

在图 2.14 所示的电路中，三极管静态基极电位 U_{BQ} 基本上是稳定的。当集电极电流随温度升高而增加时，发射极电流 I_{EQ} 也将相应地增大，此 I_{EQ} 流过发射极电阻 R_E，使发射极电位 U_{EQ} 升高，则三极管静态发射极电压 $U_{BEQ}=U_{BQ}-U_{EQ}$ 将下降，因而使静态基流 I_{BQ} 减小，静态集电极电流 I_{CQ} 也随之减小，结果当温度升高时维持 I_{CQ} 基本不变，从而使静态工作点基本稳定。

可见，稳定工作点的关键在于利用发射极电阻 R_E 两端的电压来反映集电极电流的变化情况，并控制集电极电流 I_{CQ} 的变化，最后达到稳定静态工作点的目的。实质上是利用发射极电流的负反馈作用使工作点保持稳定，所以，图 2.14 所示的放大电路又称为电流负反馈式工作点稳定电路。关于反馈的概念将在本书第 5 章中进行介绍。

提示

为了增强稳定工作点的作用，显然发射极电阻 R_E 愈大愈好，此时，同样的 I_{EQ} 变化量所产生的 U_{EQ} 的变化量也愈大。但是，R_E 增大将使发射极静态电位 U_{EQ} 也随之增大，则在直流电源 V_{CC} 一定的条件下，放大电路的最大输出幅度将减小。

如果仅接入发射极电阻 R_E，而没有并联旁路电容 C_E，则放大电路的电压放大倍数将下降。现在 R_E 两端并联一个大电容 C_E，若 C_E 足够大，R_E 两端的交流压降可以忽略，则电压放大倍数将不会因此而下降。

（2）静态分析

工作点稳定电路的工作点与单管共射放大电路的工作点估算步骤有所不同，通常先从估算 U_{BQ} 开始。由于 $I_1(I_2) \gg I_{BQ}$，可得基极电位：

$$U_{BQ} = \frac{R_{B2}}{R_{B1}+R_{B2}} V_{CC} \tag{2.19}$$

能量小贴士

拓展阅读： 利用主次矛盾辩证关系进行分析，抓住主要矛盾，简化电路分析过程，在工作点稳定电路基极电位的确定过程中，考虑到基极电流很小，在基极的节点电流中可以忽略，是事物的"次要矛盾"，因此两个分压电阻 R_{B1} 和 R_{B2} 近似看作为串联，从而确定电路的基极电位。学会分析主次矛盾，运用主次矛盾辩证关系解决实际问题，这就是常说的"抓大放小"。实际工作中往往存在各种因数，这时需要抓住主要矛盾，才能正确分析问题，得出答案。这正是"抓住主要矛盾、忽略次要矛盾"辩证关系在本课程中的应用实例。

则发射极电流为

$$I_{EQ} = \frac{U_{EQ}}{R_E} = \frac{U_{BQ}-U_{BEQ}}{R_E} \tag{2.20}$$

一般情况下，可认为集电极静态电流与发射极静态电流近似相等，即 $I_{CQ} \approx I_{EQ}$，而三极管集-射之间的静态电压为

$$U_{CEQ} = V_{CC} - I_{CQ}R_C - I_{EQ}R_E \approx V_{CC} - I_{CQ}(R_C+R_E) \tag{2.21}$$

最后可求得三极管的静态基流为

$$I_{BQ} \approx I_{CQ}/\beta \tag{2.22}$$

（3）动态分析

在图 2.14 所示的分压式工作点稳定电路中，如果隔直电容 C_1、C_2 以及发射极旁路电

容 C_E 足够大，可以认为其对交流短路，则可画出该电路的微变等效电路，如图 2.15 所示。

由微变等效电路可得电路的电压放大倍数：

$$A_u = \frac{U_o}{U_i} = \frac{-\beta R_L'}{r_{be}} \quad (2.23)$$

其中 $R_L' = R_C // R_L$。

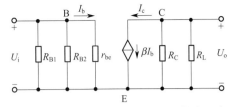

图 2.15　工作点稳定电路的微变等效电路

电路的输入电阻为

$$R_i = R_{B1} // R_{B2} // r_{be} \quad (2.24)$$

电路的输出电阻为

$$R_o = R_C \quad (2.25)$$

【例 2.4】　在图 2.14 所示的电路中，已知 $R_{B1}=75\text{k}\Omega$，$R_{B2}=25\text{k}\Omega$，$R_C=2.5\text{k}\Omega$，$R_E=2\text{k}\Omega$，$R_L=10\text{k}\Omega$，$V_{CC}=18\text{V}$，三极管的 $\beta=100$。(1) 试估算静态工作点；(2) 计算电路的电压放大倍数、输入电阻和输出电阻。

解：(1) $U_{BQ} = \dfrac{R_{B2}}{R_{B1}+R_{B2}} V_{CC} = 4.5\text{V}$，$I_{EQ} = \dfrac{U_{EQ}}{R_E} = \dfrac{U_{BQ} - U_{BEQ}}{R_E} = 1.9\text{mA}$，$I_{CQ} \approx I_{EQ} = 1.9\text{mA}$

$I_{BQ} = \dfrac{I_{CQ}}{\beta} = 19\mu\text{A}$，$U_{CEQ} = 18 - 1.9 \times (2.5+2) \approx 9.5(\text{V})$

(2) $r_{be} = r_{bb'} + (1+\beta) \dfrac{26\text{mV}}{I_{EQ}} \approx 1.7\text{k}\Omega$

$R_L' = R_C // R_L = 2.5 // 10 = 2(\text{k}\Omega)$

$A_u = \dfrac{-\beta R_L'}{r_{be}} = -117.6$

$R_i = R_{B1} // R_{B2} // r_{be} = 25 // 75 // 1.7 \approx 1.7(\text{k}\Omega)$

$R_o = R_C = 2.5\text{k}\Omega$

> **练习**
>
> 请用实验来测试图 2.14 所示电路的静态工作点和动态指标（或用 Multisim 软件仿真）。

 思考题

1. 引起放大电路静态工作点不稳定的主要因素是什么？
2. 分压式偏置电路为什么能稳定工作点？其电路中的旁路电容的作用是什么？
3. 工作点稳定电路中，发射极电阻的阻值选择有什么要求？

2.6　放大电路的三种基本组态

在以上分析中，都是以共发射极接法的三极管放大电路作为例子，来讨论放大电路的基本原理。然而，实际上对于三极管组成的放大电路而言，根据输入信号与输出信号公共端的不同,放大电路有三种基本的接法,或称三种基本的组态,这就是共射组态、共集组态和共基组态。对于共射组态,前面已作了比较详尽的分析,所以本节将介绍共集和共基接法的放大电路,然后对三种基本组态的特点和应用进行分析和比较。

2.6.1 共集电极放大电路

图 2.16 所示为一个共集电极组态的三极管放大电路,由电路的交流通路可以看出,输入信号与输出信号的公共端是三极管的集电极,所以属于共集组态。又由于输出信号从发射极引出,故该电路也称为射极输出器。

下面对共集电极放大电路进行静态和动态分析。

(1)静态分析

根据图 2.16 所示电路的基极回路可求得静态基极电流为

$$I_{BQ} = \frac{V_{CC} - U_{BEQ}}{R_B + (1+\beta)R_E} \tag{2.26}$$

$$I_{CQ} \approx \beta I_{BQ} \tag{2.27}$$

$$U_{CEQ} = V_{CC} - I_{EQ}R_E \approx V_{CC} - I_{CQ}R_E \tag{2.28}$$

(2)动态分析

根据图 2.16 所示共集放大电路可画出微变等效电路,如图 2.17 所示。

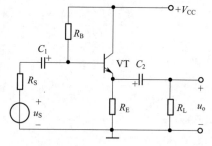
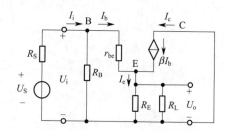

图 2.16 共集电极放大电路　　　　图 2.17 共集电极放大电路微变等效电路

由微变等效电路可得共集电极放大电路的电压放大倍数为

$$A_u = \frac{U_o}{U_i} = \frac{(1+\beta)R_L'}{r_{be} + (1+\beta)R_L'} \tag{2.29}$$

其中 $R_L' = R_E /\!/ R_L$。

归纳

由上式可见,A_u 表达式的分母总是大于其分子,则电压放大倍数 A_u 的数值恒小于 1,所以射极输出器没有电压放大作用。由于通常能够满足关系 $(1+\beta)R_L' \gg r_{be}$,因此,A_u 虽然小于 1,但又接近于 1,而且由 A_u 表达式还可知,A_u 的值为正,说明 U_o 与 U_i 同相,且输出电压将跟随输入电压而变化,所以射极输出器又称为射极跟随器。

共集电极放大电路的输入电阻,若不考虑基极电阻 R_B 的作用,则共集放大电路的输入电阻为

$$R_i = r_{be} + (1+\beta)R_L' \tag{2.30}$$

若考虑基极电阻 R_B 的作用，则输入电阻为

$$R_i = R_B // [r_{be} + (1+\beta)R_L'] \quad (2.31)$$

求共集电极放大电路的输出电阻的等效电路如图 2.18 所示，由图可求得电路的输出电阻为

$$R_o = \frac{U_o}{I_o} = \frac{r_{be} + R_S'}{1+\beta} // R_E \quad (2.32)$$

其中 $R_S' = R_S // R_B$。由上式可见，射极输出器的输出电阻比较低，一般为几十欧姆至几百欧姆，故射极输出器带负载的能力比较强。

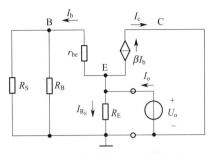

图 2.18 求输出电阻等效电路

【例 2.5】 在图 2.16 所示电路中，已知电源 $V_{CC}=12V$，三极管的 $\beta=100$，电阻 $R_S=20k\Omega$，$R_B=430k\Omega$，$R_E=7.5k\Omega$，$R_L=1.5k\Omega$。计算电路的电压放大倍数和输入电阻、输出电阻。

解：（1）$I_{BQ} = \dfrac{V_{CC} - U_{BEQ}}{R_B + (1+\beta)R_E} \approx 0.01\text{mA}$

$I_{EQ} \approx I_{CQ} \approx \beta I_{BQ} = 1\text{mA}$

$r_{be} = r_{bb'} + (1+\beta)\dfrac{26\text{mV}}{I_{EQ}} \approx 2.9\text{k}\Omega$

$R_L' = R_E // R_L = 7.5 / 1.5 = 1.25(\text{k}\Omega)$

电压放大倍数：$A_u = \dfrac{(1+\beta)R_L'}{r_{be} + (1+\beta)R_L'} = 0.98$

（2）输入电阻 $R_i = 430 // [2.9 + (1+100) \times 1.25] \approx 100(\text{k}\Omega)$

（3）$R_S' = 20 // 430 \approx 20(\text{k}\Omega)$

输出电阻 $R_o = [(2.9+20)/(1+100)] // 7.5 \approx 0.22(\text{k}\Omega)$

练习

请用实验来测试图 2.16 所示电路的静态工作点和动态指标（或用 Multisim 软件仿真）。

（3）特点和应用

射极输出器具有输入电阻大、输出电阻小、电压放大倍数小于 1 而接近于 1、输出电压与输入电压相位同相等特点。虽然射极输出器没有电压放大作用，但仍有电流和功率放大作用，所以射极输出器的这些特点使它在电子电路中得到了广泛应用。

📝 归纳

射极输出器可作为多级放大电路的输入级，由于输入电阻大，可使输入到放大电路的信号电压基本上等于信号源电压，因此常用在测量电压的电子仪器中作为输入级。

射极输出器也可作为多级放大电路的输出级。由于输出电阻小，提高了放大电路的带负载能力，故常用于负载电阻较小和负载变动较大的放大电路的输出级，因此在互补型功率放大电路中获得广泛应用。

射极输出器还可作为多级放大电路的缓冲级。将射极输出器接在两级放大电路之间，利用输入电阻大、输出电阻小的特点，可作阻抗变换用，在两级放大电路中间起缓冲作用。

2.6.2 共基极放大电路

图 2.19(a) 所示为共基极放大电路的原理性电路图。发射极电源 V_{EE} 的极性保证三极管的发射结正向偏置,集电极电源 V_{CC} 的极性保证集电结反向偏置,从而可以使三极管工作在放大区。由图可见,输入电压加在三极管的发射极与基极之间,而输出电压从集电极与基极之间得到,因此输入与输出信号的公共端是基极,故此属于共基组态,称为共基极放大电路。为了减少直流电源的种类,实际电路中一般不再另用一个发射极电源 V_{EE},而是采用如图 2.19(b) 所示的形式,利用 V_{CC} 在电阻 R_{B1}、R_{B2} 上分压得到的电压接到基极,提供给发射结回路,此电压能够代替 V_{EE},保证发射结正向偏置。同时在 R_{B2} 的两端并联一个大电容 C_B,该电容称为基极旁路电容。

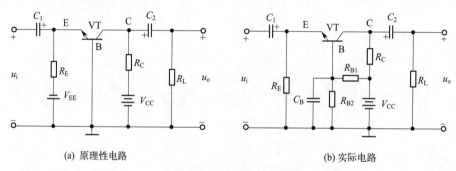

(a) 原理性电路   (b) 实际电路

图 2.19 共基极放大电路

下面分析共基极放大电路的静态工作和动态工作情况。

(1) 静态分析

由图 2.19(b) 不难看出,共基极电路的直流通路与工作点稳定电路的直流通路是一样的,所以共基极电路的静态工作点的计算与工作点稳定电路相同。

(2) 动态分析

共基极放大电路的微变等效电路如图 2.20 所示。

由微变等效电路可得共基极放大电路的电压放大倍数:

$$A_u = \frac{U_o}{U_i} = \frac{\beta R_L'}{r_{be}} \quad (2.33)$$

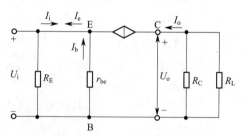

图 2.20 共基极放大电路微变等效电路

式(2.33) 说明,共基极放大电路的输出电压和输入电压相位相同,这是与共发射极放大电路的不同之处,共基极放大电路也具有电压放大作用。

要求共基极放大电路的输入电阻时,首先求共基接法三极管的输入电阻 r_{eb},由图 2.20 所示,可得 $r_{eb} = U_i/(-I_e) = r_{be}/(1+\beta)$,它是共射接法时的 $(1+\beta)$ 倍分之一,这是因为在相同的 U_i 时,共基接法的输入电流比共射接法的输入电流大 $(1+\beta)$ 倍。这里体现了折算的概念,即将 r_{be} 从基极回路折算到射极回路时应除以 $(1+\beta)$。

所以共基极放大电路的输入电阻为

$$R_i = \frac{U_i}{I_i} = \frac{r_{be}}{1+\beta} // R_E \tag{2.34}$$

由图 2.19 所示可求共基极放大电路的输出电阻为 $R_o = R_C$。

【例 2.6】 在图 2.19(b) 所示共基极放大电路中,已知电源 $V_{CC} = 12V$,三极管的 $\beta = 50$,电阻 $R_C = 5.1k\Omega$,$R_E = 2k\Omega$,$R_{B1} = 10k\Omega$,$R_{B2} = 3k\Omega$,$R_L = 5.1k\Omega$。试估算电路的静态工作点以及电压放大倍数和输入电阻、输出电阻。

解:(1) $U_{BQ} = \dfrac{R_{B2}}{R_{B1}+R_{B2}} V_{CC} = 2.8V$,$I_{EQ} = \dfrac{U_{EQ}}{R_E} = \dfrac{U_{BQ}-U_{BEQ}}{R_E} = 1mA \approx I_{CQ}$

$I_{BQ} = I_{CQ}/\beta = 0.02mA = 20\mu A$

$U_{CEQ} \approx V_{CC} - I_{CQ}(R_C + R_E) = 4.7V$

(2) $r_{be} = r_{bb'} + (1+\beta)\dfrac{26mV}{I_{EQ}} \approx 1.6k\Omega$,$R_L' = R_L // R_C = 2.55k\Omega$

电压放大倍数:$A_u = \dfrac{\beta R_L'}{r_{be}} \approx 80$

(3) 输入电阻 $R_i = R_E // [r_{be}/(1+\beta)] \approx 0.03k\Omega = 30\Omega$

输出电阻 $R_o = R_C = 5.1k\Omega$

练习

请用实验来测试图 2.19(b) 所示电路的静态工作点和动态指标(或用 Multisim 软件仿真)。

2.6.3 三种基本组态的比较

根据以上对共发射极、共集电极和共基极三种基本组态的基本放大电路进行了分析,这三种基本组态又可以根据它们输出电压(电流)和输入电压(电流)之间的关系特征,分别归类为反相电压放大器、电压跟随器、电流跟随器。共发射极电路的电压、电流和功率放大倍数都比较大,因而应用比较广泛,宜作多级放大电路的中间级;但在高频或宽频带情况下,用共基极电路比较适合,因为它的频率特性比较好;共集电极常被用作多级放大电路的输入级、输出级以及作中间缓冲级,主要利用它的输入电阻大、输出电阻小的特点。

场效应管(单极型三极管)和双极型三极管两者作为放大器件,有着许多共同之处。同时,它们又各有特点。两种器件最主要的共同点是它们都具有放大作用,当输入回路中的电流或电压有一个微小的变化时,能够引起输出回路中的电流产生比较大的变化,即通过能量的控制实现放大作用,因此它们都能充当放大电路中的核心器件。其次,场效应管和双极型三极管都有 3 个电极,而且两种放大器件的电极之间有着明确的对应关系,即场效应管的栅极 G、源极 S 和漏极 D 分别对应于双极型三极管的基极 B、发射极 E 和集电极 C。最后,场效应管和双极型三极管都是非线性元件,对于这两种器件组成的放大电路,通常都可以利用图解法或微变等效电路法进行分析和定量计算。

与双极型三极管相似,场效应管也可接成 3 种基本放大电路,它们是共源极、共漏极和共栅极放大电路,分别与双极型三极管的共发射极、共集电极和共基极放大电路相对应。为了使场效应管能线性地放大信号,管子应工作于放大区,为此,必须采用适当的偏置方法。

场效应管 3 种基本放大电路的具体分析和计算可参考相关资料。

 思考题

1. 共集电极放大电路又称为什么？共集电极放大电路有什么特性使它成为有用的电路？
2. 共基极放大电路有什么特点？其电流增益最大值为多少？

2.7 多级放大电路

在很多情况下，放大电路的输入信号都十分微弱，一般为毫伏或微伏级。而单管放大电路的电压放大倍数一般只能达到几十倍，其他技术指标也难以满足实用的要求。因此，为推动负载工作，必须将若干个单管放大电路连接起来，组成多级放大电路，由多级放大电路对微弱信号进行连续放大，方可在输出端获得必要的电压幅值或足够的功率。

多级放大电路

2.7.1 多级放大电路的组成

在多级放大电路中，其级与级之间信号传递的电路连接方式称为耦合。常用的耦合方式有阻容耦合、直接耦合、变压器耦合以及光电耦合等形式。各种耦合各具特点，但不论何种耦合方式，其总的电压放大倍数的计算方法规则相同，而输入电阻和输出电阻的分析计算与单管放大电路相同。

（1）直接耦合

放大电路中把前级的输出端直接或通过电阻接到下级的输入端，这种连接方式称为直接耦合。直接耦合方式的优点是：既能放大交流信号，也能放大缓慢变化信号和直流信号，并且便于集成化。实际的集成运算放大电路，一般都是直接耦合多级放大电路。缺点是：直接耦合使前后级之间存在着直流通路，造成各级工作点互相影响，不能独立，使多级放大电路的分析、设计和调试工作比较麻烦。

 注意

直接耦合放大电路最突出的问题是零点漂移问题。将直接耦合放大电路的输入端对地短路，即当输入电压恒为零时，出现输出电压不等于零的情况，这种现象称为零点漂移（简称"零漂"），有时候又称为温度漂移（简称"温漂"）。

如果漂移的电压很大，可能将有用的信号"淹没"，使我们无法分辨输出端的电压究竟是有用信号还是漂移电压，造成严重的混淆，使放大电路不能正常工作，这是我们所不希望的。所以零点漂移也是直接耦合放大电路的主要缺点。

（2）变压器耦合

放大电路中通过变压器连接前后级的方式称为变压器耦合。变压器不仅能够传送交流信号，而且还具有阻抗变换的作用。其主要优点是可以实现阻抗变换，而且各级静态工作点互相独立。这种耦合方式的缺点是使用变压器比较笨重，更无法集成化，而且也不能放大缓慢变化信号和直流信号。目前一般较少使用变压器耦合方式。

（3）阻容耦合

放大电路中两级之间通过电阻和电容相连接，称为阻容耦合放大电路。阻容耦合方式的优点是前后级之间没有直流通路。由于前后级之间通过电容相连，所以各级的直流电路互不相通，每一级的静态工作点都是相互独立的，互不影响，这样就给分析、设计和调试带来了很大的方便。而且，只要耦合电容选得足够大，就可以做到前一级的输出信号在一定的频率范围内几乎不衰减地加到后一级的输入端上去，使信号得到了充分的利用。

阻容耦合具有很大的局限性。首先，它不适合于传送缓慢变化的信号，因为这一类信号在通过耦合电容加到下一级时，将受到很大的衰减。至于直流成分的变化，则根本不能通过电容。其次，在集成电路中，要想制造大容量的电容是很困难的，因而这种耦合方式在线性集成电路中无法采用。

（4）光电耦合

两级放大电路之间通过采用光电耦合器相连接，称为光电耦合放大电路。光电耦合器以光为媒介实现电信号的传输，输出端和输入端之间在电气上是绝缘的，因此光电耦合方式的优点是抗干扰性能好、能隔噪声、响应快和寿命长。光电耦合器用作线性传输时失真小、工作频率高；用作开关时，无机械触点疲劳，具有很高的可靠性；它还能实现电平转换、电信号电气隔离等功能。因此，光电耦合器在电子技术等应用领域中已得到了广泛的应用。

2.7.2 多级放大电路的分析计算

现以图2.21所示的两级阻容耦合共射放大电路为例进行分析讨论。由图可知，多级放大电路还是以单级放大电路为基础组成的，由于采用阻容耦合，因此各级静态工作点各自独立，相互不受影响，而交流信号可直接传递。下面分析多级放大电路的性能指标。

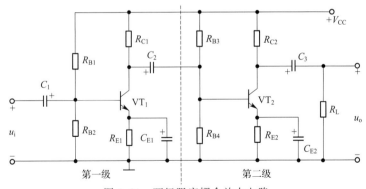

图2.21 两级阻容耦合放大电路

（1）电压放大倍数

在多级放大电路中，不论何种耦合方式和何种组态电路，由于各级是互相串联起来的，从交流参数来看，前一级的输出信号就是后一级的输入信号，而后一级的输入电阻即为前级的交流负载，所以多级放大电路总的电压放大倍数等于各级电压放大倍数的乘积，即

$$A_u = A_{u1} A_{u2} \cdots A_{un} = \prod_{i=1}^{n} A_{ui} \tag{2.35}$$

其中，n 为多级放大电路的级数。

但是，在分别计算每一级的电压放大倍数时，必须考虑前后级之间的相互影响。例如，可把后一级的输入电阻看作前一级的负载电阻。

（2）输入电阻和输出电阻

一般说来，多级放大电路的输入电阻就是输入级的输入电阻；而多级放大电路的输出电阻就是输出级的输出电阻。在具体计算输入电阻或输出电阻时，它们不仅仅决定于本级的参数，也与后级或前级的参数有关。例如，射极输出器作为输入级时，它的输入电阻与本级的负载电阻（即后一级的输入电阻）有关。而射极输出器作为输出级时，它的输出电阻又与信号源内阻（即前一级的输出电阻）有关。在选择多级放大电路的输入级和输出级的电路形式和参数时，常常主要考虑实际工作对输入电阻和输出电阻的要求，而把放大倍数的要求放在次要地位，至于放大倍数可主要由中间各放大级来提供。

【例 2.7】 求图 2.21 所示两级阻容耦合放大电路的放大倍数、输入电阻和输出电阻。已知电路参数 $R_{B1}=81\text{k}\Omega$，$R_{B2}=27\text{k}\Omega$，$R_{B3}=20\text{k}\Omega$，$R_{B4}=10\text{k}\Omega$，$R_{C1}=10\text{k}\Omega$，$R_{C2}=R_{E1}=R_{E2}=3\text{k}\Omega$，$R_L=3\text{k}\Omega$，$V_{CC}=12\text{V}$，三极管的 $\beta=50$，$r_{be}=1\text{k}\Omega$。

解： $R'_{L1}=R_{C1}//R_{i2}$，$R_{i2}=R_{B3}//R_{B4}//r_{be}=20//10//1\approx 1(\text{k}\Omega)$

$R'_{L1}=0.9\text{k}\Omega$，$R'_L=R_{C2}//R_L=3//3=1.5(\text{k}\Omega)$

$A_{u1}=\dfrac{-\beta R'_{L1}}{r_{be}}=-45$，$A_{u2}=\dfrac{-\beta R'_L}{r_{be}}=-75$

$A_u=A_{u1}\times A_{u2}=3375$

$R_i=R_{B1}//R_{B2}//r_{be}=81//27//1\approx 1(\text{k}\Omega)$

$R_o=R_{C2}=3\text{k}\Omega$

练习

请用实验来测试图 2.21 所示电路的动态指标（或用 Multisim 软件仿真）。

思考题

1. 多级放大电路耦合方式有几种？各有什么特点？
2. 直接耦合放大电路存在什么问题？应如何解决？
3. 如何计算多级放大电路的性能指标？

2.8 单管共射放大电路的频率响应

为了便于从物理概念上理解单管共射放大电路的频率响应，首先来定性分析一下，当输入不同频率的正弦信号时，放大倍数将如何变化。如果考虑三极管的极间电容，而且电路中接有电抗性元件，如隔直电容等，则单管共射放大电路可画成如图 2.22 所示。

在中频段，各种容抗的影响可以忽略不计，所以电压放大倍数基本上不随频率而变化。在低频段，由于隔直电容的容抗增大，信号在电容上的压降也增大，所以电压放大倍数将降低。同时，隔直电容与放大电路的输入电阻构成一个 RC 高通电路，因此将产生 $0°\sim+90°$ 超前的附加相位移。在高频段，由于容抗减小，故隔直电容的作用可以忽略，但是，三极管的极间电容并联在电路中，将使电压放大倍数降低，而且会构成一个 RC 低通电路，产生 $0°\sim-90°$ 滞后的附加相位移。

以上只是大致的定性分析，为了得到定量的结果，需要一种考虑三极管极间电容的等效电路，这就是混合 π 型等效电路。

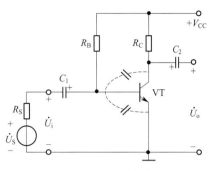

图 2.22　考虑极间电容时的单管共射放大电路

2.8.1　混合 π 等效电路

在本书 2.4 节，我们用简化的 h 参数等效电路分析中频时放大电路的情况。但是当频率升高时，三极管的极间电容不可忽略，此时等效电路中的参数将成为随频率而变化的复数。因此，需要引出其他形式的微变等效电路。

考虑电容效应后，三极管的结构如图 2.23(a) 所示。

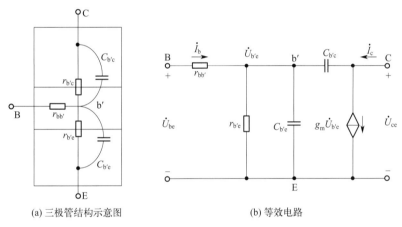

(a) 三极管结构示意图　　　　(b) 等效电路

图 2.23　三极管混合 π 等效电路

图中，$C_{b'e}$ 为发射结的等效电容，$C_{b'c}$ 为集电结的等效电容。因三极管工作在放大区时集电结被反向偏置，故电阻 $r_{b'c}$ 很大，可认为其为开路，由此得到图 2.23(b) 所示的等效电路。由于电阻 r_{ce} 也比较大，等效电路中也将其忽略。此等效电路称为简化的混合 π 型等效电路。在图 2.23(b) 所示的混合 π 型等效电路中，电容 $C_{b'c}$ 跨接在 b′和 C 之间，将输入回路与输出回路直接联系起来，将使求解电路的过程变得十分麻烦。对此，可用密勒定理将问题简化。经过简化，得到如图 2.24 所示的单向化的三极管混合 π 等效电路。

下面利用单向化的混合 π 型等效电路来分析单管共射放大电路的频率响应。

2.8.2　阻容耦合单管共射放大电路的频率响应

一个阻容耦合单管共射放大电路如图 2.22 所示。分析频率响应时，可不考虑输出端的隔直电容 C_2 和负载电阻 R_L，因为可将它们视作下一级的输入端隔直电容和输入电阻，在本级暂不考虑。下面分别讨论中频、低频和高频时的频率响应。

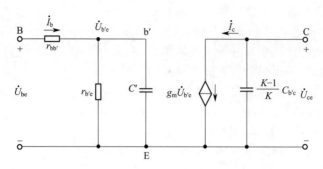

图 2.24　单向化的三极管混合 π 等效电路

（1）中频段

在中频段，一方面隔直电容 C_1 的容抗比串联回路中其他电阻值小得多，可以视作交流短路；另一方面三极管极间电容的容抗又比其并联支路中其他电阻值大得多，可视为交流开路。总之，在中频段可将各种容抗的影响忽略不计，这样，便得到了阻容耦合单管共射放大电路的中频等效电路，如图 2.25 所示。

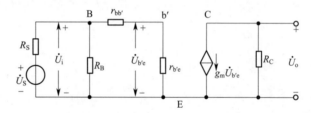

图 2.25　中频等效电路

由图可求得中频电压放大电路的电压放大倍数：

$$\dot{A}_{\text{usm}} = -\frac{R_i}{R_S + R_i} \times \frac{\beta R_C}{r_{be}} \tag{2.36}$$

以上中频电压放大倍数的表达式与利用简化 h 参数等效电路的分析结果是一致的。

（2）低频段

通过前面的定性分析可知，当频率下降时，由于隔直电容的容抗增加，电压放大倍数降低，所以在低频段必须考虑 C_1 的作用。而三极管的极间电容并联在电路中，此时可认为交流开路，因此，低频等效电路如图 2.26 所示。由图可见，电容 C_1 与输入电阻构成一个 RC 高通电路。

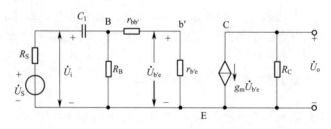

图 2.26　低频等效电路

经过理论推导，可求出低频时电压放大倍数为

$$\dot{A}_{usL} = \dot{A}_{usm} \frac{1}{1+j\frac{f_L}{f}} \tag{2.37}$$

其中，低频段的下限频率为 $f_L = 1/(2\pi\tau_L)$，而低频时间常数 $\tau_L = (R_S + R_i)C_1$。

> **归纳**
>
> 可见，阻容耦合单管共射放大电路的上限频率主要决定于高频时间常数，C' 与 R' 的乘积越小，则 f_H 越高，这表明放大电路的高频响应越好。

（3）高频段

当频率升高时，隔直电容 C_1 上的压降可以忽略不计，但此时并联在电路中的极间电容的影响必须予以考虑。因此高频等效电路如图 2.27 所示。

在一般情况下，输入回路中的时间常数比输出回路中的时间常数大得多，因此可将输出回路的电容忽略。另外，为了便于分析计算，可利用戴维南定理将高频等效电路的输入回路简化，如图 2.28 所示。

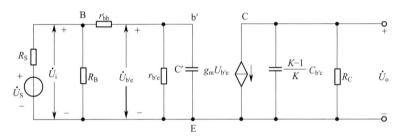

图 2.27 高频等效电路

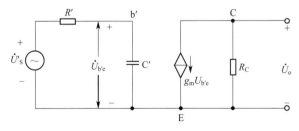

图 2.28 简化的高频等效电路

图 2.28 中，$U'_s = \frac{R_i}{R_S+R_i} \times \frac{r_{b'e}}{r_{be}} \times U_s$，$R' = r_{b'e} // [r_{bb'} + (R_S // R_B)]$。

可以看出，电容 C' 与电阻 R' 构成一个 RC 低通电路。可以求出高频电压放大倍数为

$$\dot{A}_{usH} = \dot{A}_{usm} \frac{1}{1+j\frac{f}{f_H}} \tag{2.38}$$

其中，高频段的上限频率为 $f_H = 1/(2\pi\tau_H)$，而高频时间常数 $\tau_H = R'C'$。

归纳

可见，阻容耦合单管共射放大电路的上限频率主要决定于高频时间常数，C'与R'的乘积越小，则f_H越高，这表明放大电路的高频响应越好。其中，C'主要与三极管的极间电容有关，极间电容越小，则C'也越小；R'是图2.28所示高频等效电路中b'、E之间与电容C'并联的等效电阻。

根据以上分别对中频、低频和高频分析的结果，并利用高通和低通电路的波特图的画法，即可画出阻容耦合单管共射放大电路完整的波特图，如图2.29所示。

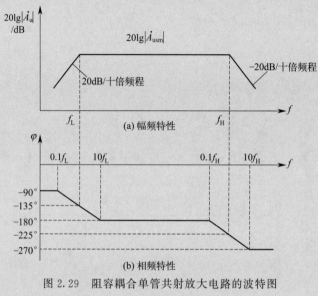

图2.29 阻容耦合单管共射放大电路的波特图

2.8.3 直接耦合单管共射放大电路的频率响应

在直接耦合单管共射放大电路中，输入、输出信号不通过电容，而直接接到放大电路上。由于没有隔直电容，因而在低频段不会因为隔直电容上电压降的增大而使电压放大倍数减少，同时也不会产生附加的相位移。因此下限频率$f_L=0$，低频段的频率响应好。另一方面，由于三极管极间电容的影响，高频段的电压放大倍数仍将下降，并产生$0°\sim -90°$的附加相位移。

 思考题

1. 在什么情况下可以不计耦合电容和三极管结电容对放大电路的影响？
2. 分析放大电路在高频信号作用时电压放大倍数下降的原因。
3. 要改善放大电路低频段的频率响应，应采用何种耦合方式的放大电路？

2.9 故障诊断和检测

本节将介绍如何检测放大电路中的一些故障，并了解故障可能对电路或系统产生的后果。

2.9.1 放大电路静态故障检测

在三极管放大电路中，可能会同时出现多个故障情况。应首先从电路的直流静态开始检测，根据发生故障电路的元器件数据，在理论上计算出相应测试点的电压值，然而根据实际测量数值判断故障的原因，找到故障点，并加以排除。在确保电源电压正确的连接情况下，直流静态故障可能的情况有偏置电阻开路、上下偏置电阻接反、接线短路以及三极管本身内部开路或短路。如基极或集电极电阻开路，对应测试的极上电压近似为零；如三极管本身内部开路，则检测到的各个极上电压值为相应所加的直流电压值（如集电极内部开路时测得集电极的电压为电源电压值）。

2.9.2 放大电路动态故障检测

在三极管放大电路中，如果静态测试正常，就可以进行动态测试。应首先从电路的输入端加入信号，然后用示波器观察输出波形，如发现输出有失真，应适当调节静态工作点，直至波形不失真；如发现输出端无任何波形，则检查电路中耦合电容是否连接好或者电容器本身已经开路，根据故障产生的原因加以排除。

本章小结

1. 放大的概念，在电子电路中，放大的对象是变化量。放大的本质是输入信号对能量的控制，使负载从电源中获得的输出信号能量比输入信号向放大电路提供的能量大得多。放大的特征是功率放大，表现为电压放大或电流放大，或二者兼而有之，放大的前提是不失真。

2. 组成三极管放大电路的基本原则是，外加电源的极性应使三极管的发射结正偏，集电结反偏，以保证三极管工作在放大区。放大电路的核心器件是有源器件，即三极管。

3. 放大电路的分析应遵循"先静态，后动态"的原则。只有静态工作点合适，动态分析才有意义。静态工作点合适是指在输入信号作用的全部时间段，三极管都工作在放大区。

4. 常用的三极管基本放大电路有三种组态（接法），即共发射极、共集电极和共基极放大电路。对放大电路定量分析的主要任务是：首先是静态分析，确定放大电路的静态工作点；其次是动态分析，求出电压放大倍数、输入电阻和输出电阻等。放大电路的基本分析方法有两种：图解法和估算法（动态时用微变等效电路法）。

5. 共发射极放大电路具有很好的电压、电流和功率增益，但是其输入电阻偏低。

6. 共集电极放大电路具有高输入电阻和很好的电流增益，但是其电压增益约为1。

7. 共基极放大电路具有很好的电压增益，但是其输入电阻相当低，且电流增益约为1。

8. 运用不同的耦合方式，单级放大电路可以依次连接成多级放大电路。

9. 分立元件多级放大电路中常用阻容耦合，集成电路中常用直接耦合。多级放大电路的电压放大倍数（总增益）为各单级放大电路电压放大倍数（增益）的乘积，或分贝增益的总和。计算前一级的电压放大倍数时要将后一级输入电阻作为前一级的负载电阻考虑。多级放大电路的输入电阻等于第一级的输入电阻，输出电阻等于末级的输出电阻。

10. 放大电路的测试和调整，主要是进行静态和动态调试。静态调试一般是使用多用表直流电压挡测量在线电压，以调整静态工作点；动态调试一般是使用信号发生器、示波器和电子毫伏表等仪器测量工作波形、工作数据等，以调整电压放大倍数、动态范围、输入和输出电阻等动态指标。

本章关键术语

线性　linear　可用直线关系表示的特性。
线性区　linear region　负载线位于饱和点和截止点之间的区域。
Q点　Q-Point　由特定的电压和电流值所决定的放大电路直流工作点。
直流负载线　DC load line　依据三极管电路的 I_C 和 U_{CE} 所绘成的直线。
放大作用　amplification　以电子形式将功率、电压和电流放大的过程。
增益　gain　电子信号增加或放大的倍数。
输入阻抗　input resistance　由放大电路输入端看进去的等效阻抗。
输出阻抗　output resistance　由放大电路输出端看进去的等效阻抗。
共发射极　common-emitter　对交流信号而言,发射极为共同接点的放大电路类型。
共集电极　common-collector　对交流信号而言,集电极为共同接点的放大电路类型。
共基极　common-base　对交流信号而言,基极为共同接点的放大电路类型。

自我测试题

一、选择题（请将下列题目中的正确答案填入括号内）

1. 当作放大电路使用时,NPN 三极管的基极必须（　　）。
   (a) 相对于发射极是正电压　(b) 相对于发射极是负电压　(c) 相对于集电极是正电压
2. 在共发射极放大电路中,如果电源电压值减小,则集电极电流将会（　　）。
   (a) 增加　　　　(b) 减小　　　　(c) 不变
3. 当工作在截止区和饱和区时,三极管就像（　　）。
   (a) 电子开关　　(b) 可变电阻器　(c) 可变电容器
4. 工作点稳定电路中,更换一个 β 值更小的三极管时,则输出电压将会（　　）。
   (a) 增加　　　　(b) 减小　　　　(c) 不变
5. 共射基本放大电路中,当 β 一定时,在一定范围内增大 I_E,电压放大倍数将（　　）。
   (a) 增大　　　　(b) 减小　　　　(c) 不变
6. （　　）会影响放大电路的低频响应。
   (a) 电压增益　　(b) 三极管的类型　(c) 耦合电容
7. （　　）会影响放大电路的高频响应。
   (a) 电源电压　　(b) 三极管结电容　(c) 旁路电容

二、判断题（正确的在括号内打√,错误的在括号内打×）

1. 交流放大电路放大的是交流信号,所以放大电路不需要设置静态工作点。（　　）
2. 直接耦合放大电路能够放大交流信号。（　　）
3. 三种基本组态三极管放大电路中,共集组态输出电阻最小。（　　）
4. 放大电路的输出交流电流是由输入端信号源提供的。（　　）
5. 现测得两个共射放大电路空载放大时电压放大倍数均为 60,将它们连接成两级放大电路,其电压放大倍数为 3600。（　　）

三、分析计算题

1. 现有共射、共集和共基三种基本放大电路,请回答下列问题？(1) 输入电阻最小的和最大的是什么电路？(2) 输出电阻最小的是什么电路？(3) 有电压放大作用的是什么电路？(4) 有电流放大作用的是什么电路？(5) 高频特性最好的是什么电路？(6) 输入电压与输出电压同相的和反相的是什么电路?

2. 在图 2.30 所示中,已知 $V_{CC}=12V$,三极管的 $\beta=100$。(1)静态时,测得 $U_{BE}=0.7V$,若要求基极电流 $I_B=20\mu A$,则 R_B 阻值为多大?而若测得 $U_{CE}=6V$,则 R_C 阻值为多大?(2)若测得输入电压有效值为 5mV 时,输出电压有效值为 0.5V,则电压放大倍数为多少?(3)若负载电阻 R_L 和 R_C 相等,则带上负载后,输出电压有效值为多少?

3. 在图 2.30 所示中,已知 $V_{CC}=12V$,三极管的 $\beta=80$,$r_{be}=1k\Omega$,$R_C=R_L=3k\Omega$,$R_B=510k\Omega$,外加的信号源内阻 $R_S=2k\Omega$,$u_i=20mV$;静态时 $U_{BE}=0.7V$,$U_{CE}=4V$,$I_B=20\mu A$。则判断下列结果是否正确。(1)放大倍数 $A_u=-4/20\times10^{-3}=-200$?(2)放大倍数 $A_u=-4/0.7=-5.71$?(3)放大倍数 $A_u=-80\times3/1=-240$?(4)放大倍数 $A_u=-80\times1.5/1=-120$?(5)输入电阻 $R_i=20/20=1(k\Omega)$?(6)输入电阻 $R_i=0.7/0.02=35(k\Omega)$?(7)输入电阻 $R_i\approx1k\Omega$?(8)输出电阻 $R_o=3k\Omega$?(9)$u_S\approx60mV$?

4. 图 2.31 为二级直接耦合放大电路,试写出各级静态工件点的表达式和电压放大倍数、输入电阻和输出电阻的表达式。

5. 图 2.32 为阻容耦合三级放大电路,试写出三级放大电路的电压放大倍数、输入电阻和输出电阻的表达式。

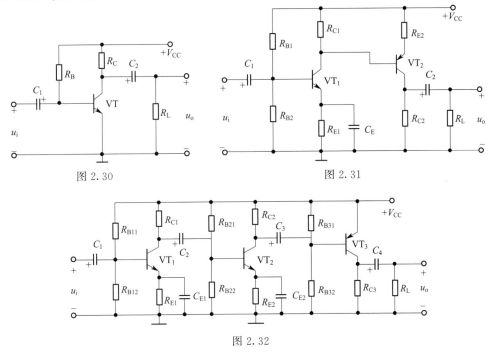

图 2.30

图 2.31

图 2.32

习题

一、选择题(请将下列题目中的正确答案填入括号内)

1. 在固定式偏置单管放大电路中,当温度升高时,静态工作点将( )。
(a) 上升   (b) 下降   (c) 不变

2. 检查放大器中的三极管在静态时的工作状态,最简便的方法是测量( )。
(a) I_{BQ} (b) U_{BQ} (c) I_{CQ} (d) U_{CEQ}

3. 在分压式偏置电路中，更换一个 β 值不同的同型号的晶体管后（其他参数不变），静态电流 I_{CQ} 将（　　）。
　　(a) 不变　　　　　　(b) 增加　　　　　　(c) 减少
4. 在单管共射放大电路中，如静态工作点过高，容易产生（　　）失真。
　　(a) 截止失真　　　　(b) 饱和失真　　　　(c) 双向失真
5. 与共射和共集放大电路相比，共基放大电路具有（　　）。
　　(a) 较低的输入电阻　(b) 更大的电压增益　(c) 更大的电流增益
6. 阻容耦合放大电路的下限频率主要由（　　）决定。
　　(a) 三极管的结电容
　　(b) 放大电路中的耦合电容
　　(c) 静态工作点
7. 放大电路的上限频率主要由（　　）决定。
　　(a) 三极晶体管的结电容
　　(b) 分布电容
　　(c) 放大电路中的耦合电容

二、判断题（正确的在括号内打√，错误的在括号内打×）
1. 只要是共射放大电路，输出电压的底部失真一定是饱和失真。（　　）
2. 阻容耦合多级放大电路中各级静态可独自计算。（　　）
3. 放大电路中的电压放大倍数在 R_L 减小时不变。（　　）
4. 多级放大电路的输出级应主要考虑对输出电阻的要求。（　　）
5. 直接耦合放大电路的下限截止频率为 0。（　　）
6. 放大电路在上限频率时输出电压为 1V，则中频范围内输出电压为 1.41V。（　　）
7. 直接耦合放大电路低频特性比阻容耦合放大电路低频特性差些。（　　）
8. 三极管放大电路高频放大倍数下降的主要原因是三极管结电容的影响。（　　）

三、填空题
1. 放大的本质是＿＿＿＿＿＿＿＿＿＿＿＿＿＿＿。
2. 组成三极管放大电路最基本的原则是＿＿＿＿＿＿＿＿＿＿＿＿＿＿＿。
3. Q 点是指＿＿＿＿＿＿＿＿＿＿＿＿＿＿＿。
4. 三极管工作在＿＿＿＿时 U_{CE} 等于 V_{CC}，＿＿＿＿情况下 U_{CE} 变成最小值。
5. 放大电路有两种工作状态，当 $u_i=0$ 时电路的状态称为＿＿＿态，有交流信号 u_i 输入时，放大电路的工作状态称为＿＿＿态。
6. 对放大电路来说，总是希望电路的输入电阻＿＿＿越好，因为这可以减轻信号电压源的负荷。又希望放大电路的输出电阻＿＿＿越好，因为这可以增强放大电路的整个负载能力。
7. 放大电路中的直流负载线和交流负载线在＿＿＿＿情况下两线是重合。
8. 用图解法能分析放大电路的＿＿＿＿动态指标。
9. 微变等效电路法其核心是＿＿＿＿，三极管用微变等效电路来代替的条件是＿＿＿＿。
10. 共发射极放大器的电压增益与＿＿＿＿＿＿＿有关。
11. 引起放大电路静态工作点不稳定的主要因素是＿＿＿＿＿＿＿。
12. 共集电极放大电路又称为＿＿＿＿＿＿＿。
13. 共集电极放大电路具有＿＿＿＿＿恒小于 1 但接近 1，＿＿＿＿和＿＿＿＿同相，并具有＿＿＿高和＿＿＿＿低的特点。
14. 共基极放大电路特点是＿＿＿＿＿＿＿＿＿＿。其电流增益最大值为＿＿＿＿＿。

15. 工作点稳定电路中电容 C_E 的作用是_____。

16. 对于共射、共集和共基三种基本组态放大电路，若希望电压放大倍数大，可选用_____组态，若希望带负载能力强，可选用_____组态，若希望高频性能好，可选用_____组态。

17. 多级放大电路耦合方式有_____。

18. 直接耦合放大电路存在_____现象。

19. 放大电路的幅频特性是指_____随信号频率而变；相频特性是指输出信号与输入信号的_____随信号频率而变。

20. 一个放大电路的中频增益为40dB，则在下限频率处的增益为_____dB。

四、名词解释题

1. 输入电阻。
2. 输出电阻、带负载能力。
3. 最大输出幅度、通频带。
4. 饱和失真、截止失真。
5. 频率响应。

五、分析计算题

1. 判断图2.33所示各电路是否具有放大作用？

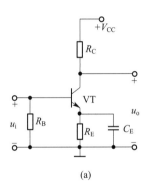
(a)

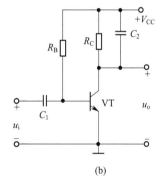
(b)

图 2.33

2. 在图2.34(a) 所示单管共射放大电路中，已知 $V_{CC}=10V$，$R_B=510k\Omega$，$R_C=10k\Omega$，$R_L=1.5k\Omega$。三极管的输出特性如图2.34(b) 所示。(1) 使用图解法求出电路的静态工作点，并分析该工作点选得是否合适；(2) 在 V_{CC} 和三极管不变的情况下，为了把三极管的静态集电极电压 U_{CEQ} 提高到5V左右，可以改变哪些参数？如何改？(3) 在 V_{CC} 和三极管不变的情况下，为了使 $I_{CQ}=3mA$，$U_{CEQ}=5V$，可以改变哪些参数？如何改？

3. 单管共射放大电路如图2.34(a) 所示，已知电路中三极管的 $\beta=100$，$V_{CC}=6.7V$，$R_B=300k\Omega$，$R_C=2.5k\Omega$，$R_L=10k\Omega$。(1) 试估算电路的电压放大倍数。(2) 若将输入信号逐渐增大时，将首先出现哪一种形式的失真（截止或饱和）？可通过改变哪一个电阻的阻值来减少失真？(3) 若上述阻值调整合适，在输出端用交流电压表测出的最大不失真电压（有效值）将是2V、4V还是6V？

4. 放大电路如图2.35所示，已知电路中三极管的 $\beta=100$，电源 $V_{CC}=12V$，$R_B=100k\Omega$，$R_C=1k\Omega$。求放大电路的静态工作点。

5. 单管共射放大电路如图2.36所示，已知三极管的 $\beta=50$，$r_{bb}=200\Omega$，$U_{BEQ}=0.2V$，$V_{CC}=10V$，$R_B=250k\Omega$，$R_C=2k\Omega$，$R_L=2k\Omega$。求（1）电路的静态工作点以及电压放大倍

数;(2) 若输入正弦电压,输出电压波形出现顶部失真,试问放大电路发生了截止失真还是饱和失真?应该调整电路中哪个参数?如何调整?

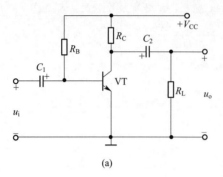
(a)

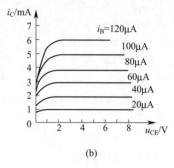
(b)

图 2.34

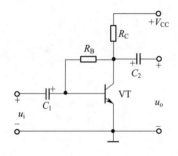
图 2.35

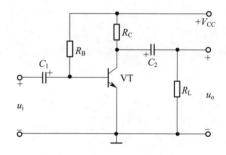
图 2.36

6. 工作点稳定电路如图 2.37 所示,已知电路中 $R_{B1}=12\text{k}\Omega$, $R_{B2}=3\text{k}\Omega$, $R_C=3\text{k}\Omega$, $R_E=2\text{k}\Omega$, $R_L=3\text{k}\Omega$,三极管的 $\beta=30$, $V_{CC}=20\text{V}$。试估算电路的静态工作点以及电压放大倍数和输入电阻、输出电阻。

7. 放大电路如图 2.38 所示,已知电路中 $R_{B1}=15\text{k}\Omega$, $R_{B2}=3\text{k}\Omega$, $R_C=3\text{k}\Omega$, $R_{E1}=300\Omega$, $R_{E2}=1\text{k}\Omega$, $R_L=3\text{k}\Omega$,三极管的 $\beta=30$, $V_{CC}=12\text{V}$。(1) 试估算电路的静态工作点以及电压放大倍数和输入电阻、输出电阻。(2) 若电容 C_E 开路,则将引起电路的哪些动态参数发生变化?如何变化?

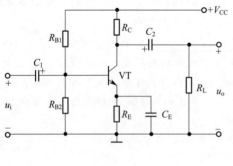
图 2.37

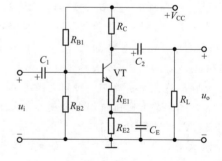
图 2.38

8. 画出图 2.39 所示放大电路的微变等效电路图，写出计算电压放大倍数 u_{o1}/u_i 和 u_{o2}/u_i 的表达式，并画出当 $R_C = R_E$ 时，两个输出电压 u_{o1} 和 u_{o2} 的波形图。要求在图上标出相应的幅值。

9. 共集电极三极管放大电路如图 2.40 所示，已知三极管的 $\beta = 100$，$r_{be} = 1.2\text{k}\Omega$，$V_{CC} = 12\text{V}$，$R_S = 20\text{k}\Omega$，$R_B = 270\text{k}\Omega$，$R_E = 2\text{k}\Omega$，$R_L = 2\text{k}\Omega$。计算电路的静态工作点、电压放大倍数和输入电阻、输出电阻。

10. 在图 2.40 所示的射极输出器电路中，已知三极管的 $\beta = 100$，$r_{be} = 1.6\text{k}\Omega$，$V_{CC} = 12\text{V}$，$R_S = 2\text{k}\Omega$，$R_E = 5.6\text{k}\Omega$，$R_B = 270\text{k}\Omega$。（1）求静态工作点；（2）分别求出当 $R_L = \infty$ 和 $R_L = 1\text{k}\Omega$ 时的电压放大倍数、输入电阻和输出电阻。

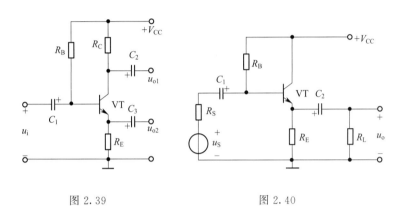

图 2.39   图 2.40

11. 在图 2.41 所示两级放大电路中，已知三极管的 $\beta_1 = \beta_2 = 100$，$r_{be1} = r_{be2} = 2\text{k}\Omega$，$V_{CC} = 12\text{V}$，$R_{B1} = 1.5\text{M}\Omega$，$R_{E1} = 7.5\text{k}\Omega$，$R_{B21} = 91\text{k}\Omega$，$R_{B22} = 30\text{k}\Omega$，$R_{C2} = 2\text{k}\Omega$，$R_{E2} = 5.1\text{k}\Omega$。（1）求放大电路的输入电阻和输出电阻；（2）分别求出当 $R_S = 0$ 和 $R_S = 20\text{k}\Omega$ 时的源电压放大倍数。

12. 在图 2.42 所示放大电路中，已知三极管的 $r_{be1} = r_{be2} = 2\text{k}\Omega$，$\beta_1 = \beta_2 = 50$，$V_{CC} = 12\text{V}$，$R_{B11} = 91\text{k}\Omega$，$R_{B12} = 30\text{k}\Omega$，$R_{C1} = 10\text{k}\Omega$，$R_{E1} = 5.1\text{k}\Omega$，$R_{B2} = 180\text{k}\Omega$，$R_{E2} = 3.6\text{k}\Omega$。（1）求放大电路的输入电阻和输出电阻；（2）分别求出当 $R_L = \infty$ 和 $R_L = 3.6\text{k}\Omega$ 时的电压放大倍数。

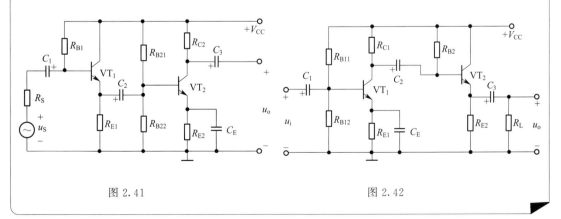

图 2.41   图 2.42

综合实训

设计一个放大电路中的故障分析与判断电路

设计提示:

　　在单管放大电路中设置一些开关,然后模拟测试放大电路中某个元器件开路或短路时的实验数值,把放大电路中可能出现的故障点情况全部测试一下,根据实验数值积累判断放大电路的故障类型。

第 3 章 集成运算放大器

 学习目标

要掌握：集成运算放大器的电路组成、工作原理、特点和主要参数；差动放大电路的工作原理。
会分析：零点漂移产生的原因，掌握减小零点漂移的方法；差动放大电路分析方法。
会计算：差动放大电路的静态和动态计算。
会选用：集成运算放大器的参数及选用原则。
会处理：运算放大器的故障诊断和排除方法。
会应用：用实验或 Multisim 软件分析和调试差动放大电路。

本章主要介绍集成运算放大器的结构特点、电路组成、工作原理、主要参数及理想运算放大器模型。

集成运算放大器（简称集成运放或运放）实际上是一个高性能的直接耦合的多级放大电路，内部通常包含 4 个基本组成部分：输入级通常采用差动放大电路，以减小温漂，提高共模抑制比；中间级的主要任务是提供足够大的电压放大倍数，为使中间级获得较高的电压增益和输入电阻，常常采用有源负载和复合管等结构形式；输出级的主要任务是向负载提供足够的输出功率，多采用输出电阻低的互补电路；偏置电路是向各放大级提供合适的偏置电流，确定静态工作点，常用镜像电流源、比例电流源和微电流源等电路。要正确理解共模抑制比和理想运算放大器的概念，掌握理想运算放大器的工作特点。

本章重点介绍差动放大电路的工作原理、静态和动态分析。

随着半导体技术的发展，采用半导体制造工艺可以将电阻、三极管等元器件及电路的连线全部制造到一块半导体基片上，其本身是一个完整的电路，所以称为集成电路。集成电路的出现，为电子设备的微型化、低功耗和高可靠性开辟了一条广阔的途径，标志着电子技术发展到了一个新的阶段。

集成电路按其功能一般可分为模拟集成电路和数字集成电路两大类，集成运算放大器（简称集成运放）是属于模拟集成电路的一种。由于它最初作运算和放大使用，所以取名为运算放大器。集成运算放大器目前已广泛应用于信号处理、信号变换及信号发生等各个方面，在控制、测量、仪表等领域中占有重要地位。

本章主要讨论集成运算放大器的特点、基本单元电路及其主要参数等。

下面首先介绍集成运算放大器的特点及基本组成。

3.1 集成运算放大器的基本特点及基本组成

集成运算放大器内部是一个高增益的多级直接耦合放大电路,其功能是实现高增益的放大和信号运算,且具有输入电阻高、输出电阻低等特点。

3.1.1 集成运算放大器的基本特点

集成电路(集成运算放大器)的设计和制造工艺与一般分立电路相比,有以下特点。

(1)相邻元器件的特性一致性好

集成电路中所有的元器件处于同一芯片上,相互非常接近,制造工艺和环境温度也都相同。虽然元器件参数的精度不高,但其性能比较一致,或者说元器件的对称性较好,容易制成两个特性相同的管子或两个阻值相同的电阻,其温度特性也一样,因而相邻元器件的特性一致性好。

(2)用有源器件代替无源器件

集成电路中的电阻元件是由半导体体电阻形成的,由于芯片面积的限制不可能制作较大阻值的电阻,因而较大阻值的电阻都采用三极管或场效应管组成的有源负载来代替。

(3)二极管大多由三极管构成

集成电路中制造三极管比较方便,可将三极管的集电极与基极短路,利用发射结制作普通的二极管;将三极管的发射极与基极短路,利用反偏的集电结制作齐纳稳压管。

(4)只能制作小容量的电容

集成电路中电容元件是由半导体 PN 结的结电容形成的,其大小也受芯片面积的限制,只能制作几十皮法的小容量的电容。为节省芯片面积,不宜采用大电容元件,一般尽量不用或少用电容元件。同时,集成电路工艺还不能直接制作电感元件。因此,集成电路各级间采用直接耦合。

(5)采用复合管

集成电路中的三极管,有时采用复合管结构,以改善其性能。

3.1.2 集成运算放大器的基本组成

集成运算放大器的型号种类繁多,性能各异。但其电路组成和结构基本相同,通常由输入级、中间级、输出级和偏置电路4部分组成。其内部电路框图如图3.1所示。

图 3.1 集成电路框图

输入级是提高运算放大器质量的关键部分,通常要求其输入电阻高,能减少零漂和抑制干扰信号。电路形式采用恒流源的差动放大电路,降低零漂,提高共模抑制比(K_{CMR})。输入级通常工作在低电流状态,以获得较高的输入阻抗。

中间级进行电压放大，获得运放的总增益。通常要求增益高，同时向输出级提供较大的推动电流，因而电路形式采用带有恒流源负载的共射电路，增益高达几千倍以上。

输出级与负载相接，通常要求其输出电阻低，带负载能力强，能输出足够大的电压和电流，并有过载保护措施，其电路形式一般由互补对称电路或射极输出器构成。

偏置电路为上述各级电路提供稳定和合适的直流偏置电流，决定各级的静态工作点，因而电路由各种电（恒）流源电路组成。

思考题

1. 集成运算放大器的特点是什么？
2. 集成运算放大器由哪几部分组成？对各部分电路形式有什么要求？

拓展阅读： 集成电路产业是信息产业核心，是国家基础性、战略性产业，集成电路的产业规模和技术水平，已成为衡量国家综合国力的一个重要标志。"华为事件"的发生揭示出核心技术的重要性。作为中国大学生，必须树立坚定信念，不断实践、不断突破、不断创新，为弥补我国的科技短板坚持不懈，激励学生以祖国强盛为己任，为自主知识产权而发奋学习。

3.2 电流源电路

偏置电路的作用是为各级提供合适和稳定的直流偏置电流，确定各级静态工作点，一般由各种类型的电流源电路组成。各个放大级对偏置电流的要求各不相同。对于输入级，通常要求提供一个比较小（一般为微安级）的偏置电流，而且应该非常稳定，以便提高集成运放的输入电阻，降低输入偏置电流、输入失调电流及抑制温漂等。

在集成电路（运算放大器）中，常用的偏置电路有以下几种。

3.2.1 镜像电流源

镜像电流源也称为电流镜，在集成运放中应用十分广泛，它的电路如图3.2所示。

电源 V_{CC} 通过电阻 R 和 VT_1 产生一个基准电流 I_{REF}，由图可得

$$I_{REF} = \frac{V_{CC} - U_{BE1}}{R}$$

然后在 VT_2 的集电极得到相应的 I_{C2}，作为提供给某个放大级的偏置电流。由于 VT_1 和 VT_2 是做在同一硅片上的两个相邻三极管，它们的工艺、结构和参数都比较一致，因此可以认为：$U_{BE1}=U_{BE2}=U_{BE}$，$\beta_1=\beta_2=\beta$。VT_1 被接成二极管形式，尽管 VT_1 的集电极和基极短接，集电结在零偏情况下靠内电场的作用下仍具有吸引电子的能力，因此，两管的集电极电流相等，由图3.2可得 VT_2 集电极电流和基极电

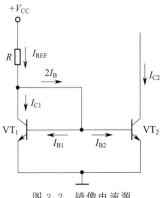

图 3.2 镜像电流源

流之间的关系为

$$I_{C2} = I_{C1} = I_{REF} - 2I_B = I_{REF} - \frac{2I_{C2}}{\beta}$$

所以

$$I_{C2} = I_{REF} \frac{1}{1 + \frac{2}{\beta}} \tag{3.1}$$

当上式满足条件 $\beta \gg 2$ 时，可简化为

$$I_{C2} \approx I_{REF} = \frac{V_{CC} - U_{BE1}}{R} \tag{3.2}$$

上式表明，只要基准电流 I_{REF} 确定，则输出电流 I_{C2} 也随之确定，且 I_{REF} 和 I_{C2} 之间如同镜子一样，两者是镜像的关系，所以这种电流源电路称为镜像电流源。

> **归纳**
>
> 镜像电流源电路一般只适用于输出电流 I_{C2} 较大（毫安级）的场合。镜像电流源电路中一般都能满足 $V_{CC} \gg U_{BE}$，所以 I_{REF} 受温度的影响较小，但受电源电压影响较大，故该电路对电源的稳定性要求较高。镜像电流源的优点是结构简单，而且具有一定的温度补偿作用。

3.2.2 比例电流源

实际应用中，可能会需要两个或两个以上电流值相差较大，但又有一定的比例关系的电流源。在图 3.2 所示的镜像电流源电路中，当 VT_1、VT_2 的发射极分别接入两个电阻 R_{E1} 和 R_{E2}，并且满足一定条件时，则输出电流 I_{C2} 与基准电流 I_{REF} 成一定比例关系，比例电流源电路如图 3.3 所示。

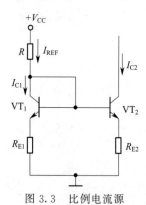

图 3.3 比例电流源

如果忽略基极电流的影响，近似认为集电极电流等于发射极电流，并且满足 $V_{CC} \gg U_{BE}$，则基准电流为

$$I_{REF} = \frac{V_{CC} - U_{BE1}}{R + R_{E1}} \approx \frac{V_{CC}}{R + R_{E1}} \tag{3.3}$$

由图 3.3 可得 $U_{BE1} + I_{E1}R_{E1} = U_{BE2} + I_{E2}R_{E2}$，由于 VT_1 和 VT_2 是做在同一硅片上的两个相邻的三极管，因此可以认为 $U_{BE1} = U_{BE2}$，则 $I_{E1}R_{E1} \approx I_{E2}R_{E2}$，由上面分析可得

$$I_{C2} \approx \frac{R_{E1}}{R_{E2}} I_{C1} \approx \frac{R_{E1}}{R_{E2}} I_{REF} \tag{3.4}$$

式 (3.4) 表明，输出电流与基准电流的比例关系，由两个发射极电阻阻值的比值确定，故称为比例电流源。

> **注意**
>
> 以上两种电流源的共同缺点是，当直流电源 V_{CC} 变化时，输出电流 I_{C2} 几乎按同样的规律波动，因此，不适用于直流电源在大范围内变化的集成运放。此外，若输入级要求微安级的偏置电流，则所用电阻将达兆欧级，在集成电路中是无法实现的。

3.2.3 微电流源

为了进一步减小集成电路的功耗,既得到微安级的输出(偏置)电流,同时又希望电阻值不太大,可以在镜像电流源的基础上,在 VT_2 的发射极接入一个电阻 R_E,如图 3.4 所示。这种电路称为微电流源。

引入 R_E 后,将使 $U_{BE2}<U_{BE1}$,此时 I_{C1}($I_{REF}\approx I_{C1}\approx I_{E1}$)比较大,有可能使 $I_{C2}\ll I_{C1}$,即在 R_E 阻值不太大的情况下,得到一个比较小的输出电流 I_{C2},由图 3.4 可得

$$U_{BE1}-U_{BE2}=I_{E2}R_E\approx I_{C2}R_E \quad (3.5)$$

由上式和三极管电流方程($i_C\approx I_S e^{u_{BE}/U_T}$)求出(其中 $U_T=26\text{mV}$):

$$R_E\approx\frac{U_T}{I_{C2}}\ln\frac{I_{C1}}{I_{C2}} \quad (3.6)$$

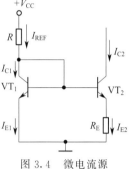

图 3.4 微电流源

根据基准电流 I_{REF}(I_{C1})和所需电流 I_{C2},按照上式可算出微电流源中的 R_E 之阻值。

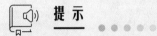 提示

电流源在集成电路中,不仅可以作偏置电路,还可以利用电流源具有交流等效电阻较大的特点,用电流源电路代替放大电路中的负载电阻,这时电流源电路称为有源负载。集成电路中常用有源负载来提高放大电路的放大倍数和减小体积。

【例 3.1】 图 3.5 所示为集成运放 F007 偏置电路的一部分,假设 $V_{CC}=V_{EE}=15\text{V}$,所有三极管的 $U_{BE}=0.7\text{V}$,其中 NPN 型三极管的 $\beta\gg 2$,横向 PNP 型三极管的 $\beta=2$,电阻 $R_5=39\text{k}\Omega$。(1)估算基准电流 I_{REF};(2)分析电路中各三极管组成何种电流源;(3)估算 VT_{13} 的集电极电流 I_{C13};(4)若要求 $I_{C10}=28\mu\text{A}$,试估算电阻 R_4 的阻值。

解:(1)由图可得:

$$I_{REF}=\frac{V_{CC}+V_{EE}-2U_{BE}}{R_5}=\frac{15+15-2\times 0.7}{39}=0.73(\text{mA})$$

(2)VT_{12} 与 VT_{13} 组成镜像电流源,VT_{10}、VT_{11} 与 R_4 组成微电流源。

(3)因 PNP 三极管 VT_{12}、VT_{13} 不满足 $\beta\gg 2$,故不能简单地认为 $I_{C13}\approx I_{REF}$。由式(3.1)可得:

$$I_{C13}=I_{REF}\left(1-\frac{2}{\beta+2}\right)$$
$$=0.73\times\left(1-\frac{2}{2+2}\right)=0.365(\text{mA})$$

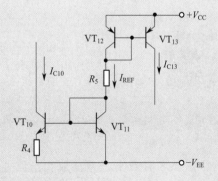

图 3.5 例 3.1 电路

(4)因 NPN 型三极管 VT_{10}、VT_{11} 的 $\beta\gg 2$,故可认为 $I_{C11}\approx I_{REF}$,由式(3.6)可知:

$$R_4 \approx \frac{U_T}{I_{C10}} \ln \frac{I_{C11}}{I_{C10}} = \frac{26 \times 10^{-3}}{28 \times 10^{-6}} \times \ln \frac{0.73 \times 10^{-3}}{28 \times 10^{-6}} = 3 \times 10^3 (\Omega) = 3\text{k}\Omega$$

思考题

1. 三种电流源的特点是什么？
2. 镜像电流源使用时应注意什么？

3.3 差动放大电路

集成运算放大器为了追求高增益目标，它必然是一个多级放大电路。由于集成电路内部不宜制作较大容量的电容，因此集成运放中的多级放大电路只能采用直接耦合方式。显然，在直接耦合放大器中，各级电路的静态工作点会相互影响，这给电路设计和调整带来很大麻烦。电源电压波动、元器件参数变化，尤其是环境温度变化，都将会使电路的静态工作点偏离原来的设计值。更严重的是，若第一级电路的静态工作点有微小变化，则经过后级电路的放大，将使输出端的电压远远漂离零点。这就是零点漂移或温度漂移，简称零漂或温漂（因为这种漂移主要是由温度变化引起的）。

差分（动）放大电路

本节主要讨论差动放大电路的结构与工作原理，其典型电路如图3.6所示。

差动放大电路信号输入有两种方式：差模信号输入和共模信号输入。所谓差模信号，即在差动放大电路的输入端上分别加上大小相等、相位相反的一组（两个）信号；而共模信号，即在差动放大电路的输入端上分别加上大小相等、相位相同的一组（两个）信号。

注意

零漂是直接耦合放大器所存在的严重问题，也是必须克服的问题。实用中常采用多种补偿措施来抑制零漂，其中最为有效的方法是使用差动放大电路。

拓展阅读： 差动放大电路中的差模信号和共模信号，看似对立的两种信号，其实任意一组（两个）信号又都可以分解为差模信号和共模信号。说明了两种信号是对立的，但两者共同作用说明又具有统一性，这就是辩证法中的对立统一规律。

由图3.6可看出，差动放大电路左右两边完全对称。如果从差动放大电路的两个输入端同时输入信号，称为双端输入。也可以从差动放大电路的一个输入端输入信号，另一个输入端接地，这种方式称为单端输入。如果从差动放大电路的两个输出端之间输出，称为双端输出。也可以从差动放大电路的一个输出端输出信号，这种方式称为单端输出。

> **归纳**
>
> 差动放大电路有4种工作方式：双端输入双端输出、双端输入单端输出、单端输入双端输出、单端输入单端输出。

3.3.1 差动放大电路的静态分析

差动放大电路的静态分析即分析它的直流工作状态。差动放大电路的直流通路如图3.7所示。当输入信号电压 $u_{i1}=u_{i2}=0$，即差动放大电路处于静态时，由于理想差动放大电路的对称性，两个三极管的静态工作点相等，即 $U_{B1}=U_{B2}$，$U_{C1}=U_{C2}$，$I_{C1}=I_{C2}$，故负载支路 R_L 中没有电流流过，因而使静态时输出电压 $u_o=U_{C1}-U_{C2}=0$。显然差动放大电路具备抑制零点漂移的能力。

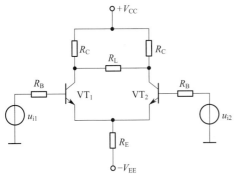

图3.6 差动放大电路

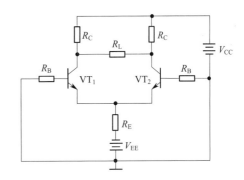

图3.7 差动放大电路的直流通路

> **提示**
>
> 由于电路的对称性，且负载中无电流流过，所以电路两边中每边是独立的，故可以取任何一边来计算。

从一边输入回路可得

$$I_{BQ}=\frac{V_{EE}-U_{BE}}{R_B+2(\beta+1)R_E} \tag{3.7}$$

所以

$$I_{CQ}=\beta I_{BQ} \tag{3.8}$$

$$U_{CQ}=V_{CC}-I_{CQ}R_C \tag{3.9}$$

$$U_{CEQ}\approx V_{CC}+V_{EE}-I_{CQ}(R_C+2R_E) \tag{3.10}$$

归纳

电路设计时,一般都使 $2(\beta+1)R_E \gg R_B$,且 V_{EE} 远大于 U_{BE},则 $I_{CQ} \approx V_{EE}/2R_E$,表明温度变化对静态影响很小,同时电路是对称的,即使 I_{CQ} 有一点变化,总有 $U_{C1Q}=U_{C2Q}$,使得静态时输出电压总保持在零的状态,所以电路有很强的抑制零点漂移的能力。

3.3.2 差动放大电路差模信号的动态分析

差动放大电路在差模信号输入的情况下,$u_{i1}=-u_{i2}$。由于电路的对称性,使得 VT_1 和 VT_2 两个三极管的电流为一增一减的状态,而且增减的幅度相同。如果 VT_1 的电流增大,则 VT_2 的电流减小。即 $i_{c1}=-i_{c2}$。显然,此时 R_E 上的电流没有变化,说明 R_E 对差模信号没有作用(即在 R_E 上既无差模信号的电流,也无差模信号的电压),因此画差模信号交流通路时,VT_1 和 VT_2 的发射极是直接接地的,如图 3.8 所示。

 注意

电路中两个三极管的集电极上接有负载电阻 R_L,由于电路加的是差模信号,因而负载电阻中间一点的电位不会变化,所以双端输出时信号输出的地电位(即"交流地")在负载电阻 R_L 的中点,这样一来,就可将差动放大电路的差模交流通路分成两个独立的部分,如图 3.9 所示。

(1)差模电压放大倍数

差动放大电路两个输入端加上大小相等、相位相反的差模信号时,由于电路对称,所以两个三极管的输出端电压通常也是大小相等、相位相反,即 $u_{od1}=-u_{od2}$。双端输入时的差模电压 $u_{id}=u_{i1}-u_{i2}=2u_{i1}$,而双端输出时的差模电压 $u_{od}=u_{od1}-u_{od2}=2u_{od1}$。由图 3.8 可得双端输出时的差模电压放大倍数为

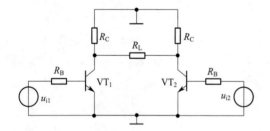

图 3.8 差动放大电路的差模交流通路

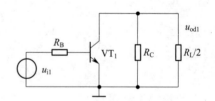

图 3.9 一个管子的差模交流通路

$$A_{ud}=\frac{u_{od}}{u_{id}}=\frac{2u_{od1}}{2u_{i1}}=\frac{u_{od1}}{u_{i1}}=-\frac{\beta\left(R_C // \frac{R_L}{2}\right)}{R_B+r_{be}} \quad (3.11)$$

由上面分析可看出,双端输入、双端输出差动放大电路的差模电压放大倍数相当于一个单管共发射极放大电路的放大倍数。

> **归纳**
>
> 如果输出信号仅从三极管的 VT_1 或 VT_2 的集电极对地输出，则此时的输出电压只是双端输出时的一半，因而单端输出时的差模电压放大倍数等于双端输出时的一半。注意单端输出时的负载电阻 R_L 不必折半。

（2）差模输入电阻

差模输入电阻是指从差动放大电路两个输入端之间看进去的交流等效电阻。由图 3.8 按照输入电阻的定义可得差模输入电阻为

$$R_{id}=2(R_B+r_{be}) \tag{3.12}$$

（3）差模输出电阻

双端输出时，差动放大电路输出电阻为

$$R_o=2R_C \tag{3.13}$$

单端输出时，差动放大电路输出电阻为

$$R_o=R_C \tag{3.14}$$

3.3.3 差动放大电路共模信号的动态分析

差动放大电路在共模信号的作用下，加在两个输入端上的信号大小相等、相位相同，即 $u_{i1}=u_{i2}$，由于电路对称，所以两个三极管的输出端电压也是大小相等、相位相同，即 $u_{oc1}=u_{oc2}$。所以在双端输出时负载电阻 R_L 中流过的电流为零，即双端输出电压为零（$u_{oc}=0$）。而在发射极公共电阻 R_E 上共模信号作用的电流方向相同，故差动放大电路的共模交流通路如图 3.10 所示。

（1）共模电压放大倍数

差动放大电路加上共模信号时，由于电路对称，即 $u_{oc1}=u_{oc2}$，所以双端输出时的共模电压放大倍数为零。可见差动放大电路在双端输出的情况下，利用电路的对称性对共模信号（零点漂移）进行抑制。

如果输出信号改为从一个三极管 VT_1 或 VT_2 的集电极对地输出，即单端输出时，差动放大电路对共模信号进行抑制的作用如何呢？单端输出时等效电路如图 3.11 所示。

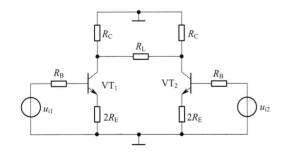

图 3.10 差动放大电路的共模交流通路

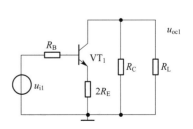

图 3.11 单端输出时共模交流通路

由图 3.11 可得单端输出时的共模电压放大倍数为

$$A_{uc1} = \frac{u_{oc1}}{u_{i1}} = -\frac{\beta(R_C /\!/ R_L)}{R_B + r_{be} + 2(1+\beta)R_E} \tag{3.15}$$

显然在单端输出的情况下，差动放大电路利用发射极公共电阻 R_E 深度反馈作用，对共模信号进行抑制，使得单端输出时共模放大倍数很低，则每个三极管集电极对地的共模输出电压就很小。因此，差动放大电路能有效地抑制零漂，显然，R_E 越大，这个电路抑制零漂的能力越强。

实际应用中，一般能满足 $2(\beta+1)R_E \gg (R_B + r_{be})$，所以上式可近似为

$$A_{uc1} \approx -\frac{R_C /\!/ R_L}{2R_E} \tag{3.16}$$

一般电路中，$2R_E \gg (R_C /\!/ R_L)$，故单端输出时的共模电压放大倍数小于1，即差动放大电路对共模信号有抑制作用，且 R_E 越大，抑制共模信号的能力越强。

 归纳

> 总之，差动放大电路由于发射极公共电阻 R_E 对差模信号没有任何反馈作用和对共模信号的强烈负反馈作用，使得差模放大倍数仍比较高，而共模放大倍数很低，共模抑制比高，且单端输出时漂移电压也很小。

（2）共模抑制比

实际应用中，差动放大电路往往做不到两边电路完全对称，即使是双端输出也不可能有共模电压放大倍数等于零的情况。然而，应用中总希望共模电压放大倍数愈小愈好，为了全面衡量差动放大电路对差模信号的放大能力和对共模信号的抑制能力，通常采用共模抑制比 K_{CMR} 来表示。它定义为

$$K_{CMR} = \left| \frac{A_{ud}}{A_{uc}} \right| \tag{3.17}$$

K_{CMR} 值越大，表明电路抑制共模信号的性能越好。在工程上，常用分贝表示为

$$K_{CMR} = 20\lg \left| \frac{A_{ud}}{A_{uc}} \right| \text{ (dB)} \tag{3.18}$$

上式表明差动放大电路的差模电压放大倍数愈大、共模电压放大倍数愈小，则该电路的共模抑制比愈大，也就是说该电路抑制共模信号的能力愈强。由于完全对称的差动放大电路，双端输出时的共模电压放大倍数等于零，所以理想差动放大电路双端输出时共模抑制比等于无穷大。

 注意

> 共模抑制比是差动放大器的一个重要技术指标。应当注意，输入的共模信号幅度不能太大，否则将破坏电路对共模信号的抑制能力。

按照式(3.17)的定义，可推出理想差动放大电路单端输出时共模抑制比：

$$K_{CMR1} = \left| \frac{A_{ud1}}{A_{uc1}} \right| = \frac{\beta R_E}{R_B + r_{be}} \tag{3.19}$$

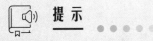
提示

由上式可见，当差动放大电路其他参数确定时，增大发射极电阻 R_E 将会提高电路的共模抑制比，有关进一步提高共模抑制比的问题将在 3.3.4 小节中继续讨论。

（3）任意输入信号的分解

如果差动放大电路的两个输入既不是差模信号又不是共模信号，这时可将两个任意输入信号 u_{i1} 和 u_{i2} 分解为差模和共模两种性质的输入信号。根据输入信号的定义可得差模输入信号 u_{id} 和共模输入信号 u_{ic} 分别为：$u_{id}=u_{i1}-u_{i2}$ 和 $u_{ic}=(u_{i1}+u_{i2})/2$。

【例 3.2】 在图 3.6 所示放大电路中，已知 $V_{CC}=V_{EE}=12V$，三极管的 $\beta=50$，$r_{be}=2k\Omega$，$R_C=30k\Omega$，$R_E=27k\Omega$，$R_B=10k\Omega$，负载电阻 $R_L=60k\Omega$，为使电路对称，在两个管子的发射极接入调零电位器 $R_W=500\Omega$，设 R_W 的活动端调在中间位置，试估算放大电路的静态工作点、差模电压放大倍数、差模输入电阻和输出电阻。

解： 由三极管的基极回路可知：

$$I_{BQ}=\frac{V_{EE}-U_{BEQ}}{R_B+(1+\beta)(2R_E+0.5R_W)}=\frac{12-0.7}{10+51\times(2\times 27+0.5\times 0.5)}\approx 0.004(\text{mA})=4\mu A$$

则

$$I_{CQ}=\beta I_{BQ}=0.2\text{mA}, U_{CQ}=V_{CC}-I_{CQ}R_C=6V, U_{BQ}=-I_{BQ}R=-40\text{mV}$$

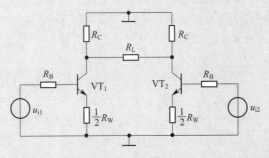

图 3.12 差模交流通路

放大电路中的 R_E 引入了一个共模负反馈，故对差模电压放大倍数没有影响。但调零电位器 R_W 中只流过一个管子的电流，因此将使差模电压放大倍数降低。放大电路的差模交流通路如图 3.12 所示。由图中可得差模电压放大倍数为

$$A_{ud}=-\frac{\beta R_L'}{R_B+r_{be}+(1+\beta)\frac{R_W}{2}}$$

式中

$$R_L'=R_C /\!/ \frac{R_L}{2}=15k\Omega$$

则

$$A_{ud}=-\frac{50\times 15}{10+2+51\times 0.5\times 0.5}=-30.3$$

$$R_o=2R_C=60k\Omega$$

$$R_{id}=2\left[R_B+r_{be}+(1+\beta)\frac{R_W}{2}\right]=2\times(10+2+51\times 0.5\times 0.5)\approx 50(k\Omega)$$

> **练习**
>
> 请用实验来测试图 3.6 所示电路的静态工作点和动态指标（或用 Multisim 软件仿真）。

3.3.4 带恒流源的差动放大电路

由前面分析已知，电阻 R_E 越大，负反馈作用越强，抑制共模信号的能力越强。但 R_E 增大受直流电源 V_{EE} 的限制。这是因为在负电源 V_{EE} 确定后，R_E 过大，就会使发射极电流 I_E 减小，r_{be} 增大，使差模电压放大倍数减小；另一个原因是在集成电路中不易制作较大阻值的电阻。因此，通常采用一个具有很大的交流等效电阻而直流电阻又不大的三极管恒流源来代替 R_E。恒流源差动放大电路如图 3.13 所示。

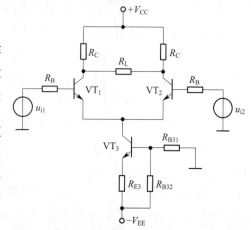

图 3.13 带恒流源的差动放大电路

拓展阅读： 辩证法中的否定之否定规律在此应用，此规律揭示了新旧事物的发展规律，新事物否定旧事物，然后被更新的事物否定。在差动放大电路中，从长尾式差动放大电路到具有恒流源的差动放大电路的进展过程来看，具有恒流源的差动放大电路解决了长尾式差动放大电路中发射极电阻选择受限的情况，充分展示了事物"螺旋式"向前发展的趋势。

由图 3.13 可见，如果电阻 R_{B31}、R_{B32}、R_{E3} 以及三极管 VT_3 的参数选用合适，可保证放大管子 VT_1 和 VT_2 有合适的静态电流，不会影响差模电压放大倍数。恒流三极管 VT_3 的基极电位由电阻 R_{B31}、R_{B32} 分压后得到，可认为基本不受温度变化的影响，则当温度变化时 VT_3 的发射极电位和发射极电流也基本不变，使 VT_3 的集电极电流恒定。从 VT_3 的集电极看进去的交流等效电阻比较大，而两个放大管的集电极电流 I_{C1} 和 I_{C2} 之和近似等于 I_{C3}，所以 I_{C1} 和 I_{C2} 将不会因温度的变化而同时增加或减小。可见，接入恒流三极管后，抑制了共模信号的变化。

（1）静态分析

估算恒流源式差动放大电路的静态工作点时，通常可从确定恒流三极管的电流开始。而恒流三极管的静态工作点计算方法与前面的工作点稳定电路类似，只要算出 VT_3 的集电极电流后，VT_1 和 VT_2 的静态工作点计算方法与前面差动放大电路是一样的。

（2）动态分析

由于动态分析时恒流三极管相当于一个阻值很大的电阻，它的作用也是引入一个共模负反馈，对差模电压放大倍数没有影响，所以恒流源式电路的交流通路与前面分析的差动放大电路的交流通路相同。二者的差模电压放大倍数、差模输入电阻和输出电阻均相同。

【例 3.3】 在图 3.14 所示的恒流源式差动放大电路中,设 $V_{CC}=V_{EE}=12\text{V}$,三极管的 β 均为 50,$r_{be}=2\text{k}\Omega$,稳压管的 $U_Z=6\text{V}$,$R_C=30\text{k}\Omega$,$R_{E3}=11\text{k}\Omega$,$R_B=10\text{k}\Omega$,$R_W=200\Omega$,$R_L=30\text{k}\Omega$,$R_{B3}=3\text{k}\Omega$。试估算放大电路的静态工作点和差模电压放大倍数。

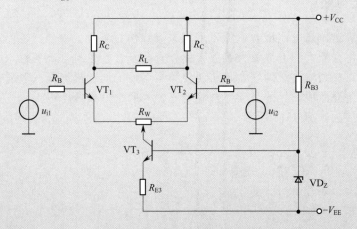

图 3.14 恒流源式差动放大电路

解: 由图可见

$$I_{CQ3} \approx I_{EQ3} = \frac{U_Z - U_{BEQ3}}{R_{E3}} \approx 0.5\text{mA},\quad 则\ I_{CQ1} = I_{CQ2} \approx \frac{1}{2}I_{CQ3} = 0.25\text{mA}$$

$$I_{BQ1} = I_{BQ2} \approx \frac{I_{CQ1}}{\beta} = 5\mu\text{A},\ U_{CQ1} = U_{CQ2} = V_{CC} - I_{CQ1}R_C = 4.5\text{V}$$

$$U_{BQ1} = U_{BQ2} = -I_{BQ1}R_B = -50\text{mV}$$

所以

$$A_{ud} = -\frac{\beta\left(R_C // \dfrac{R_L}{2}\right)}{R_B + r_{be} + (1+\beta)\dfrac{R_W}{2}} = -\frac{50\times 10}{10+2+51\times 0.5\times 0.2} \approx -29.2$$

> **练习**
>
> 请用实验来测试图 3.14 所示电路的静态工作点和动态指标(或用 Multisim 软件仿真)。

 思考题

1. 什么是零点漂移?产生零点漂移的主要原因是什么?
2. 差动放大电路为什么能较好地抑制零点漂移?
3. 差动放大电路的发射极接恒流源后有什么好处?

3.4 集成运算放大器中的中间级和输出级电路

集成运算放大器的中间级主要进行电压放大,获得运放的总增益。因而电路形式采用带有恒流源负载的共射电路，或者常常采用复合管结构，提高放大电路的放大倍数，使运放的总增益高达几千倍以上。

3.4.1 复合管电路

为了获得集成运放高电压增益，除了采用电流源作有源负载以外，还可以用多个三极管组成复合管，以得到较大的电流放大系数 β 值；有些复合管也有很高的输入电阻，将其作为输入级的负载可以提高输入级的增益，从而使整个运放的增益提高。一般复合管由两个或两个以上的三极管组合而成，目的是使复合管的 β 值为两个（或两个以上）三极管的 β 值的乘积，常见的几种接法如图 3.15 所示。

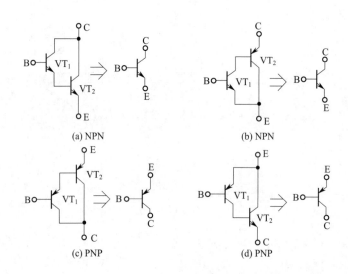

图 3.15 复合管及其等效电路

复合管的等效类型（NPN 或 PNP）由输入管 VT_1 确定，构成复合管的原则是内部的电流方向必须一致。图 3.15 中 4 种接法的复合管的电流放大系数 $\beta \approx \beta_1 \beta_2$；输入电阻在图 3.15(a)、(c) 中为 $r_{be} = r_{be1} + (1+\beta) r_{be2}$，而图 3.15(b)、(d) 中为 r_{be1}。

> **归纳**
>
> 复合管具有电流放大系数大和输入电阻大的特点，用于共发射极放大电路中，可提高放大电路的输入电阻；用于功率放大电路中，可减小驱动级的输出电流。

3.4.2 集成运算放大器的输出电路

集成运算放大器中的输出级应有一定的带负载能力，输出电阻要小，动态范围要大。因此，集成电路的输出级常采用互补推挽放大电路（将在第 7 章详细讨论），如图 3.16 所示。图 3.16 中 VT_1（NPN 型）、VT_2（PNP 型）两个管子的参数相同，两个电源的电压值相等。静态时，输入信号为零，两管的发射结因零偏而未导通，输出信号为零。在输入信号

（正弦波）的正半周期间，VT_1 导通、VT_2 截止；负半周期间 VT_2 导通、VT_1 截止。在输入信号一个完整的周期内，两个管子轮流导通，各导通半个周期，负载上得到了一个完整波形的输出信号，故称之为互补推挽放大电路。无论是 VT_1 导通还是 VT_2 导通，信号总是从基极输入、射极输出。因而，该电路在正负两个半周内均属于共集电极放大电路，它具有输出电压近似等于输入电压及输出电阻小的特点。当输入信号足够大时，VT_1（或 VT_2）趋于饱和，输出电压的峰值将接近于电源电压，所以，双电源供电集成运放的输出动态范围将接近电源电压两倍。

在实际应用中，当输入电压小于发射结死区电压时，两个管子都不导通，输出电压仍然等于零。所以，输出电压波形在过零附近出现了失真，这种失真称之为交越失真。为了克服交越失真，给 VT_1、VT_2 的发射结加一定的直流偏置，使其工作在微导通状态，只要有输入信号，VT_1（或 VT_2）就能导通，输出电压波形就不会失真。克服交越失真的互补电路如图 3.17 所示。

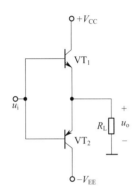
图 3.16　互补推挽放大电路

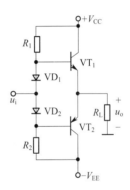
图 3.17　克服交越失真的互补电路

思考题

1. 复合管的特点是什么？通常在什么情况下使用？
2. 集成运算放大器中的输出级应满足什么要求？

3.5　通用集成运算放大器

集成运算放大器的种类很多，为了方便，人们将其分为通用集成运算放大器和特殊用途集成运算放大器两种类型，前者能满足一般应用的需要；后者则在前者的基础上采取了特殊措施，使其某些特性比较突出，以适应某些特殊应用的需求。

3.5.1　通用型集成运算放大器 F007

（1）F007 内部电路

F007 集成运放是应用较广泛的一种通用型集成运算放大器，其内部电路如图 3.18 所示。下面简单介绍电路的组成和各部分电路的功能与作用。

① 偏置电路。集成运放中的偏置电路通常采用镜像电流源或微电流源电路。F007 的偏

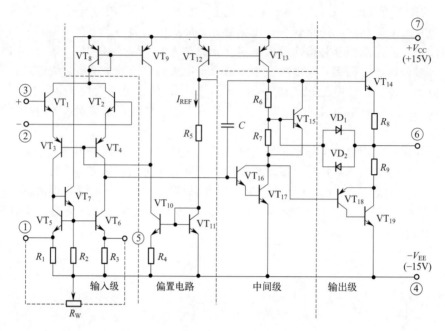

图 3.18 F007 内部电路

置电路由 $VT_8 \sim VT_{13}$ 以及 R_4、R_5 等元器件组成。VT_8 和 VT_9、VT_{12} 和 VT_{13} 均为镜像关系，VT_{10}、VT_{11} 和 R_4 组成微电流源。它们给各级放大电路提供偏置电流。

② 输入级。输入级由 $VT_1 \sim VT_4$ 组成共集-共基组态的差分放大电路。VT_1、VT_2 组成的共集电极电路也可提高输入阻抗，VT_3、VT_4 组成的共基极电路和 VT_5、VT_6、VT_7 组成的有源负载，有利于提高输入级的电压增益，并可改善频率响应。

用瞬时极性法分析，可以知道输出电压与输入电压之间的相位关系。当在电路中的③端输入信号为正极性时，输出电压也为正极性，由于输出与输入信号极性相同，称③端为同相输入端；当②端输入信号为正极性时，输出电压极性为负，输出与输入信号极性相反，故称②端为反相输入端。

③ 中间级。这一级由 VT_{16}、VT_{17} 组成复合管共发射极放大电路。由两个 NPN 型三极管组成的 NPN 型复合管，它的电流放大倍数为 VT_{16} 和 VT_{17} 两个管子电流放大倍数的乘积，所以复合管的等效电流放大系数的 β 值很高。VT_{12}、VT_{13} 组成的镜像电流源作为该复合管的集电极有源负载，使本级有很高的电压增益。电容 C 用以消除自激振荡。

④ 输出级。输出级是由 VT_{14}、VT_{18} 和 VT_{19} 组成的互补对称电路。其中，VT_{18}、VT_{19} 构成 PNP 型复合管，由于集成运放输出级要求动态范围大、输出功率大，一般都采用互补对称电路。VT_{15}、R_6、R_7 是 VT_{14}、VT_{18} 和 VT_{19} 的静态偏置电路，使输出级电路工作于甲乙类放大状态。VD_1 和 VD_2 是过流保护元件，对电路的过载起保护作用。

（2）集成运放封装形式、符号及引脚功能

目前，集成运放常见的两种封装方式是金属封装和双列直插式塑料封装，其外形如图 3.19(a)、(b) 所示。金属壳封装有 8、10、12 引脚等种类，双列直插式有 8、10、12、14、16 引脚等种类。图 3.20 所示为 LM324 四运算放大器的引脚。

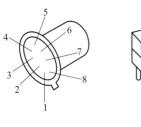 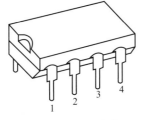

(a) 金属壳封装　　(b) 双列直插式塑料封装

图 3.19　集成运放的两种封装

图 3.20　LM324 四运算放大器引脚

金属封装器件是以管键为辨认标志，由器件顶上向下看，管键朝向自己，管键右方第一根引线为引脚 1，然后逆时针围绕器件，依次数出其余各引脚。双列直插式器件，是以缺口作为辨认标记（有的产品是以商标方向来标记的），由器件顶上向下看，标记朝向自己，标记右方第一根引线为引脚 1，然后逆时针围绕器件，可依次数出其余各引脚。

集成运算放大器的电路符号如图 3.21(a)、(b) 所示。图中标出了两个差动输入端和一个输出端。标"＋"号的输入端为同相输入端，信号从该端输入时，输出信号电压与输入信号电压相位相同；标"－"号的输入端为反相输入端，输出信号电压与该端输入信号电压相位相反。为了简化电路符号，图中没有画出供电电源的正、负端以及其他外围电路元件的连接端。实际应用中，要按照集成运放器件手册中给定的管脚图连接电路。图 3.21(c) 所示的为 F007 的连接图，引脚 7、4 各接电源 $+V_{CC}$ 和 $-V_{EE}$，而引脚 3 和 2 的框内＋、－号分别表示同相输入端和反相输入端，引脚 6 为输出端，引脚 1、5 外接调零电位器。在以后所有采用集成运放的电路中，均采用图 3.21(a) 或 (b) 的简化符号表示，而省略电源端子以及其他功能端的表示。

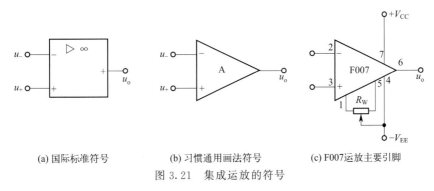

(a) 国际标准符号　　(b) 习惯通用画法符号　　(c) F007运放主要引脚

图 3.21　集成运放的符号

3.5.2　集成运算放大器的主要参数

集成运放性能的优劣，可用其主要参数来表示。为了正确、合理地选择和使用运放，必须明确其主要参数的意义。下面介绍运放的几种主要参数。

(1) 直流参数

① 输入偏置电流 I_{IB}。当输出电压等于零时，两个输入端偏置电流的平均值。$I_{IB} = (I_{IB+} + I_{IB-})/2$，理想运放的 $I_{IB} = 0$，一般输入级为双极型三极管的运放的 I_{IB} 为 10nA～1μA，输入级采用场效应管的运放的 I_{IB} 小于 1nA。

② 输入失调电压 U_{IO}。为使输出电压为零而在输入端所需加的补偿电压。U_{IO} 一般在几个毫伏级（1～10mV）。该电压越小越好。

③ 失调电压温漂 dU_{IO}/dT。在确定的温度范围内，U_{IO} 随温度变化的平均率。一般为 10～20μV/℃；高精度低温漂型运放可达 1μV/℃，U_{IO} 可以通过调零电位器进行补偿，但不能使 dU_{IO}/dT 为 0。

④ 输入失调电流 I_{IO}。当集成运放的输出电压等于零时，两个输入端的偏置电流之差。即 $I_{IO} = |I_{IB+} - I_{IB-}|$，$I_{IO}$ 一般在纳安数量级，描述差分对管输入电流的不对称情况，反映了差动输入级两个三极管的失调程度。

⑤ 失调电流温漂 dI_{IO}/dT。在确定的温度范围内 I_{IO} 随温度变化的平均变化率。一般为每度几纳安，高质量的只有几十皮安。

(2) 交流参数

① 开环差模电压增益 A_{ud}（开环电压放大倍数）。指运放在无外加反馈情况下的直流差模电压放大倍数。它是决定运算精度的主要因素。A_{ud} 越高，构成的运算电路越稳定，运算精度就越高。理想运放的 A_{ud} 等于无穷大，一般运放的 A_{ud} 为 100dB 左右，高的可达 140dB。

② 差模输入电阻 R_{id}。它是衡量差分对管向差模输入信号索取电流大小的标志。它是运放在开环状态下，两个输入端对差模输入信号呈现的动态电阻。定义为：差模输入电压 U_{Id} 与相应的输入电流 I_{Id} 的变化量之比，即

$$R_{id} = \frac{\Delta U_{Id}}{\Delta I_{Id}} \tag{3.20}$$

R_{id} 愈大，则集成运放对信号源索取的电流愈小。理想运放的差模输入电阻为无穷大，通用 F007 的差模输入电阻大于 2MΩ，输入级采用场效应管的运放差模输入电阻可达 10^6 MΩ。

③ 共模抑制比 K_{CMR}（CMRR）。衡量输入级各参数对称程度的标志。定义为：差模放大倍数与共模放大倍数比值的绝对值。共模抑制比越大，表示集成运放对共模信号的抑制能力愈强。理想运放的共模抑制比为无穷大，大多数运放的 $K_{CMR} \geqslant 80$dB，优质运放可达 160dB。

④ 输出电阻 R_o。运放工作在开环时，在输出端对地之间看进去的等效电阻。R_o 的大小反映了运算放大器的带负载能力。

⑤ 最大差模输入电压 U_{IDM}。是指运放同相端和反相端之间所能承受的最大电压。主要受输入级三极管发射结反向击穿电压的限制，集成电路中采用了横向三极管后，此值可达几十伏。

⑥ 最大共模输入电压 U_{ICM}。是指运放在线性工作范围内能承受的最大共模输入电压，否则会使输入级进入饱和或截止状态。测量运放的 U_{ICM} 时，把共模抑制比由正常值下降 6dB 时的共模输入电压作为该运放的 U_{ICM}。

⑦ 开环带宽（-3dB 带宽）f_H。表示 A_{ud} 下降 3dB 时的频率。集成运放是直接耦合放大电路，下限频率 $f_L = 0$，可以放大频率很低的信号；但集成运放内部三极管较多，且连线的布线十分密集，三极管的结电容和连线的分布电容对高频信号的传输十分不利，因此，集

成运放不适用于高频信号的情形。一般集成运放的 f_H 较低，只有几赫至几千赫。

3.5.3 理想运算放大器

理想运算放大器就是将集成运放的各项主要技术指标理想化，即开环差模电压增益等于无穷大、差模输入电阻等于无穷大、输出电阻等于零、共模抑制比等于无穷大、输入失调电压 U_{IO} 及失调电压温漂 dU_{IO}/dT 等于零、输入失调电流 I_{IO} 及失调电流温漂 dI_{IO}/dT 等于零、输入偏置电流 I_{IB} 等于零、开环带宽等于无穷大等。实际运算放大器都可以近似为理想运算放大器。下面讨论理想运算放大器的工作状态。

（1）理想运放工作在线性区的特点

在集成运算放大器各种应用电路中，运放的工作范围可能有两种情况，即工作在线性区或非线性区。

当工作在线性区时，集成运放的输出电压与其两个输入端的电压之间存在着线性放大关系，即

$$u_o = A_{ud}(u_+ - u_-) \tag{3.21}$$

式中，u_- 为反相输入；u_+ 为同相输入；u_o 为输出；A_{ud} 为开环增益。若输入电压幅度比较大，工作范围将超出线性放大区，而到达非线性区，此时集成运放输出、输入之间将不满足式(3-21)所示的关系式。

理想运算放大器（集成运算放大器）工作在线性区时有如下两个特点。

① 理想运放的差模输入电压等于零。由式(3-21)可知，当 A_{ud} 等于无穷大时，运放同相输入端与反相输入端两点的电压相等，$u_+ = u_-$，两点如同短路一样，但并未真正短路，称"虚短"。实际运放 A_{ud} 不等于无穷大，运放同相输入端与反相输入端两点的电压不可能完全相等。但是当 A_{ud} 足够大时，差模输入电压 $u_+ - u_-$ 的值很小，与电路中其他电压相比，可忽略不计。例如在线性区内，当 $u_o = 10V$ 时，若 $A_{ud} = 10^5$，则 $u_+ - u_- = 0.1mV$，若 $A_{ud} = 10^7$，则 $u_+ - u_- = 1\mu V$。可见 A_{ud} 愈大，u_+ 与 u_- 的差值愈小。

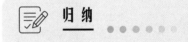

"虚短"与"虚断"是理想运放工作在线性区时的两个重要结论。

② 理想运放的输入电流等于零。运放差模输入电阻 R_{id} 等于无穷大，所以 $i_+ = i_- = 0$，运放同相输入端与反相输入端的电流都等于零，如同该两点被断开一样。这种现象称为"虚断"。

（2）理想运放工作在非线性区的特点

超出线性放大区时，式(3.21)不再成立。由于 A_{ud} 等于无穷大，如运放在开环工作状态（未接入深度负反馈）甚至接入正反馈时，输入很小的电压变化量，输出达 $+U_{OPP}$ 或 $-U_{OPP}$（正、反向饱和电压），$+U_{OPP}$ 或 $-U_{OPP}$ 接近正、负电源。所以理想运放工作在非线性区时有如下两个特点。

① 输出电压只有两种可能：$\pm U_{OPP}$。当 $u_+ > u_-$ 时，$u_o = +U_{OPP}$；当 $u_+ < u_-$ 时，$u_o = -U_{OPP}$。在非线性区内，运放的差模输入电压（$u_+ - u_-$）可能很大，即 $u_+ \neq u_-$，"虚短"不存在。

② 理想运放的输入电流等于零。$u_+ \neq u_-$，但 R_{id} 等于无穷大，所以 $i_+ = i_- = 0$。集

成运放的传输特性曲线如图 3.22 所示。

3.5.4 集成运放使用中的几个问题

（1）选型

目前国内外生产的集成运放型号很多，性能各异，有通用型和专用型（特殊用途）之分，选用时要仔细查阅器件手册。一般应用时首先考虑选择通用型的，其价格便宜，易于购买。如果某些性能不能满足特殊要求时，可选用专用型。

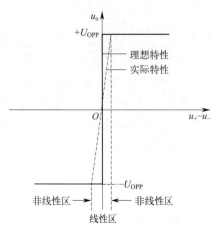

图 3.22 集成运放的传输曲线

（2）调零

由于实际运放存在失调电压和失调电流，因而造成了当输入为零时输出不为零的现象。为此需要有调零措施来补偿因输入失调而造成的影响，做到零输入时零输出。常用的调零电路如图 3.23 所示。

① 带调零引出端的运放调零。图 3.23(a) 所示为在集成运放的调零端（如 μA741 的第 5 脚和第 1 脚）外加调零电位器，调节电位器可使输出电压在输入为零时也为零。

② 无调零端的运放调零。对于无调零端的集成运算放大器（如 LM324），可采用图 3.23(b) 所示的电路调零。它是利用正负电源通过电位器引入一个电压到同相输入端，调节 R_W 的大小来补偿输入失调对输出的影响。这种调零电路需要电源电压非常稳定，否则会引入附加的失调电压。

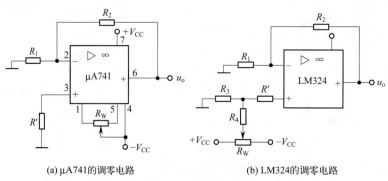

(a) μA741 的调零电路　　　(b) LM324 的调零电路

图 3.23 调零电路

目前有些集成运放采用自动补偿和动态校零等技术，可以不需外接调零电位器，被称为内部调零集成运放。

（3）消振

由于集成运放的开环增益很大，各种寄生电容都有可能引起运放自激振荡。为了使运放稳定工作，需在电路中加入消振电容。有些消振电容是集成在运放内部的。外部消振可在电路中加入电容 C 或 RC 并联（或串联）网络，人为破坏产生自激振荡的条件，达到消振的目的。合理的元件排列和布线也可以避免自激振荡。

（4）保护

① 输入保护。运放对差模输入电压幅度有一定限制，幅度过大可能会损坏输入级三极

管。当运放外接负反馈网络时，由于存在"虚短"，它的两个输入端之间的电压差近似为零，无须保护。当运放外接正反馈网络或者开环时，"虚短"的特性将不复存在，因此两个输入端之间的电压差有可能很大，需要加入保护电路。运放输入端的保护电路如图 3.24(a) 所示。图中输入信号通过限流电阻 R 接到运放的输入端，同时运放的两个输入端之间接入了反向并联的两只二极管 VD_1 和 VD_2，构成了限幅电路。当 $u_{i1}-u_{i2}$ 较小时，二极管 VD_1 和 VD_2 都不导通，不影响电路正常工作；当 $u_{i1}-u_{i2}$ 过大时，二极管 VD_1 或 VD_2 导通，限制了运放输入端之间的电压，起到了保护作用。而图 3.24(b) 所示是防止共模信号幅值过大的保护电路，限制运放的共模输入电压不超过 $+U\sim-U$ 的范围。

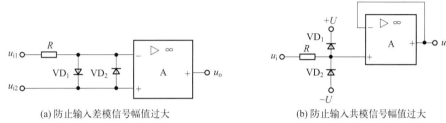

(a) 防止输入差模信号幅值过大　　　　(b) 防止输入共模信号幅值过大

图 3.24　输入保护电路

② 输出保护。为了防止输出端负载的突发变化和其他原因造成的组件过载损坏，在集成运放的输出端可加输出保护电路，图 3.25 所示为运放的一种输出保护电路。正常工作时，输出电压小于稳压管的稳压值，稳压管不导通；当输出电压过大时，稳压管击穿，输出电压被限制在规定范围内，保护了运放。

③ 电源极性保护。集成运放通常为双电源供电方式工作，为了防止正负电源接反而引起集成运放的损坏，可在正负电源的引脚上接二极管加以保护。

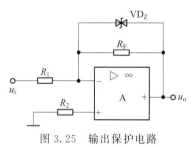

图 3.25　输出保护电路

 思考题

1. 集成运算放大器有哪些主要参数？近似分析时，是如何理想化处理的？
2. 什么是理想运算放大器？
3. 什么是运算放大器"虚短"和"虚断"？是由运放什么参数决定的？

3.6　故障诊断和检测

在实际工作中，经常会遇到集成电路（运算放大器）及其所属电路发生故障的情况。运算放大器是一种会发生很多内部故障的复杂的集成电路。然而对运算放大器内部的故障无法进行检修，但可以视为只有一些连接线到外部的单一元件。如果它发生故障，只需更换它，就像更换电阻、电容器或三极管一样。

集成电路使用前首先可以用多用表进行简单测试，主要根据电路参数检测集成电路内部有无短路或开路，如有上述情况就不能使用，需更换新的集成电路。其次是把集成电路接入电路中，加上直流电源后，根据集成电路直流参数进行测试，正常后再进行动态测试。

本章小结

1. 集成电路（集成运放）是一个输入电阻高、输出电阻低、高增益的直接耦合的多级放大电路，由输入级、中间级、输出级和偏置电路四个部分组成。输入级采用温度稳定性好的差动放大电路；中间级一般采用放大能力很强的复合管共射放大电路；输出级采用输出电阻低的互补对称共集电路。

2. 集成电路中各级放大电路的偏置电路普遍采用电流源，对电流源电路分析由参考电流入手，很方便求解各偏置电流。电流源有时还可作为有源负载。

3. 差动放大电路利用电路的对称性保证电路静态工作点的稳定，能很好地抑制零点漂移。根据输入输出连接方式的不同，有四种形式。这四种形式又分为长尾式差动放大电路和恒流源式差动放大电路，这两种电路的差模等效电路相同，故差模电压放大倍数、输入电阻和输出电阻的计算方法相同。无论双端或单端输入，差模输入电阻相同；单端输出时，差模电压放大倍数和输出电阻是双端输出时的一半。

4. 双端输入（差动输入）是出现在差动放大电路两个输入端之间；单端输入电压在差动放大电路的输入与地（另一个输入端接地）之间。

5. 双端输出（差动输出）是出现在差动放大电路两个输出端之间；单端输出电压在差动放大电路的输出与地之间。

6. 差模发生于两个输入端施加相同且反相电压时；共模发生于两个输入端施加相同且同相电压时。

7. 大部分集成电路（集成运算放大器）都需要正和负直流电源供电。正确理解集成运算放大器的参数指标及两种工作状态下的特点。

8. 实际集成运算放大器应用时，都可以认为是理想集成运算放大器，利用理想运算放大器的特点对电路进行分析讨论。

本章关键术语

差模模式　differential mode　两个大小相等、相位相反信号加于差动放大器的一种情况。

共模模式　common mode　两个大小相等、相位相同信号加于差动放大器的一种情况。

差动放大器　differential amplifier　输出信号是依据两个输入电压的差值来决定的一种放大器。

运算放大器　op-amp, operational amplifier　具有相当高的电压增益、很高的输入电阻、很低的输出电阻以及相当高的共模抑制比的放大器。

开环电压增益　open-loop voltage gain　没有外部反馈的运算放大器的电压增益。

闭环电压增益　closed-loop voltage gain　具有外部反馈的运算放大器的电压增益。

自我测试题

一、选择题（请将下列题目中的正确答案填入括号内）

1. 当差动放大电路在单端状态下，（　　　）。

(a) 一个输入端加信号，另一个输入端接地　　(b) 输出端接地

(c) 两个输入端接在一起

2. 在差动放大电路共模时（　　　）。
(a) 两个输入端接地　　　　　　(b) 有同样的信号加在两个输入端
(c) 两个输出端接在一起
3. 集成电路（IC 运算放大器）具有（　　　）。
(a) 两个输入和两个输出　　　　(b) 一个输入和一个输出
(c) 两个输入和一个输出
4. 集成电路（IC 运算放大器）采用直接耦合方式，所以它只能放大（　　　）。
(a) 缓慢变化的直流信号　(b) 交流信号　(c) 缓慢变化的直流信号和交流信号
5. 当两个输入端的电压均为零时，理论上运算放大器输出应该会等于（　　　）。
(a) 正电源电压　　　　(b) 负电源电压　　　(c) 零

二、判断题（正确的在括号内打√，错误的在括号内打×）
1. 在差动放大电路差模时，两个相反极性的信号施加于输入端。（　　）
2. 集成电路的输入级采用差动放大电路是为了提高输入电阻。（　　）
3. 通用型集成运算放大器高频特性很好。（　　）
4. 集成运算放大器输入失调电压越大越好。（　　）
5. 有源负载可以增大放大电路的电压放大倍数。（　　）

三、分析计算题
1. 差动放大电路中集电极电阻为 10kΩ，假设两个集电极电流分别为 1.5mA 和 1.2mA，求差动放大电路输出电压为多少？
2. 电路如图 3.26 所示，已知三极管的 $\beta=40$，$r_{be}=3\text{k}\Omega$，$R_C=10\text{k}\Omega$。试分析若输入直流信号 $u_{i1}=20\text{mV}$，$u_{i2}=10\text{mV}$，则电路的差模输入电压和共模输入电压各为多少？输出的动态电压为多大？

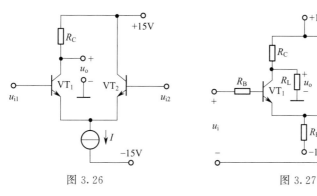

图 3.26　　　　　　　　　　　图 3.27

3. 在如图 3.27 所示电路中，已知三极管的 $\beta=50$，$U_{BE}=0.7\text{V}$，$r_{be}=2\text{k}\Omega$，$R_C=20\text{k}\Omega$，$R_L=10\text{k}\Omega$，$R_B=1\text{k}\Omega$，$R_E=10\text{k}\Omega$。（1）试计算静态两个三极管的集电极电流和集电极电位？（2）在直流输入电压的作用下，用直流电压表测得输出电压为 2V，则输入电压为多大？
4. 在如图 3.28 所示电路中，已知电源电压为 12V，各三极管的 $\beta=50$，$U_{BE}=0.7\text{V}$，$r_{be}=2\text{k}\Omega$，$R_{C2}=10\text{k}\Omega$，$R=1\text{k}\Omega$，$R_{E2}=220\Omega$，恒流源电流 $I=0.2\text{mA}$。（1）试分析差动输入级属于何种输入、输出接法。（2）若要求当输入电压等于零时，输出电压也等于零，则 R_{C1} 应为多大？（3）计算电路的电压放大倍数。

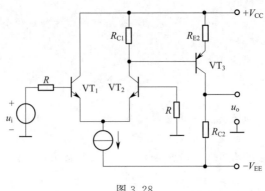

图 3.28

5. 已知一个集成运放的开环差模增益为 100dB，最大输出电压峰-峰值为 ±13V，分别计算差模输入电压为 $10\mu V$、$100\mu V$ 和 $1mV$ 时的输出电压。

习题

一、选择题（请将下列题目中的正确答案填入括号内）

1. 差动放大电路是为了（　　）而设置的。
   (a) 稳定电压放大倍数　　　(b) 增加带负载能力　　　(c) 抑制零点漂移
2. 差模信号是差动放大电路两个输入端对地的信号之（　　）。
   (a) 和　　　　　　　　　(b) 差　　　　　　　　　(c) 比
3. 差动放大电路的 A_{ud} 越大表示（　　），A_{uc} 越小表示（　　）。
   (a) 温漂越大　　　　　　(b) 对有用信号的放大能力越强
   (c) 抑制零漂能力越强
4. 衡量一个差动放大电路抑制零漂能力的最有效的指标是（　　）。
   (a) 差模电压放大倍数　　(b) 共模电压放大倍数
   (c) 共模抑制比
5. 某差动放大电路两输入端的信号为 $u_{i1}=12mV$，$u_{i2}=4mV$，差模电压放大倍数为 -75，共模电压放大倍数为 -0.5，则输出电压为（　　）。
   (a) 304mV　　　　　　　(b) 604mV
   (c) $-604mV$　　　　　　(d) $-304mV$
6. 理想运算放大器工作在线性区的两个重要特点是（　　）。
   (a) 断路和短路　　　　　(b) 虚短与虚地　　　　　(c) 虚短与虚断

二、判断题（正确的在括号内打√，错误的在括号内打×）

1. 共模信号指的是差动放大电路两个输入端信号之差的 1/2。（　　）
2. 差动放大电路中，R_E 称为共模反馈电阻，其值越大，抑制共模信号的能力越强，共模抑制比越大。（　　）
3. 理想运算放大器的输入和输出电阻均为零。（　　）
4. 运放开环或加正反馈可使运放进入线性工作区。（　　）
5. 集成运放的线性应用电路存在虚短和虚断现象。（　　）

三、填空题

1. 在放大电路中，当输入信号为零时，放大电路的输出端仍有缓慢的信号输出，这种现象叫作_____漂移。克服_____漂移的最有效方法是采用_____放大电路。
2. 集成运算放大器是一种采用_____耦合方式的放大电路，因此低频性能_____，最常见的问题是_____。
3. 集成运放的输入级采用差动放大电路是为了_____。
4. 集成运放中的偏置电路用来为各级放大电路提供_____。
5. 差动放大电路用恒流源代替长尾电阻的目的是_____。
6. 差动放大电路的共模抑制比越大，表明_____。
7. 若要集成运放工作在线性区，则必须在电路中引入_____反馈；若要集成运放工作在非线性区，则必须在电路中引入_____反馈或者在_____状态下。
8. 集成运放工作在线性区的特点是_____；工作在非线性区的特点是_____。

四、名词解释题

1. 集成运算放大器、理想运算放大器。
2. 虚短、虚断。
3. 双端输入、双端输出、单端输入、单端输出。
4. 差模电压放大倍数、共模电压放大倍数、共模抑制比。
5. 复合管、有源负载。

五、分析计算题

1. 在多级阻容耦合放大电路中，为何不用考虑温漂问题？
2. 图 3.29 所示为某集成运放的偏置电路的示意图。试估算基准电流 I_{REF} 以及各路偏置电流 I_{C2}、I_{C3} 和 I_{C4}。
3. 图 3.30 所示为集成运放 FC3 原理电路的一部分。已知电阻 $R_{11}=2.4\text{k}\Omega$，若要求 $I_{C1}=I_{C2}=18.5\mu\text{A}$，试估算 I_{C10} 应为多大？设三极管的 β 均足够大。

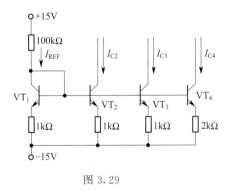

图 3.29

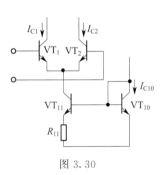

图 3.30

4. 在图 3.31 所示电路中，已知三极管的 $\beta=100$，$r_{be}=6\text{k}\Omega$，$R_C=10\text{k}\Omega$，$R_E=12\text{k}\Omega$，$R_B=2\text{k}\Omega$，$R_W=2\text{k}\Omega$，R_W 的滑动端处于中点位置，负载电阻 $R_L=10\text{k}\Omega$。试求静态工作点、差模电压放大倍数和差模输入电阻。

5. 电路如图 3.32 所示，已知三极管的 $\beta=50$，$r_{be}=2\text{k}\Omega$，$R_C=20\text{k}\Omega$，$R_E=20\text{k}\Omega$，$R_B=1\text{k}\Omega$，$R_W=200\Omega$，R_W 的滑动端处于中点，$R_L=30\text{k}\Omega$，试估算静态工作点、差模电压放大倍数和差模输入电阻。

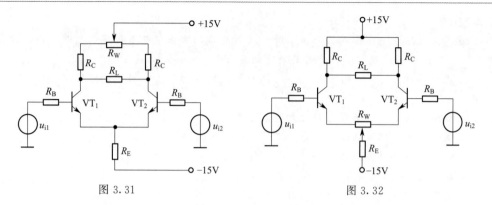

图 3.31   图 3.32

6. 在图 3.33 所示的差动放大电路中，已知三极管的 $\beta=50$，$U_{BEQ}=0.7\text{V}$，$R_C=20\text{k}\Omega$，$R_{E3}=13\text{k}\Omega$，$R_{B31}=16\text{k}\Omega$，$R_{B32}=3.6\text{k}\Omega$，$R_B=10\text{k}\Omega$，负载电阻 $R_L=20\text{k}\Omega$。试估算静态工作点和差模电压放大倍数。

7. 已知在图 3.34 所示的差动放大电路中，三极管的 $\beta=50$，$r_{be}=2\text{k}\Omega$，$R_C=20\text{k}\Omega$，$R_{E3}=11\text{k}\Omega$，$R_B=2\text{k}\Omega$，$R_{B3}=750\Omega$，稳压管的稳压值为 4V，负载电阻 $R_L=20\text{k}\Omega$，试问：(1) 静态时 I_{CQ1}、I_{CQ2} 等于多少？(2) 差模电压放大倍数为多少？(3) 若电源电压由 $\pm12\text{V}$ 变为 $\pm18\text{V}$，I_{CQ1} 和 I_{CQ2} 是否变化？

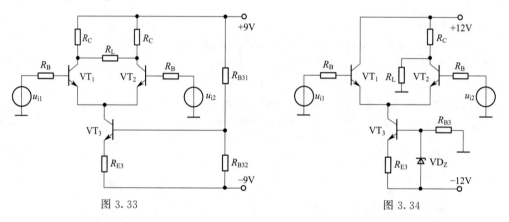

图 3.33   图 3.34

8. 在图 3.35 所示的放大电路中，已知各三极管的 $\beta=50$，$U_{BEQ}=0.7\text{V}$，$r_{be1}=2\text{k}\Omega$，$r_{be3}=10\text{k}\Omega$，$R_{C1}=10\text{k}\Omega$，$R_B=1\text{k}\Omega$，恒流源电流 $I=0.2\text{mA}$。(1) 试分析差分输入级属于何种输入、输出接法。(2) 若要求当输入电压等于零时，输出电压也等于零，则第二级的集电极负载 R_{C3} 应为多大？(3) 计算电路的电压放大倍数。

9. 已知图 3.36 中三极管的 $\beta=80$，$U_{BEQ}=0.6\text{V}$，$R_C=20\text{k}\Omega$，$R_{E3}=7.5\text{k}\Omega$，$R_{E4}=750\Omega$，$R=27\text{k}\Omega$。(1) 试估算放大管的 I_{CQ} 和 U_{CQ}（对地）；(2) 估算差模电压放大倍数、输入和输出电阻。(3) 若要求静态时放大管对地的 $U_{CQ}=12\text{V}$，则偏置电路的电阻 R 应为多大？

10. 在图 3.37 所示的电路中，设电流表的满偏转电流为 $100\mu\text{A}$，电表支路的总电阻 $R_M=2\text{k}\Omega$，$R_C=5.1\text{k}\Omega$，$R_E=5.1\text{k}\Omega$，$R_B=10\text{k}\Omega$，三极管的 $\beta=50$。试估算：(1) 当 $u_i=0$ 时，管子的 I_{BQ} 和 I_{CQ} 为多少？(2) 接入电表后，要使它的指针满偏，需要加多大的输入电压？(3) 不接电流表时的差模电压放大倍数是多少？

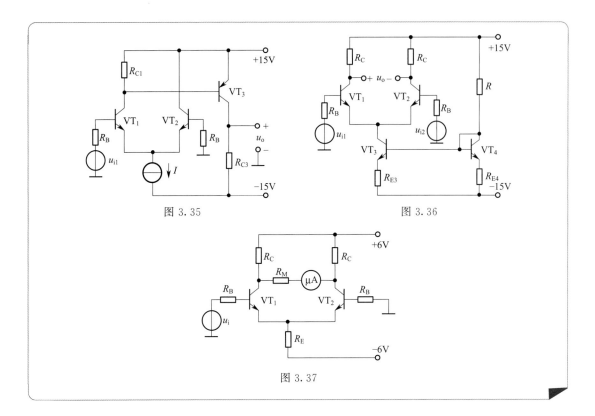

图 3.35

图 3.36

图 3.37

第 4 章 模拟信号运算与处理电路

 学习目标

要掌握： 集成运算放大器各种基本运算电路；有源滤波器的工作原理和特点；电压比较器的工作原理、特点及实际应用。

会分析： 集成运算放大器工作在线性区和非线性区时的特点。

会计算： 各种基本运算电路的运算关系；有源滤波器的截止频率。

会画出： 有源滤波器的波特图；电压比较器输入和输出波形。

会选用： 各种信号检测处理电路。

会处理： 运算放大器运算电路中的故障诊断和排除方法。

会应用： 用实验或 Multisim 软件调试各种运算电路、有源滤波器和电压比较器。

  本章主要介绍由集成运算放大器组成的各种模拟信号运算电路和信号检测处理电路，是集成运算放大器的基本应用。由于运算电路的输入、输出信号均为模拟量，因此要求运算电路中的集成运放工作在线性区。在分析运算电路的输入、输出关系时，总是从集成运放工作在线性区时的两个特点（即"虚短""虚断"）来讨论。

  信号运算电路将讨论比例运算电路、求和运算电路、积分和微分运算电路、对数和指数运算电路以及模拟乘法器等工作原理、特点和运算关系。

  信号处理检测电路中将讨论有源滤波器、电压比较器、测量放大器、电荷放大器和隔离放大器等的工作原理和特点。

  运算放大器最早应用于模拟信号的运算，故此得名。至今，信号的运算乃是集成运放一个重要而基本的应用领域。本章主要介绍由集成运放组成的信号运算电路和信号检测处理电路。在定量分析各种电路时，始终将运放工作在线性区和非线性区的特点作为基本出发点。

  下面首先讨论基本运算电路。

4.1 基本运算电路

  比例运算电路的输出电压与输入电压之间存在比例关系，即电路可实现比例运算。

比例运算电路有 3 种形式：反相输入、同相输入和差动输入。其输入与输出的关系为：$u_o = k u_i$，其中 k 称为比例系数，这个比例系数可以是正值，也可以是负值，决定于输入电压的接法。

4.1.1 比例运算电路

（1）反相输入比例运算电路

反相输入比例运算电路原理图如图 4.1 所示。由于集成运放的输入级为差动放大电路，要求两输入回路参数对称，即两个三极管的基极对地的电阻相等，$R_2 = R_1 // R_F$，其中 R_2 称平衡电阻（静态时，使输入级偏流平衡，并让输入级的偏置电流在运放两个输入端的外接电阻上产生相等的压降），以消除放大器的偏置电流及其漂移影响。

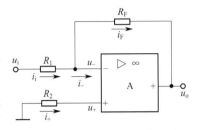

图 4.1　反相输入比例运算电路

 提　示

利用理想运放工作在线性区时"虚短"和"虚断"的结论，因"虚短"且同相端 $u_+ = 0$，所以 $u_- = u_+ = 0$。在反相输入比例运算电路中，反相输入端和同相输入端两点的电压不仅相等，而且都等于零，如同将该两点接地一样，这种现象称为"虚地"。"虚地"是反相输入比例运算电路的一个重要特性。

因"虚断"，则 $i_+ = i_- = 0$，$i_i = i_F$，因此有：$\dfrac{u_i}{R_1} = \dfrac{-u_o}{R_F}$，则输出电压为

$$u_o = -\frac{R_F}{R_1} u_i \tag{4.1}$$

电路的电压放大倍数为

$$A_{uf} = \frac{u_o}{u_i} = -\frac{R_F}{R_1} \tag{4.2}$$

由上式可知：电路实现了比例运算，其运算精度取决于电阻阻值的精度。当 $R_F = R_1$ 时，$A_{uf} = -1$，称为单位增益倒相器。该电路的输入电阻等于 R_1，所以电路的输入电阻低。

 归　纳

由于"虚地"的特点，反相输入比例运算电路中集成运放的同相输入端和反相输入端电压均基本上等于零。也就是说，集成运放承受的共模输入电压很低。因此，反相输入比例运算电路选择运放时对共模抑制比 K_{CMR} 和最大共模输入信号 U_{ICM} 不必提出很高的要求。

【例 4.1】　在图 4.1 中，$R_1 = 20\text{k}\Omega$，$R_F = 10\text{k}\Omega$，试问：（1）R_2 电阻为多少？（2）电路电压放大倍数和输入电阻为多少？

解：① $R_2 = R_1 // R_F = 20 // 10 = 6.67$（kΩ）　　可取 $R_2 = 6.8\text{k}\Omega$（系列化）

② $A_{uf} = -\dfrac{R_F}{R_1} = -0.5$，$R_{if} = R_1 = 20\text{k}\Omega$

> 【练习】
>
> 请用实验来测试图 4.1 所示电路的比例关系（或用 Multisim 软件仿真）。

（2）同相输入比例运算电路

同相输入比例运算电路与反相输入比例运算电路唯一的区别是输入信号从反相端输入改为同相端输入。电路图如图 4.2 所示。

利用"虚短"和"虚断"的结论，$i_+ = 0$，$u_+ = u_- = u_i$，此时不存在"虚地"现象。

因为 $i_- = 0$，所以 $u_- = \dfrac{R_1}{R_1 + R_F} u_o = u_i$，故输出电压为

$$u_o = \left(1 + \dfrac{R_F}{R_1}\right) u_i \tag{4.3}$$

电路的电压放大倍数为

$$A_{uf} = \dfrac{u_o}{u_i} = 1 + \dfrac{R_F}{R_1} \tag{4.4}$$

由上面分析可知：输出电压与输入电压成比例，且相位相同。$R_1 = \infty$，或 $R_F = 0$，则 $A_{uf} = 1$，这时电路称为电压跟随器。如图 4.3 所示。

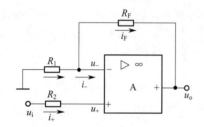

图 4.2　同相输入比例运算电路

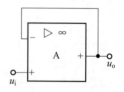

图 4.3　电压跟随器

> **归纳**
>
> 同相输入比例电路有输入电阻高的特点，但输入共模信号电压高，对集成运放的共模抑制比 K_{CMR} 和最大共模输入信号 U_{ICM} 要求也高，这一点在选用运放芯片时要加以注意。

> 【练习】
>
> 请用实验来测试图 4.2 和图 4.3 所示电路的比例关系（或用 Multisim 软件仿真）。

（3）差动输入比例运算电路（减法电路）

如果运算放大器的同、反相输入端都有信号输入，就构成差动输入比例运算电路，如图 4.4 所示。为保证运放两个输入端对地电阻平衡，通常要求图中的 $R_1 = R_2$，$R_F = R_3$。

在理想情况下，由于"虚短"，$i_+ = i_- = 0$，利用叠加原理可求得反相输入端的电位为

$$u_- = \dfrac{R_F}{R_1 + R_F} u_{i1} + \dfrac{R_1}{R_1 + R_F} u_o$$

而同相输入端的电位为

$$u_+ = \frac{R_3}{R_1+R_3} u_{i2}$$

因为"虚短",即 $u_+ = u_-$,且 $R_1 = R_2$,$R_F = R_3$,所以有

$$u_o = -\frac{R_F}{R_1}(u_{i1} - u_{i2}) \quad (4.5)$$

差动输入比例电路的电压放大倍数为

$$A_{uf} = \frac{u_o}{u_{i1} - u_{i2}} = -\frac{R_F}{R_1} \quad (4.6)$$

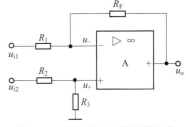

图 4.4 差动输入比例运算电路

由上式可知:输出电压与差模输入电压($u_{i1} - u_{i2}$)的幅值成正比,所以能够实现比例运算。而 A_{uf} 只决定于外接电阻 R_F 与 R_1 的比值,而与集成运放本身的参数无关。

 归纳

在电路参数对称的条件下,差动输入比例运算电路的输入电阻 $R_{if} = 2R_1$,说明差动输入比例电路的输入电阻不高。同时电路中共模输入电压不存在虚地,因而承受较高的共模输入电压,选择运放时要加以考虑。差动输入比例运算电路对电阻元件参数的对称性要求比较高,如参数不匹配,则将产生共模输出电压,从而使电路的共模抑制比降低。有时要提高输入阻抗可采用两个同相比例电路组成差动输入比例电路。

练习

请用实验来测试图 4.4 所示电路的比例关系(或用 Multisim 软件仿真)。

【**例 4.2**】 利用差动输入比例运算电路可构成测温传感放大器。图 4.5 给出测温放大器的示意图,图中测温传感器是由应变片构成惠斯通电桥,当温度为零时,$R_X = R$,电桥处于平衡状态,$u_{i1} = u_{i2}$,差动输入比例运算电路输出电压 $u_o = 0$。而当有温度时,热敏电阻 R_X 随着温度的变化而变化,电桥失去平衡,$u_{i1} \neq u_{i2}$,差动输入比例运算电路输出电压与温度有一定的关系式。试问输出电压 u_o 与温度(体现在 R_X 变化上)有何关系?

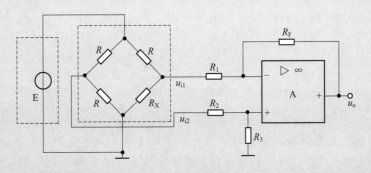

图 4.5 温度传感放大电路

解： 为便于分析，根据戴维南等效变换原理，将图4.5温度传感器惠斯通电桥电路进行等效变换，可得简化电路如图4.6所示。图中

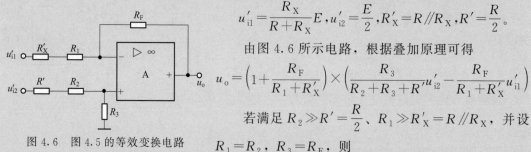

$$u'_{i1} = \frac{R_X}{R+R_X}E, \quad u'_{i2} = \frac{E}{2}, \quad R'_X = R//R_X, \quad R' = \frac{R}{2}。$$

由图4.6所示电路，根据叠加原理可得

$$u_o = \left(1 + \frac{R_F}{R_1 + R'_X}\right) \times \left(\frac{R_3}{R_2 + R_3 + R'}u'_{i2} - \frac{R_F}{R_1 + R'_X}u'_{i1}\right)$$

若满足 $R_2 \gg R' = \dfrac{R}{2}$、$R_1 \gg R'_X = R//R_X$，并设 $R_1 = R_2$，$R_3 = R_F$，则

$$u_o = \frac{R_F}{R_1}(u'_{i2} - u'_{i1}) = \frac{R_F}{R_1}E\left(\frac{1}{2} - \frac{R_X}{R+R_X}\right) = \frac{R_F}{2R_1}\left(\frac{R - R_X}{R+R_X}\right)E$$

图4.6 图4.5的等效变换电路

上式即为输出电压与温度（体现在热敏电阻 R_X 变化上）之间的关系。

4.1.2 求和运算电路

求和电路的输出电压决定于输入电压相加的结果，即电路能够实现求和运算，其一般表达式为：$u_o = k_1 u_{i1} + k_2 u_{i2} + \cdots + k_n u_{in}$。求和电路可在比例电路基础上加以扩展而得到。

（1）反相求和运算电路

两个输入端的反相求和运算电路如图4.7所示。可以看出，这个求和电路实际上是在反相比例运算电路的基础上加以扩展而得到的。为了保证集成运放的两个输入端对地的电阻平衡，同相输入端 R_3 的阻值为：$R_3 = R_1//R_2//R_F$。根据"虚断""虚短"和"虚地"的概念，$u_+ = u_- = 0$，$i_- = 0$，$i_F = i_1 + i_2$，因此有：

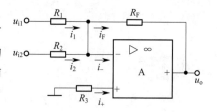

图4.7 反相求和运算电路

$$\frac{u_{i1}}{R_1} + \frac{u_{i2}}{R_2} = -\frac{u_o}{R_F}$$

则输出电压为

$$u_o = -\left(\frac{R_F}{R_1}u_{i1} + \frac{R_F}{R_2}u_{i2}\right) \tag{4.7}$$

当 $R_1 = R_2 = R$ 时，$u_o = -\dfrac{R_F}{R}(u_{i1} + u_{i2})$。

当输入端多于两个时，分析输入、输出关系的方法是相同的，若为 n 个输入端，则输出电压为

$$u_o = -\left(\frac{R_F}{R_1}u_{i1} + \frac{R_F}{R_2}u_{i2} + \cdots + \frac{R_F}{R_n}u_{in}\right) \tag{4.8}$$

📝 **归纳**

由上式可知：反相求和运算电路调节比较灵活方便。由于反相输入端与同相输入端"虚地"，因此，选用集成运放时，对其最大共模输入电压的指标要求不高，所以此电路应用比较广泛。

> **练习**
>
> 请用实验来测试图 4.7 所示电路的运算关系（或用 Multisim 软件仿真）。

【例 4.3】 假设一个控制系统中的温度、压力和速度等物理量经传感器后分别转换成为模拟电压量 u_{i1}、u_{i2}、u_{i3}，要求该系统的输出电压与上述各物理量之间的关系为：$u_o = -3u_{i1} - 10u_{i2} - 0.53u_{i3}$。试选择电路，并计算电路中的参数以满足上述关系。

解： 由给定的关系式，电路应选择三输入端的反相求和电路。

将以上给定的关系式与式(4.8)比较，可得

$$\frac{R_F}{R_1} = 3, \quad \frac{R_F}{R_2} = 10, \quad \frac{R_F}{R_3} = 0.53$$

为了避免电路中的电阻值过大或过小，可先选 $R_F = 100\text{k}\Omega$，则 $R_1 = 33.3\text{k}\Omega$、$R_2 = 10\text{k}\Omega$、$R_3 = 188.7\text{k}\Omega$，平衡电阻为

$$R' = R_1 // R_2 // R_3 // R_F = 6.88(\text{k}\Omega)$$

为了保证精度，以上电阻应选用精密电阻。

（2）同相求和运算电路

同相求和运算电路如图 4.8 所示。由于"虚断"，$i_+ = 0$。

故 $$\frac{u_{i1} - u_+}{R_1'} + \frac{u_{i2} - u_+}{R_2'} = \frac{u_+}{R_2},$$

$$u_+ = R_+ \left(\frac{u_{i1}}{R_1'} + \frac{u_{i2}}{R_2'}\right), R_+ = R_1' // R_2' // R_2$$

$$u_o = \left(1 + \frac{R_F}{R_1}\right) u_+ = \left(1 + \frac{R_F}{R_1}\right) R_+ \left(\frac{u_{i1}}{R_1'} + \frac{u_{i2}}{R_2'}\right) \quad (4.9)$$

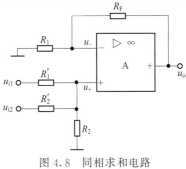

图 4.8 同相求和电路

同相求和运算电路，R_+ 和每个输入端的电阻都有关系，所以调节很不方便。

若有 n 个输入端，则 $R_+ = R_1' // R_2' // \cdots // R_n' // R_2$，输出电压为

$$u_o = \left(1 + \frac{R_F}{R_1}\right) R_+ \left(\frac{u_{i1}}{R_1'} + \frac{u_{i2}}{R_2'} + \cdots + \frac{u_{in}}{R_n'}\right) \tag{4.10}$$

> **注意**
>
> 从原则上说，求和运算电路也可以采用双端输入（或称差动输入）方式，此时只用一个集成运放，即可同时实现加法和减法运算。但由于电路系数的调整非常麻烦，所以实际上很少采用。如需同时进行加法和减法运算，通常宁可多用一个集成运放，而仍采用反相求和电路的结构形式。

【例 4.4】 试用集成运放实现以下运算关系：$u_o = 2u_{i1} - 5u_{i2} + 0.1u_{i3}$。

解： 给定的运算关系中既有加法，又有减法，可以利用两个集成运放达到以上要求。可采用图 4.9 所示的原理图，首先将 u_{i1} 与 u_{i3} 通过集成运放 A_1 进行反相求和运算，使 $u_{o1} = -(2u_{i1} + 0.1u_{i3})$，然后将 A_1 的输出再与 u_{i2} 通过 A_2 进行反相求和运算，使 $u_o = -(u_{o1} + 5u_{i2}) = 2u_{i1} - 5u_{i2} + 0.1u_{i3}$，由式(4.8)可得

$$\frac{R_{F1}}{R_1}=2, \quad \frac{R_{F1}}{R_3}=0.1, \quad \frac{R_{F2}}{R_4}=1, \quad \frac{R_{F2}}{R_2}=5$$

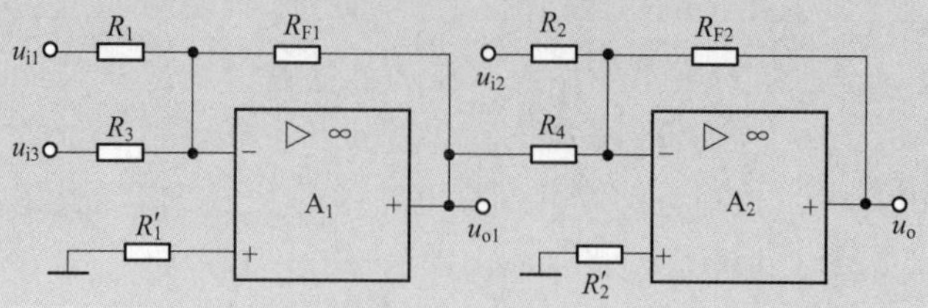

图 4.9 例 4.4 电路

为了避免电路中的电阻值过大或过小，可先选 $R_{F1}=100\text{k}\Omega$，则可算得：$R_1=50\text{k}\Omega$，$R_3=1\text{M}\Omega$；若选 $R_{F2}=100\text{k}\Omega$，则 $R_4=100\text{k}\Omega$，$R_2=20\text{k}\Omega$。还可以算得：
$$R_1'=R_1//R_3//R_{F1}\approx 33.3\text{k}\Omega, \quad R_2'=R_2//R_4//R_{F2}=14.3\text{k}\Omega$$

练习

请用实验来测试图 4.9 所示电路的运算关系（或用 Multisim 软件仿真）。

4.1.3　积分与微分运算电路

（1）积分运算电路

积分运算电路是一种应用比较广泛的模拟信号运算电路。它是组成模拟电子计算机的基本单元，用以实现对微分方程的模拟。同时积分运算电路也是控制和测量系统中的重要单元，利用积分运算电路中电容的充放电可以实现延迟、定时、波形产生以及构成积分式模数转换器等。

积分运算电路如图 4.10 所示。根据"虚断""虚短"和"虚地"的概念得：$u_+=u_-=0$，$i_-=0$，$i_C=i_i=u_i/R$，因此输出电压与电容两端的电压的关系为

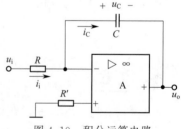

图 4.10　积分运算电路

$$u_o=-u_C=-\frac{1}{C}\int i_C\text{d}t=-\frac{1}{RC}\int u_i\text{d}t$$

如果在开始积分之前，电容两端已经存在一个初始电压，则积分运算电路中将有一个初始的输出电压。当求从时间 t_1 到 t_2 的积分时，其电路的输出电压为

$$u_o=-\frac{1}{RC}\int_{t_1}^{t_2}u_i\text{d}t+u_C(t_1) \quad (4.11)$$

式中，电阻与电容的乘积称为积分时间常数，通常用符号 τ 表示，即 $\tau=RC$。

若输入为阶跃信号，则积分运算电路的输出为：当输出电压小于运放的饱和压降时将随时间而线性增长；当达到饱和压降 $\pm U_{OPP}$ 后，输出电压不变。当输入为矩形波信号时，输出是三角波或梯形波。当输入为正弦波信号时输出波形移相 90°，输出比输入超前 90°。

积分运算电路输入与输出波形之间关系如图 4.11 所示。

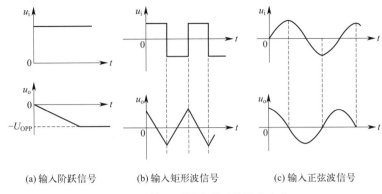

(a) 输入阶跃信号　　(b) 输入矩形波信号　　(c) 输入正弦波信号

图 4.11　输入不同波形时的输出变化

练习

请用实验来测试图 4.10 所示电路的输入和输出波形（或用 Multisim 软件仿真）。

注意

图 4.10 所示的电路在理论上能很好地工作，但是实际上并非如此。如果在运算放大器的输入端存在微小的直流失调，都会引起输出端达到饱和。原因是对直流电压来说电容器相当于一个无穷大的电阻，直流电压增益很高。即使输入信号中没有直流分量，运算放大器本身的输入失调也会产生输出失调电压。这个问题的解决方法是加入一个大电阻与电容器并联，在高频时电阻的影响很小或没有影响，而在低频时，它提供电容器放电的通路，减小积分电路的直流增益，确保运放工作在线性状态。

【例 4.5】 假设图 4.10 积分运算电路的输入电压为图 4.12(a) 所示的矩形波，若积分电路的参数分别为以下 3 种情况，试分别画出相应的输出电压波形。(1) $R=200\text{k}\Omega$，$C=0.25\mu\text{F}$；(2) $R=100\text{k}\Omega$，$C=0.25\mu\text{F}$；(3) $R=20\text{k}\Omega$，$C=0.25\mu\text{F}$。已知积分电容上的初始电压为零，集成运放的最大输出电压 $U_{\text{OPP}}=\pm 14\text{V}$。

解： (1) $R=200\text{k}\Omega$，$C=0.25\mu\text{F}$。

在 $t=0\sim 10\text{ms}$ 期间，输入电压 $u_i=+10\text{V}$，$t_0=0$，电容电压的初始值 $u_C(0)=0$，则由式(4.11) 可得

$$u_{o1}=-\frac{u_i}{RC}(t-t_0)+u_C(0)=\left(-\frac{10}{200\times 10^3\times 0.25\times 10^{-6}}t\right)\text{V}=(-200t)\text{V}$$

即 u_{o1} 将以每秒 200V 的速度，从零开始往负方向增长。当 $t=10\text{ms}$ 时，则

$$u_{o1}=(-200\times 0.01)\text{V}=-2\text{V}$$

在 $t=10\sim 30\text{ms}$ 期间，$u_i=-10\text{V}$，$t_0=10\text{ms}$，$u_C(10)=-2\text{V}$，则

$$u_{o1}=\left[-\frac{-10}{200\times 10^3\times 0.25\times 10^{-6}}(t-0.01)-2\right]\text{V}=[200(t-0.01)-2]\text{V}$$

即 u_{o1} 以每秒 200V 的速度，从 -2V 开始往正方向增长。当 $t=20\text{ms}$ 时，则

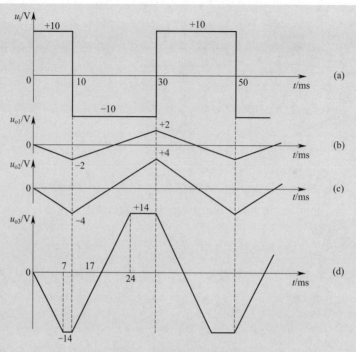

图 4.12 例 4.5 的波形图

$$u_{o1} = [200 \times (0.02 - 0.01) - 2]\text{V} = 0\text{V}$$

当 $t = 30\text{ms}$ 时，得

$$u_{o1} = [200 \times (0.03 - 0.01) - 2]\text{V} = 2\text{V}$$

在 $t = 30 \sim 50\text{ms}$ 期间，$u_i = +10\text{V}$，u_{o1} 从 $+2\text{V}$ 开始，又以每秒 200V 的速度往负方向增长，以后重复上述过程。u_{o1} 的波形如图 4.12(b) 所示。由图可见，当 u_i 为矩形波时，u_C 被变换为三角波，此时积分电路起着波形变换的作用。

(2) $R = 100\text{k}\Omega$，$C = 0.25\mu\text{F}$。

在 $t = 0 \sim 10\text{ms}$ 期间，输入电压 $u_i = +10\text{V}$，$t_0 = 0$，电容电压的初始值 $u_C(0) = 0$，则由式(4.11) 可得

$$u_{o2} = -\frac{u_i}{RC}(t - t_0) + u_C(0) = \left(-\frac{10}{100 \times 10^3 \times 0.25 \times 10^{-6}}t\right)\text{V} = (-400t)\text{V}$$

即 u_{o2} 将以每秒 400V 的速度，从零开始往负方向增长。当 $t = 10\text{ms}$ 时，则

$$u_{o2} = (-200 \times 0.01)\text{V} = -4\text{V}$$

由此可见，若积分时间常数减小一半，则积分电路输出电压的增长速度将加大一倍，输出的三角波的幅度也增大一倍。u_{o2} 的波形如图 4.12(c) 所示。

(3) $R = 20\text{k}\Omega$，$C = 0.25\mu\text{F}$。

在 $t = 0 \sim 10\text{ms}$ 期间，输入电压 $u_i = +10\text{V}$，$t_0 = 0$，电容电压的初始值 $u_C(0) = 0$，则由式(4.11) 可得

$$u_{o3} = -\frac{u_i}{RC}(t - t_0) + u_C(0) = \left(-\frac{10}{20 \times 10^3 \times 0.25 \times 10^{-6}}t\right)\text{V} = (-2000t)\text{V}$$

即 u_{o3} 将以每秒 2000V 的速度增长。当 $t = 10\text{ms}$ 时，则

$$u_{o3} = (-2000 \times 0.01) \text{V} = -20 \text{V}$$

但是，这个结论显然是不正确的，因为已知集成运放的最大输出电压 $U_{\text{OPP}} = \pm 14\text{V}$，所以当积分电路的输出电压增长到 $\pm 14\text{V}$ 时将达到饱和，不再继续增长，由 u_{o3} 的表达式可知，当 u_{o3} 达到 -14V 时，即 $u_{o3} = -2000t = -14\text{V}$，可得 $t = 0.007\text{s} = 7\text{ms}$，即当 $t = 7\text{ms}$ 时，u_{o3} 增长到 -14V，然后 u_{o3} 保持不变。u_o 的波形如图 4.12（d）所示。

归纳

由此可见，当积分时间常数继续减小时，积分电路输出电压的增长速度以及输出电压幅度将继续增大。但是当 u_o 达到最大值后，将保持不变，此时输出波形已不再是三角波，而成为梯形波。

（2）微分电路

基本微分运算电路如图 4.13 所示。根据"虚断""虚短"和"虚地"的概念得：$u_+ = u_- = 0$，$i_- = 0$，$i_C = i_R = C \dfrac{du_i}{dt}$，因此输出电压为

$$u_o = -i_R R = -RC \dfrac{du_i}{dt} \qquad (4.12)$$

式中，电阻与电容的乘积称为积分时间常数，通常用符号 τ 表示，即 $\tau = RC$。电路输出和输入之间具有微分关系。

当输入电压为阶跃信号时，由于信号源有内阻，所以输出电压为有限值。随即由于电容 C 被充电，输出电压迅速衰减，所以能将矩形波变换为尖脉冲。微分运算电路可以实现波形变换，同时也可以实现移相作用，当输入为正弦波信号时，输出比输入滞后 $90°$，且输出电压幅度随输入信号频率的增加而线性增加。基本微分运算电路输入与输出波形之间关系如图 4.14 所示。

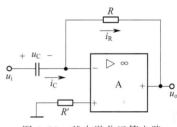

图 4.13 基本微分运算电路

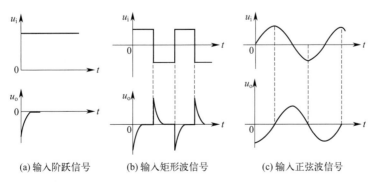

(a) 输入阶跃信号　　(b) 输入矩形波信号　　(c) 输入正弦波信号

图 4.14 输入不同波形时的输出变化

归纳

基本微分运算电路的主要缺点是，当输入信号频率升高时，电容的容抗减小，则电压放大倍数增大，造成电路对输入信号中高频噪声十分敏感，因而输出信号中的噪声也会很大，信噪比大大下降。

所以基本微分运算电路很少直接应用，如果在实际中要用微分运算电路进行运算，需要对基本微分运算电路加以改进后使用。读者可参考相关参考文献。

练习

请用实验来测试图 4.13 所示电路的输入和输出波形（或用 Multisim 软件仿真）。

【**例 4.6**】 在如图 4.15 所示的电路中，(1) 写出输入与输出关系；(2) 若 $u_i=+1\text{V}$，电容两端初始电压 $u_C(0)=0$，求输出变为 0V 时所需的时间。

解：(1) A_1 为积分器，A_2 为反相加法器。

$$u_{o1}=-\frac{1}{RC}\int_0^t u_i \mathrm{d}t + u_C(0)$$

$$u_o = -u_{o1} - u_i$$

(2) 因为 $u_C(0)=0$，$u_i=+1\text{V}$，则 $u_o=\dfrac{u_i}{RC}t-u_i=0$，所以

$$t = RC = 10\text{s}$$

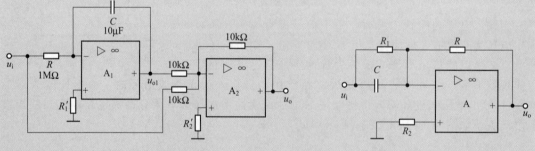

图 4.15　例 4.6 的电路　　　　图 4.16　例 4.7 的电路

【**例 4.7**】 电路图如图 4.16 所示，试求电路输出电压与输入电压间的关系式。

解：根据运算放大器工作在线性区的特点，可列出相关的电流表达式为

$$i_R = i_{R1} + i_C = \frac{u_i}{R_1} + C\frac{\mathrm{d}u_i}{\mathrm{d}t}$$

所以，电路的输出电压为

$$u_o = -i_R R = -\left(\frac{R}{R_1}u_i + RC\frac{\mathrm{d}u_i}{\mathrm{d}t}\right)$$

图 4.16 所示电路是反相比例运算电路和微分电路的组合，称之为比例-微分调节器，简称 PD（Proportional Differential）调节器。它是工业自动控制系统中常用的一种电路。

【例 4.8】 电路图如图 4.17 所示，试求电路输出电压与输入电压间的关系式。

解： 根据运算放大器工作在线性区的特点，可列出相关的电流表达式为

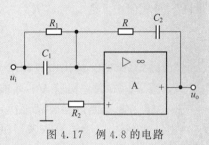

图 4.17　例 4.8 的电路

$$i_R = i_{R1} + i_{C1} = \frac{u_i}{R_1} + C_1 \frac{du_i}{dt}$$

而电路的输出电压等于 R 上的电压 u_R 和电容 C_2 上的电压 u_{C2} 之和。

$$u_o = u_R + u_{C2} = -\left(\frac{R}{R_1} + \frac{C_1}{C_2}\right)u_i - RC_1\frac{du_i}{dt} - \frac{1}{R_1 C_2}\int u_i dt$$

可见，图 4.17 所示电路是反相比例运算电路、微分电路和积分电路的组合，称之为比例-积分-微分调节器，简称 PID（Proportional Intergral Differential）调节器。它是工业自动控制系统中用以保证系统稳定性和控制精度的一种常用电路。

 思考题

1. 什么是"虚地"现象？哪种运算电路中存在该现象？
2. 为什么由运放组成的放大电路一般都采用反相输入方式？
3. 运算放大器连接成电压跟随器，并无电压放大作用，它还有实用价值吗？

4.2　对数和指数运算电路

利用集成运放不仅可以实现各种线性运算，也可以实现对数和指数等非线性运算，但值得注意的是，由于负反馈存在，运放的工作状态依然是线性的。

4.2.1　对数运算电路

对数运算电路可以实现以对数的方式处理动态范围比较大的输入信号，可以方便测量和记录。

利用半导体 PN 结的指数型伏安特性，将三极管接入反馈支路可以构成如图 4.18 所示的对数运算电路。

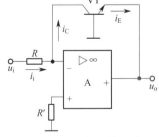

图 4.18　对数运算电路

 注　意

根据输入信号的极性决定三极管的类型。当 $u_i > 0$ 时，选用 NPN 型三极管；当 $u_i < 0$ 时，选用 PNP 型三极管。

三极管 VT 的基极接地，由于集电极"虚地"，则 $u_{CB}\approx 0$，$u_{BE}>0$，集电极电流与发射结电压之间的关系为：$i_C\approx I_S e^{u_{BE}/U_T}$。

一般 $u_{BE}\gg U_T$，I_S 为发射极反向饱和电流。运放为理想组件，反向输入端"虚地"和"虚断"同时存在，则 $i_i=u_i/R=i_C$，$u_{BE}=-u_o$，$u_i/R\approx I_S e^{u_{BE}/U_T}=I_S e^{-u_o/U_T}$，因此可得

$$u_o\approx -U_T\ln\frac{u_i}{I_S R} \tag{4.13}$$

式(4.13)表明，输出电压与输入电压的对数成正比。另外需要注意，在图 4.18 所示的电路中，当 $u_o<0$ 时三极管 VT 才能导通，即输入信号 $u_i>0$ 时，电路才能正常工作。

图 4.18 所示电路的运算精度决定于 U_T 和 I_S，而这两个参数与温度有关。为了减小温度的影响，可采用 3 个运算放大器组成的对数运算电路，电路图如图 4.19 所示。A_1 和 A_2 为对数运算电路，A_3 为减法运算电路，其中 U_{REF} 为基准参考电压。根据电路的运算关系，可得电路的输出电压为

$$u_o=\frac{R_F}{R_1}\times(u_{o1}-u_{o2})\approx \frac{R_F}{R_1}\times U_T\ln\frac{u_i}{U_{REF}} \tag{4.14}$$

由式(4.14)可见，电路消除了反向饱和电流对运算精度的影响。

4.2.2 指数运算电路

指数运算是对数运算的逆运算，只要将对数运算电路的电阻与三极管的位置互换，就可以构成如图 4.20 所示的指数运算电路。根据"虚断""虚短"和"虚地"的概念得：$u_{BE}=u_i$，$i_F=i_E\approx I_S e^{u_{BE}/U_T}=I_S e^{u_i/U_T}$，所以可得

$$u_o=-Ri_F\approx -RI_S e^{u_i/U_T} \tag{4.15}$$

式(4.15)表明，输出电压与输入电压成指数关系，即实现了指数运算。值得注意的是，由于三极管的参数易受温度的影响，因此在实际应用时，图 4.18 和图 4.20 中的电路都需要加入温度补偿电路。

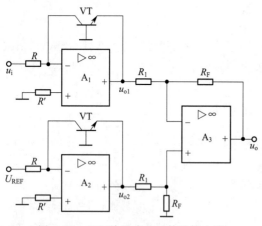

图 4.19 三运放组成的对数运算电路

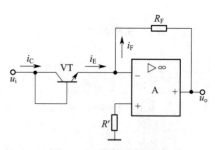

图 4.20 指数运算电路

思考题

1. 如何提高对数运算电路的运算精度？
2. 如何对对数和指数运算电路进行温度补偿？

3. 用对数、指数和加法运算电路如何实现乘法运算？

4.3 模拟乘法器及其应用

模拟乘法器可以实现两路输入信号的相乘运算，它还可以与运放结合实现除法运算、求根运算和求幂运算，并且广泛运用于通信、广播、仪表和测量等领域。

乘法器的电路符号如图4.21所示，它的输出电压与两路输入电压的关系为

$$u_o = K u_X u_Y \tag{4.16}$$

式中，K 为比例因子，单位为 1/V，其值与乘法器的电路参数有关；u_X 与 u_Y 为两路输入信号。

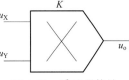

图 4.21　乘法器符号

4.3.1　乘法器的工作原理

利用对数电路、加法电路和指数电路实现的乘法运算电路的原理框图如图4.22所示。若将图中的加法电路改为减法电路则可实现除法运算。

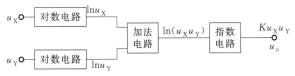

图 4.22　对数乘法器原理框图

由于上述对数运算电路要求输入电压为正（或为负），此乘法器的两输入电压也必须为正（或为负），所以它只能实现单象限乘法运算。如果要实现多象限乘法运算，可采用变跨导式模拟乘法器。变跨导式模拟乘法器利用带电流源的差分放大电路三极管的跨导 g_m 正比于电流源的电流这一原理可构成变跨导式乘法器，读者可阅读相关参考资料。

4.3.2　乘法器应用电路

利用模拟乘法器、运算放大器及不同的外围电路可构成多种运算电路。

（1）平方运算电路

将输入电压 u_i 同时接在模拟乘法器的两个输入端，即可获得输出电压是输入电压的平方关系：

$$u_o = K u_i^2 \tag{4.17}$$

图 4.23 所示电路为平方运算电路原理图。

（2）开平方运算电路

由乘法器和运算放大器组成的开平方电路如图4.24所示。设运算放大器为理想器件，根据"虚断""虚短"和"虚地"的概念得：$u_i/R = -K u_o^2/R$，所以：$u_o^2 = -u_i/K$，则

$$u_o = \sqrt{-\frac{u_i}{K}} \tag{4.18}$$

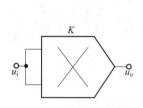

图 4.23 平方运算电路

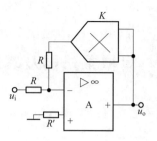

图 4.24 开平方运算电路

式(4.18)表明，由于根号下的数必须大于零，而乘法器的 K 为正数，故 u_i 必须小于零。实际上，只有 u_i 小于零，该电路才能正常工作，否则电路的工作不稳定。

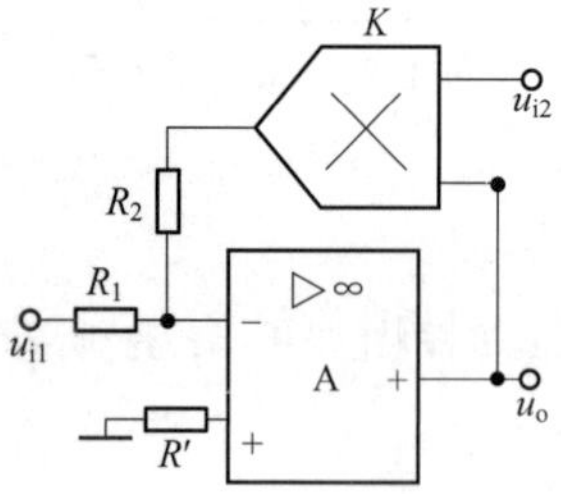

（3）除法运算

由乘法器和运算放大器组成的除法电路如图 4.25 所示。

设运算放大器为理想器件，根据"虚断""虚短"和"虚地"的概念，可得输入与输出关系为：$u_{i1}/R_1 = -Ku_ou_{i2}/R_2$，所以：

$$u_o = -\frac{R_2}{KR_1} \times \frac{u_{i1}}{u_{i2}} \tag{4.19}$$

图 4.25 除法运算电路

注意：只有当 $u_{i2} > 0$ 时，该电路才能正常工作。

（4）调制与解调

调制是将某种低频信号（如音频信号）"加载"到便于传输的高频信号的过程。而解调则是调制的逆变换，即从调制过的高频信号中提取原低频信号的过程。应用模拟乘法器可以实现对信号的调制与解调，广泛应用于广播、电视、通信及遥控等领域。

用模拟乘法器实现幅度调制的原理框图如图 4.26 所示。

图 4.26 幅度调制原理框图

以调幅广播信号为例，将音频信号 $u_s = \sqrt{2}U_s\cos\omega_s t$ 与高频载波信号 $u_c = \sqrt{2}U_c\cos\omega_c t$ 分别接入模拟乘法器的两个输入端，则输出电压为

$$u_{o1} = 2KU_cU_s\cos\omega_c t\cos\omega_s t = KU_cU_s[\cos(\omega_c+\omega_s)t + \cos(\omega_c-\omega_s)t]$$

由于被调制的低频信号并非单一频率 ω_s 而是某一频段的信号，如音频信号的频率为 20Hz～20kHz。所以乘法器的输出电压是以调制频率 ω_c 为中心的两段频段，简称边带。$\omega_c+\omega_s$ 为上边带；$\omega_c-\omega_s$ 为下边带。在乘法器的输出端接一个带通滤波器可滤除其中的一个边带，而保留另一边带发送，如保留下边带，则

$$u_o = KU_cU_s\cos(\omega_c-\omega_s)t \tag{4.20}$$

用模拟乘法器实现幅度解调的原理框图如图 4.27 所示。

解调则是调制的逆过程，同样是利用乘法器来实现将音频信号从调幅波中分离出来。乘法器的两个输入端分别接入调幅波（下边带）$u_i = \sqrt{2}U_i\cos(\omega_c-\omega_s)t$ 及与调制时的载波信

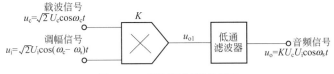

图 4.27　幅度解调原理框图

号同频同相的载波信号 $u_c=\sqrt{2}U_c\cos\omega_c t$，则可以得到输出信号为

$$u_{o1}=KU_cU_i[\cos\omega_s t+\cos(2\omega_c-\omega_s)t]$$

通过低通滤波器滤除其中的高频分量，则可以得到输出电压为

$$u_o=KU_cU_i\cos\omega_s t \tag{4.21}$$

由上式可见，其输出电压幅值与原信号（$u_s=\sqrt{2}U_s\cos\omega_s t$）略有不同，但频率都为 ω_s 的低频信号。

 思考题

1. 请画出除法运算电路原理框图。
2. 开平方运算电路正常工作时对输入信号极性有何要求？

4.4　有源滤波器

滤波电路的作用实质上是"选频"，即允许某一部分频率的信号顺利通过，而使另一部分频率的信号被急剧衰减（即被滤掉）。在无线电通信、自动测量及控制系统中，常常利用滤波电路进行模拟信号的处理，如用于数据传送、抑制干扰等。

4.4.1　滤波电路的作用和分类

滤波电路的种类很多，本小节主要介绍由集成运放和 RC 网络组成的有源滤波电路。

根据其工作信号的频率范围，滤波器可以分为 4 大类：低通滤波器（LPF）、高通滤波器（HPF）、带通滤波器（BPF）和带阻滤波器（BEF）。

低通滤波器指低频信号能够通过而高频信号不能通过的滤波器；高通滤波器的性能与低通滤波器相反，即高频信号能通过而低频信号不能通过；带通滤波器是指频率在某一个频带范围内的信号能通过，而在此频带范围之外的信号均不能通过；带阻滤波器的性能与带通滤波器相反，即某个频带范围内的信号被阻断，但允许在此频带范围外的信号通过。上述各种滤波器的理想特性如图 4.28 所示。

4.4.2　低通滤波器

最简单的低通滤波器由电阻和电容元件构成，实际上这是一个最简单的 RC 低通电路，一般称为无源低通滤波器。这种无源 RC 低通滤波器的主要缺点是无电压放大倍数，而且带负载能力差。

利用集成运放与 RC 低通电路一起，可组成有源滤波器，以提高通带电压放大倍数和带

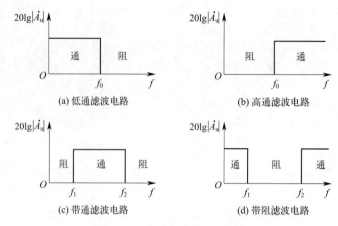

(a) 低通滤波电路 (b) 高通滤波电路
(c) 带通滤波电路 (d) 带阻滤波电路

图 4.28 滤波电路的理想特性

负载能力。图 4.29(a) 所示为一阶低通有源滤波器的电路图。

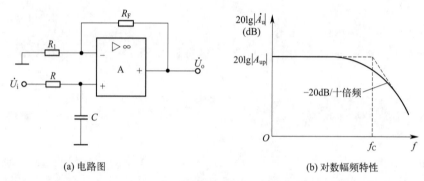

(a) 电路图 (b) 对数幅频特性

图 4.29 一阶低通有源滤波器

根据"虚短"和"虚断"的特点，可求得图 4.29(a) 所示电路的电压放大倍数为

$$\dot{A}_u = \frac{\dot{U}_o}{\dot{U}_i} = \frac{1+\dfrac{R_F}{R_1}}{1+j\dfrac{f}{f_C}} = \frac{A_{up}}{1+j\dfrac{f}{f_C}} \tag{4.22}$$

其中，$A_{up} = 1 + \dfrac{R_F}{R_1}$，$f_C = \dfrac{1}{2\pi RC}$。

A_{up} 和 f_C 分别称为通带电压放大倍数和通带截止频率。通过与无源低通滤波器对比可以知道，一阶低通有源滤波器的通带频率不变，仍与 RC 的乘积成反比，但引入集成运放以后，通带电压放大倍数和带负载能力得到提高。根据电压放大倍数的表达式可画出一阶低通有源滤波器的对数幅频特性，如图 4.29(b) 所示。

由图 4.29(b) 可以看出，一阶低通有源滤波器的滤波特性与理想的低通滤波特性相比，差距很大。在理想情况下，希望 $f > f_C$ 时，电压放大倍数立即降到零，但一阶低通有源滤波器的对数幅频特性只是以 $-20\text{dB}/$十倍频的缓慢速度下降。

为了使滤波特性更接近于理想情况，可以采用二阶、三阶或高阶低通滤波器，一般情况下，高阶滤波

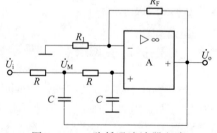

图 4.30 二阶低通滤波器电路

器可以用低通滤波器级联而成。二阶低通滤波器如图 4.30 所示。由图可见，输入电压 $\dot{U}_i$ 经过两级 RC 低通电路以后，再接到集成运放的同相输入端，因此，在高频段，对数幅频特性将以 $-40\mathrm{dB}$ 的速度下降，与一阶低通滤波器相比，下降的速度提高了一倍，使滤波特性比较接近于理想情况。

> **提示**
>
> 电路中第一级的电容 C 不接地而改接到输出端，这种接法相当于在二阶有源滤波中引入一个反馈，其目的是使输出电压在高频段迅速下降，但在接近于通带截止频率的范围内又不致下降太多，从而有利于改善滤波特性。

4.4.3 高通滤波器

如将一阶低通有源滤波器中起滤波作用的电阻和电容的位置互换，即可组成相应的高通滤波器。图 4.31(a) 所示为一阶高通滤波器电路，其对数幅频特性如图 4.31(b) 所示。

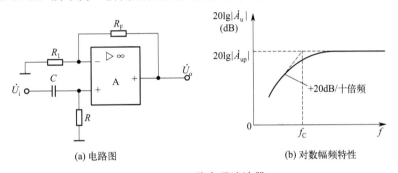

图 4.31 一阶高通滤波器

根据"虚短"和"虚断"的特点，可求得图 4.31(a) 所示电路的电压放大倍数为

$$\dot{A}_u = \frac{\dot{U}_o}{\dot{U}_i} = \frac{1+\dfrac{R_F}{R_1}}{1-\mathrm{j}\dfrac{f_C}{f}} = \frac{A_{up}}{1-\mathrm{j}\dfrac{f_C}{f}} \tag{4.23}$$

其中，$A_{up} = 1+\dfrac{R_F}{R_1}$，$f_C = \dfrac{1}{2\pi RC}$。

A_{up} 和 f_C 分别称为通带电压放大倍数和通带截止频率。

为了改善滤波效果，同样可以采用二阶、三阶或高阶高通滤波器。

> **练习**
>
> 请用实验来测试图 4.29 和图 4.31 所示电路的幅频曲线（或用 Multisim 软件仿真）。

4.4.4 带通滤波器

带通滤波器的作用是只允许某一频带内的信号通过，而将此频带以外的信号阻断。这种滤波器经常用于抗干扰的设备中,以便接收某一频带范围内的有效信号,而消除高频段及低频段的干扰和噪声。

将低通滤波器和高通滤波器串联起来,即可获得带通滤波电路,其原理示意图如图 4.32 所示。在图 4.32 中,低通滤波器的通带截止频率为 f_2,即该低通滤波器只允许 $f<f_2$ 的信号通过;而高通滤波器的通带截止频率为 f_1,即它只允许 $f>f_1$ 的信号通过。现将两者串联起来,且 $f_2>f_1$,则其通频带即是上述二者频带的覆盖部分,即等于 f_2-f_1,成为一个带通滤波器。

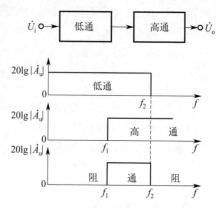

4.4.5 带阻滤波器

带阻滤波器的作用与带通滤波器相反,即在规定的频带内,信号被阻断,而在此频带之外,信号能够顺利通过。带阻滤波器也常用于抗干扰设备中阻止某个频带范围内的干扰及噪声通过。

图 4.32 带通滤波器原理示意图

将低通滤波器和高通滤波器并联在一起,可以形成带阻滤波电路,其原理示意图如图 4.33 所示。设低通滤波器的通带截止频率为 f_1,高通滤波器的通带截止频率为 f_2,且 $f_1<f_2$。当二者并联在一起时,凡是 $f<f_1$ 的信号均可从低通滤波器中通过,凡是 $f>f_2$ 的信号则可从高通滤波器中通过,唯有 $f_1<f<f_2$ 的信号被阻断,于是电路成为一个带阻滤波器。

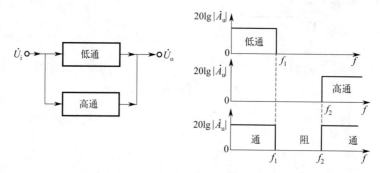

图 4.33 带阻滤波器原理示意图

 思考题

1. 二阶低通滤波器电路中第一级的电容 C 不接地而改接到输出端,其作用如何?
2. 滤波器滤波特性要接近于理想情况,应采用什么措施?
3. 如何利用低通滤波器和高通滤波器组成带通(或带阻)滤波器,其低通滤波器和高通滤波器截止频率如何确定?

4.5 电压比较器

在信号检测系统中,有时还需要对某些被测模拟信号的大小先作出判断后,再根据实际情况进行必要的处理，这一任务由电压比较器来完成。电压比较器也是一种常用的模拟信号处理电路。它将一个模拟量输入电压与一个参考电压进行比较，并将比较的结果输出。比较器的输出只有两种可能的状态：高电平或低电平（用 1 或 0 表示）。在自动控制及自动测量系统中，常常将比较器应用于越限报警、模/数转换以及各种非正弦波的产生和变换等。

比较器的输入信号是连续变化的模拟量，而输出信号是数字量 1 或 0，因此，可以认为比较器是模拟电路和数字电路的"接口"。由于比较器的输出只有高电平或低电平两种状态，所以其中的集成运放常常工作在非线性区。从电路结构来看，运放经常处于开环状态，有时为了使输入、输出特性在状态转换时更加快速，以提高比较精度，也在电路中引入正反馈。

根据比较器的传输特性来分类，常用的比较器有过零比较器、单限比较器和滞回比较器等。下面分别进行介绍。

4.5.1 过零比较器

处于开环工作状态的集成运放是一个最简单的过零比较器，如图 4.34 所示。由于理想运放的开环差模增益 $A_{ud}=\infty$，因此在图 4.34(a) 中，当 $u_i<0$ 时，$u_o=+U_{OPP}$；当 $u_i>0$ 时，$u_o=-U_{OPP}$。其中 U_{OPP} 是集成运放的最大输出电压。由此可以画出此过零比较器的传输特性，如图 4.34(b) 所示。

当比较器的输出电压由一种状态跳变为另一种状态时，相应的输入电压通常称为阈值电压或门限电平。这种比较器的门限电平等于零，故称为过零比较器。

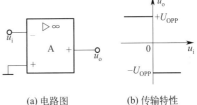

(a) 电路图　　(b) 传输特性

图 4.34　过零比较器

图 4.34(a) 所示的过零比较器采用反相输入方式，如果需要也可以采用同相输入方式。

过零比较器虽然电路简单，但其输出电压幅度较高，$u_o=\pm U_{OPP}$。有时希望比较器的输出幅度限制在一定的范围内，例如要求与 TTL 数字电路的逻辑电平兼容，此时需要加上一些限幅的措施。

利用两个（或双向）稳压管实现限幅的过零比较器如图 4.35(a) 所示。假设任何一个稳压管被反向击穿时，两个稳压管两端总的稳定电压值均为 U_Z，而且 $U_{OPP}>U_Z$。

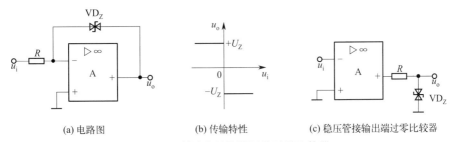

(a) 电路图　　　　(b) 传输特性　　　　(c) 稳压管接输出端过零比较器

图 4.35　利用稳压管限幅的过零比较器

当 $u_i<0$ 时，若不接稳压管则 u_o 将等于 $+U_{OPP}$，接入两个稳压管后，左边的稳压管将被反向击穿，而右边的稳压管正向导通，于是引入一个深度负反馈，使集成运放的反相输入端"虚地"，故 $u_o=+U_Z$；若 $u_i>0$，则右边稳压管被反向击穿，而左边稳压管正向导通，此时 $u_o=-U_Z$。比较器的传输特性如图 4.35(b) 所示。

也可以在集成运放的输出端接一个电阻 R 和两个稳压管来实现限幅，如图 4.35(c) 所示。不难看出，此时过零比较器的传输特性仍如图 4.35(b) 所示。这两个电路的不同之处在于，图 4.35(a) 所示电路中的集成运放，由于当稳压管反向击穿时引入一个深度负反馈，因此工作在线性区；而图 4.35(c) 所示电路中的集成运放处于开环状态，所以工作在非线性区。

过零比较器可以将输入的正弦波变换为矩形波，读者可以自行画出其波形图。

> **练习**
>
> 请用实验来测试图 4.35 所示电路的输入和输出波形（或用 Multisim 软件仿真）。

4.5.2 单限比较器

单限比较器是指仅有一个门限电平的比较器，当输入电压等于此门限电平时，输出端的状态立即发生跳变。单限比较器可用于检测输入的模拟信号是否达到某一给定的电平。单限比较器的电路可有多种，其中一种如图 4.36(a) 所示。可以看出，此电路是在过零比较器的基础上，将参考电压 U_{REF} 通过电阻 R_2 也接在集成运放的反相输入端而得到的。由于输入电压 u_i 与参考电压 U_{REF} 接成求和电路的形式，因此这种比较器也称为求和型单限比较器。

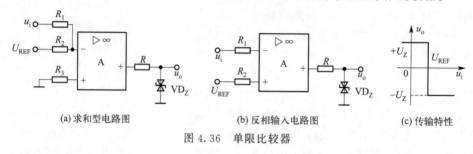

(a) 求和型电路图　　　(b) 反相输入电路图　　　(c) 传输特性

图 4.36　单限比较器

根据运算放大器的工作特点，并利用叠加原理可求得此时反相输入端的电位为

$$u_- = \frac{R_2}{R_1+R_2}u_i + \frac{R_1}{R_1+R_2}U_{REF} = u_+ = 0$$

由此可解得门限电平为

$$U_T = u_i = -\frac{R_1}{R_2}U_{REF} \qquad (4.24)$$

另一种反相输入单限比较器如图 4.36(b) 所示，其输入信号加在反相输入端，参考电压加在同相输入端。当 $u_i < U_{REF}$ 时，$u_o = +U_Z$；若 $u_i > U_{REF}$，$u_o = -U_Z$。单限比较器的传输特性如图 4.36(c) 所示。它的翻转电平在参考电压 U_{REF} 处，改变参考电平 U_{REF} 的大小，便可改变比较器的翻转时刻，参考电平的大小和极性需根据实际要求而定。

> **归纳**
>
> 单限比较器具有电路简单、灵敏度高等优点，但其抗干扰能力差。例如，当输入信号中含有干扰信号时，会使单限比较器产生误翻转，这在实际应用中是不允许的。为了克服这一缺点，在实际应用中常采用抗干扰能力强的滞回比较器。

4.5.3 滞回比较器（施密特触发器）

上面讨论的单限比较器之所以抗干扰能力差，是因为电路在翻转点上双向灵敏，就是说输入信号从小于到大于或从大于到小于翻转点电压变化时，输出都发生翻转，并且在翻转点处很灵敏，如果在翻转点附近出现干扰，就容易出现误翻。如果电路在翻转点处单向灵敏，即只有输入信号沿某一方向越过翻转点变化时，输出发生翻转，而输入沿另一方向越过该翻转点时，输出不发生翻转，输出的回翻发生在另一个单向翻转点上，这样就能提高电路的抗干扰能力。具有这种特性的比较器称为滞回比较器,又名施密特触发器。图 4.37(a) 所示为一种典型的滞回比较器电路。在电路中有正反馈,正反馈的引入,一方面加速了输出电压翻转过程;另一方面给电路提供了双极性参考电平,产生回环。

假定集成运放具有理想的特性。因为电路中存在着正反馈,运放不可能工作在线性区,其输出只可能有两种状态,即 $u_o = \pm U_Z$。

根据运算放大器的工作特点,反相输入端与同相输入端的电位相等,即 $u_- = u_+$ 时,输出端的状态将发生跳变。其中 $u_- = u_i$,而 u_+ 则由参考电压 U_{REF} 及输出电压 u_o 二者共同决定,而输出电压 u_o 有两种可能的状态,即 $+U_Z$ 或 $-U_Z$。由此可见,使输出电压由 $+U_Z$ 跳变为 $-U_Z$,以及由 $-U_Z$ 跳变为 $+U_Z$ 所需的输入电压值是不同的。也就是说,这种比较器有两个不同的门限电平,故传输特性呈滞回形状,如图 4.37(b) 所示。

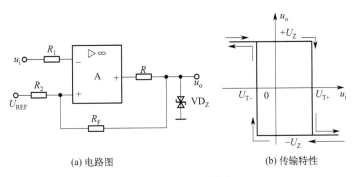

(a) 电路图 (b) 传输特性

图 4.37 滞回比较器

现在来估算滞回比较器两个门限电平的值。利用叠加原理可求得同相输入端的电位为

$$u_+ = \frac{R_F}{R_2 + R_F} U_{REF} + \frac{R_2}{R_2 + R_F} u_o$$

若原来 $u_o = +U_Z$,则 u_i 渐渐变大时,使 u_o 从 $+U_Z$ 跳变为 $-U_Z$ 所需的门限电平用 U_{T+} 表示,由上式可知:

$$U_{T+} = \frac{R_F}{R_2 + R_F} U_{REF} + \frac{R_2}{R_2 + R_F} U_Z \tag{4.25}$$

若原来 $u_o = -U_Z$,当 u_i 逐渐减小,u_o 从 $-U_Z$ 跳变为 $+U_Z$ 所需门限电平用 U_{T-} 表示,则

$$U_{T-} = \frac{R_F}{R_2 + R_F} U_{REF} - \frac{R_2}{R_2 + R_F} U_Z \tag{4.26}$$

上述两个门限电平之差称为门限宽度或回差电压,用符号 ΔU_T 表示,由上两式可求得

$$\Delta U_T = U_{T+} - U_{T-} = \frac{2R_2}{R_2 + R_F} U_Z \tag{4.27}$$

由上式可知,回差电压 ΔU_T 的值取决于稳压管的稳定电压 U_Z 以及电阻 R_2 和 R_F 的值,但与参考电压 U_{REF} 无关。

 提示

改变 U_{REF} 的大小可以同时调节两个门限电平 U_{T+} 与 U_{T-} 的大小,但 ΔU_T 不变。也就是说,当 U_{REF} 增大或者减小时,滞回比较器的传输特性将平行地左移或右移,但滞回曲线的宽度将保持不变。

> **练习**
>
> 请用实验来测试图 4.37 所示电路的输入和输出波形（或用 Multisim 软件仿真）。

图 4.37(a) 所示电路是反相输入方式的滞回比较器，如果将输入电压与参考电压的位置互换，即可得到同相输入滞回比较器。

【例 4.9】 在图 4.37(a) 所示的滞回比较器中，假设参考电压 $U_{REF}=6V$，稳压管的稳定电压 $U_Z=12V$，电路其他参数为 $R_2=20k\Omega$，$R_F=100k\Omega$，$R_1=8.2k\Omega$。(1) 试计算其两个门限电平和回差电压为多少？(2) 设电路其他参数不变，参考电压 U_{REF} 由 6V 增大至 12V，重新计算两个门限电平和回差电压的值，分析传输特性如何变化？(3) 设电路其他参数不变，稳压管的稳定电压 U_Z 增大，定性分析两个门限电平及回差电压将如何变化？

解：(1) 由式(4.25)～式(4.27) 可得

$$U_{T+} = \frac{R_F}{R_2+R_F}U_{REF} + \frac{R_2}{R_2+R_F}U_Z = 7V$$

$$U_{T-} = \frac{R_F}{R_2+R_F}U_{REF} - \frac{R_2}{R_2+R_F}U_Z = 3V$$

$$\Delta U_T = U_{T+} - U_{T-} = 7 - 3 = 4(V)$$

(2) 当 $U_{REF}=12V$ 时，$U_{T+}=12V$，$U_{T-}=8V$，$\Delta U_T = U_{T+} - U_{T-} = 12 - 8 = 4(V)$

可见当 U_{REF} 增大时，U_{T+} 和 U_{T-} 同时增大，但 ΔU_T 不变。此时传输特性曲线向右平行移动。

(3) 由式(4.25)～式(4.27) 可知，当 U_Z 增大时，U_{T+} 将增大，U_{T-} 将减小，故 ΔU_T 将增大，即传输特性将向两侧伸展，回差电压变大。

4.5.4 窗口比较器

单限比较器和滞回比较器在输入电压单向变化时，输出电压仅发生一次跳变，无法比较在某一特定范围内的电压。窗口比较器（Window Comparator）具有这项功能。窗口比较器（又称双限比较器）的电路如图 4.38(a) 所示，基本电路是两个输入端并联的单限比较器。

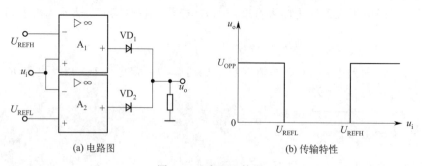

图 4.38 窗口比较器

从图中看出，当 $u_i > U_{REFH}$ 时，必有 $u_i > U_{REFL}$，集成运放 A_1 处于正向饱和，输出高电平，集成运放 A_2 处于反向饱和，输出低电平。于是二极管 VD_1 导通，VD_2 截止，输出电压为高电平。当 $u_i < U_{REFL}$ 时，必有 $u_i < U_{REFH}$，集成运放 A_1 处于反向饱和，输出低电平，集成运放 A_2 处于正向饱和，输出高电平。于是二极管 VD_1 截止，VD_2 导通，输出电压仍为高电平。

只有当 $U_{REFL} < u_i < U_{REFH}$ 时，集成运放 A_1 和 A_2 都处于反向饱和，输出低电平。于是二极管 VD_1 和 VD_2 截止，输出电压为低电平。其传输特性如图 4.38(b) 所示。

4.5.5 集成电压比较器

上面讨论的由运算放大器组成的比较器，由于其工作速度比较慢、带宽窄和输出电平与其他电路的兼容性不好，因而使用场合受到了限制。而集成电压比较器，其速度很高，输出电平一般可以与 TTL 等各种数字电路兼容，性能稳定可靠，带负载能力很强，使用灵活方便，故得到了广泛使用。

集成电压比较器的品种很多，有通用型、高速型、低功耗、低电压型、高精度型等。下面介绍一种高精度通用型的集成电压比较器——LM11 系列电压比较器。

LM11 系列集成电压比较器是高精度、集电极开路、通用型的集成单电压比较器，有 LM111、LM211、LM311 三种不同的型号（三者电路相同，只是技术参数不同）。其输出逻辑电平不仅可以与 TTL 电路兼容，而且还可以与 MOS、RTL、DTL 等电路兼容，增益为 2×10^5，响应时间为 200ns。可以是双电源供电，从 $\pm 5 \sim \pm 15V$，也可以单电源供电，从 $+5 \sim 15V$。其封装形式和引脚排列如图 4.39 所示。

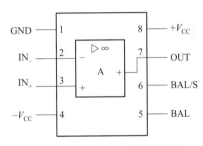

图 4.39　LM11 系列引脚排列

LM11 是集电极开路输出的集成电压比较器，因此必须在输出引脚 7 与电源 $+V_{CC}$ 之间接一个上拉电阻。上拉电阻大，电路的响应时间长；电阻过小，则电路输出低电平时吸收电流过大。在 $+V_{CC} = +5V$ 时，上拉电阻的典型值为 3kΩ。图 4.40(a) 所示为基本应用电路，图中电位器 R_W 用于调零。如果不需要调零，可把 R_W 去掉，把引脚 5 与引脚 6 短接起来以防止振荡。在工作频率不高的情况下也可以把引脚 5 与引脚 6 悬空。

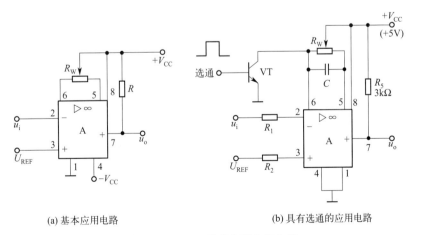

(a) 基本应用电路　　　　(b) 具有选通的应用电路

图 4.40　LM11 系列典型应用电路

图 4.40(b) 所示为具有选通功能的应用电路，它利用选通端（引脚 6）来控制电路所处的状态是工作状态，还是禁止状态。引脚 6 用作选通输入时，与外接三极管 VT 的集电极相连，选通信号接到三极管的基极，当选通输入信号为高电平时，外接三极管饱和导通，比较器输出为高电平，与输入的状态无关，比较器处于禁止状态。只有当选通输入为低电平时，外接三极管截止，这时比较器被选通，电路处于正常工作状态。

思考题

1. 两种单限比较器各有什么特点？应用在什么场合？
2. 电压比较器中的运放改为单电源供电，请画出对应的输出波形。
3. 滞回比较器有什么特点？如何确定门限电压和回差电压？

4.6 信号检测系统中的放大电路

在信号检测系统中，被测物理量可能是电气参量（如电力系统中的电压、电流）或者是非电气参量（如温度、压力、位移、流量等）。对电气参量需要利用电流互感器、电压互感器或者其他变换电路转换成适合电子电路进行处理的电信号，对非电气参量则需要转换成有一定对应关系的电信号，才能由电子电路进一步处理。将被测物理量转换成相应的电信号的部件称为传感器。

传感器输出的电信号一般都比较微弱，通常需要利用放大电路将信号放大。然而，与被测信号同时存在的还会有不同程度的噪声和干扰信号，有时被测信号被淹没在噪声及干扰信号之中，很难分清哪些是有用信号，哪些是干扰和噪声。因此，为了提取出有用的信号，而去掉无用的噪声或干扰信号，就必须对信号进行处理。

在信号处理电路中，前置放大电路（与传感器相连的放大电路）的性能好坏是整个检测系统性能优劣的关键。因此，要根据实际情况选用合理的放大电路。例如，当传感器的工作环境恶劣、输出信号中的有用信号微弱、共模干扰信号很大、传感器的输出阻抗很高时，应采用具有高输入阻抗、高共模抑制比、高精度、低漂移、低噪声的测量放大器。此外，当传感器工作在高电压、强电磁场干扰等场所时，还必须将检测、控制系统与主回路实现电气上的隔离，这时应采用隔离放大器。对于那些窜入被测信号中的共模干扰和噪声信号，通常需要根据信号的频率范围选择合理的滤波器来滤除。

目前，信号检测系统通常利用数字计算机（或单片机）对被测信号作进一步处理。所以，需要把被检测的模拟信号转换为数字信号，这可利用模数转换器来完成。

信号检测系统中的放大电路有多种不同的类型，实际系统中采用哪一种类型的放大电路，取决于其应用领域。本节仅介绍系统中常用的测量放大器、电荷放大器和隔离放大器。

4.6.1 测量放大器

测量放大器又称为数据放大器或仪表放大器，它具有高输入抗阻、高共模抑制比等特点，常用于热电偶、应变电桥、流量计、生物电测量以及其他有较大共模干扰的直流缓变微弱信号的检测。

（1）三运放测量放大器

典型的三运放测量放大器原理电路如图 4.41 所示。

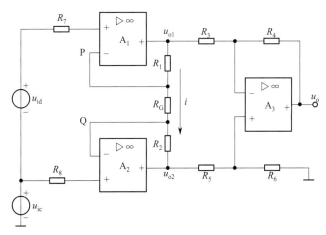

图 4.41　三运放测量放大器原理电路

它由两级放大电路组成，第一级是两个对称的同相输入放大器，具有较高的输入阻抗，第二级是差分比例放大器。为了提高电路抑制共模干扰的能力，第一级两个运算放大器的特性一致性要好，第二级差分放大器中的 4 个电阻要精密配合（$R_3=R_5$，$R_4=R_6$）。被测信号（用 u_{id} 表示）加到运放 A_1 和 A_2 的同相输入端之间，共模干扰信号用 u_{ic} 表示。

设电路中 3 个运算放大器都是理想组件，下面分析电路的输入输出关系及抑制共模信号的能力。由图 4.41 可知：

$$u_P=u_{id}+u_{ic},\ u_Q=u_{ic},\ i=(u_P-u_Q)/R_G$$

$$u_{o1}-u_{o2}=i(R_1+R_2+R_G)=\frac{R_1+R_2+R_G}{R_G}u_{id} \tag{4.28}$$

差动比例放大电路 A_3 的输入与输出关系为

$$u_o=-\frac{R_4}{R_3}(u_{o1}-u_{o2}) \tag{4.29}$$

令 $R_3=R_4=R_5=R_6=R$，则有

$$u_o=u_{o2}-u_{o1}$$

由式(4.26) 代入可得三运放测量放大器的输入输出关系为

$$u_o=-\left(1+\frac{R_1+R_2}{R_G}\right)u_{id} \tag{4.30}$$

通常取 $R_1=R_2$，且固定不变，通过改变 R_G 来调整电路的增益。由式(4.30) 可见，输出信号仅与差模信号 u_{id} 有关，而与共模信号 u_{ic} 无关。这说明三运放测量放大器有很高的共模抑制能力。然而，电路中的运放及电阻要做到完全对称确实比较困难，这就影响了其性能的进一步提高。为此，国内外集成电路制造厂家纷纷推出了高性能的单片集成测量放大器。例如国产的 ZF601，美国 AD 公司的 AD521、AD522，以及美国国家半导公司的 LH0038 等。下面仅对单片集成测量放大器 AD521 作简要的介绍。

（2）单片集成测量放大器 AD521 简介

单片集成测量放大器 AD521 的工作原理与三运放测量放大器类似。它具有优良的性能指标，其共模抑制比为 120dB，输入阻抗为 $3\times10^9\,\Omega$，输入端可承受 30V 的差分输入电压，

有较强的过载能力,不需要精密匹配外接电阻,动态特性好,单位增益带宽大于 2MHz,电压放大倍数可在 0.1～1000 范围内调整,电源电压可在±(5～18)V 之间选取。

AD521 采用标准 14 引脚、双列直插管壳封装,其引脚功能如图 4.42(a) 所示。

引脚 4、6 之间接调零电位器(10kΩ)的两个固定端,引脚 10、13 之间接电阻 R_S,选用 $R_S=100$kΩ 时,可得到比较稳定的放大倍数,引脚 9 是补偿端,通常可以悬空。引脚 2、14 之间接电阻 R_G,通过改变电阻 R_G 来调整电压放大倍数。电压放大倍数按下式计算:

$$A_u = \frac{U_o}{U_i} = \frac{R_S}{R_G} \tag{4.31}$$

AD521 的基本连接方式如图 4.42(b) 所示。在使用任何测量放大器时,要特别注意为偏置电流提供通路。所以,AD521 输入引脚 1、3 必须与电源地线构成回路。

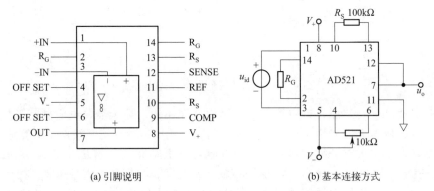

(a) 引脚说明　　　　　　　　　　(b) 基本连接方式

图 4.42　AD521 的引脚说明及基本连接方式

4.6.2　电荷放大器

在信号检测系统中,某些传感器是电容性传感器,如压力传感器、压电式加速传感器

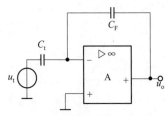

图 4.43　电荷放大器

等。这类传感器输入阻抗极高呈容性,输出电压很弱,工作时,输出的电荷量与输入物理量成比例,且具有较好的线性度。积分运算可以将电荷量转换为电压量,其放大电路如图 4.43 所示。

因为电容 C_t 上储存的电荷与电容 C_F 上储存的电荷相等,即 $C_t u_t = C_F u_o$,因而有

$$u_o = \frac{C_t}{C_F} u_t \tag{4.32}$$

为了减小传感器输出电缆分布电容的影响,通常将电荷放大器装在传感器内。

4.6.3　隔离放大器

隔离放大器是一种特殊的测量放大电路,其输入回路与输出回路之间是电绝缘的,没有直接的电耦合,即信号在传输过程中没有公共的接地端。在隔离放大器中,信号的耦合方式主要有两种:一种是通过光电耦合,称为光电耦合隔离放大器;另一种是通过电磁耦合,即经过变压器传递信号,称为变压器耦合隔离放大器。

（1）光电耦合隔离放大器

光电耦合隔离放大器（即光电耦合器）如图 4.44 所示，它是由发光二极管和光敏二极管（或光敏三极管）组成的电-光-电转换器件。当输入侧的发光二极管有电流流过时，发光二极管就会发出红外光（发送信息）；同时，输出侧的光敏二极管或光敏三极管将会受到光的激发而产生电流（接收信息）。因而，光电耦合器是利用了光电转换的原理来传输信息，只要输入侧与输出侧的电源和地相互独立，就可起到隔离作用。

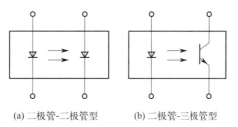

(a) 二极管-二极管型　　(b) 二极管-三极管型

图 4.44　光电耦合器

光电耦合器中的发光二极管、光敏二极管和光敏三极管都是非线性器件，用来传输数字信号（高、低电平）比较方便，直接用来传输模拟信号将会导致信号失真。给光电耦合器中的非线性器件施加合适的直流偏置，可在小范围内线性传输信息。采用负反馈技术，将光电耦合器串入反馈环内，光电耦合器的非线性将会被明显抑制，图 4.45 所示为一个用于传输模拟信号的线性光电耦合隔离放大电路。

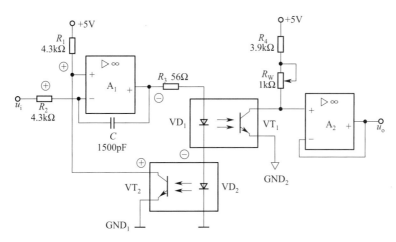

图 4.45　光电耦合隔离放大电路

输入级运放 A_1 存在两种反馈，通过电容 C 形成并联负反馈，另一个反馈是 R_3、VD_1、VD_2、VT_2、R_1，到达 A_1 时的同相输入端，是串联负反馈（反馈极性可利用瞬时极性法分析）。该串联负反馈能有效地抑制非线性失真。该电路的线性可达 0.1%，频带可达 0～40kHz。由于两个光电耦合器的特性完全相同，而且流过两个发光二极管的电流相同，调节电位器 R_W，使 $R_1 = R_4 + R_W$，可以使光敏三极管 VT_1、VT_2 的外围电路完全对称，则 $u_{CE1} = u_{CE2}$。由于输入级 A_1 和输出级 A_2 电路均满足深度负反馈条件，则 $u_i = u_{CE2}$、$u_o = u_{CE1}$，即 $u_o = u_i$。

光电耦合隔离放大电路的放大倍数为 1，主要是为了实现信号传输过程中的电气隔离，而信号的隔离是由光电耦合器来完成的。

图中输入级的电源是以 GND_1 为地，输出级的电源以 GND_2 为地，两电源之间是相互独立的。这样放大器便实现了输入级与输出级之间的电气绝缘，两个地之间的电位差不会影响输入输出关系，有效地抑制了地电位差所产生的共模干扰。

以光电耦合器为核心、负反馈抑制非线性失真为基本策略的集成隔离放大器已有产品，如美国 B—B 公司生产的 ISO 100，这种产品由于生产工艺水平较高，特别是能够保证电路中关键器件的对称性，其线性度比图 4.45 所示的电路要高许多。

（2）变压器耦合隔离放大器

变压器耦合能实现输入侧与输出侧之间的电气隔离，但不能传递低频和直流信号。在隔离放大器中，通常利用调制电路，把低频输入信号调制到高频载波上，经过变压器耦合到输出侧，然后再利用解调电路恢复原低频信号，实现了传递低频和直流信号的目的。为了做到输入侧与输出侧隔离供电，通常利用载波发生器产生的高频振荡信号经过另一组隔离变压器传送到输入侧，再经过高频信号整流、滤波和稳压后形成与输出侧隔离的电源，供输入侧使用。这样就可切断输入侧与输出侧电路之间的任何直接联系，实现了电气上的完全隔离。

利用变压器耦合、调制解调原理实现的混合式集成隔离放大器很多，美国 AD 公司生产的 AD289 就是其中一款。图 4.46 所示为隔离放大器 AD289 的原理框图。

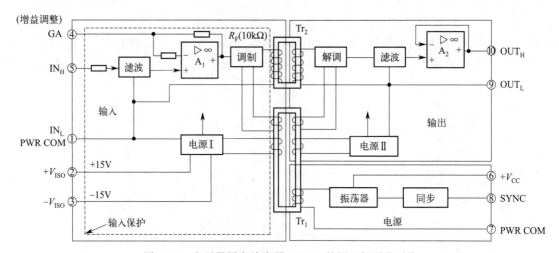

图 4.46 变压器隔离放大器 AD289 的原理框图及引脚

其中电源部分将外加电源电压 $+V_{CC}$ 通过振荡器变成交流电，经变压器 Tr_1 分四路输出，两路供电源Ⅰ和Ⅱ，再变成直流电源分别供给输入、输出电路内的滤波器和运放 A_1、A_2，电源Ⅰ还有 $\pm 15V$ 电源对外可作外设备线路电源，另两路用作调制和解调的载波信号源。其工作过程如下：输入信号由 IN_H 端输入，经滤波器滤除干扰信号后，由运放 A_1 的同相比例放大，再在调制器调制成一定频率而幅度按信号变化的调幅波。再经变压器 Tr_2 传输到输出电路的解调器检出放大后的信号，经滤波后，通过运放 A_2 组成的跟随器由 OUT_H 端输出。电路的关键点要求输入、输出和电源三大部分的接地端①、⑨和⑦号脚必须各自的地端，不能共接，达到全隔离。变压器耦合隔离放大器具有较高的线性度和隔离性能，其共模抑制比高，技术成熟，但是与光电耦合方式相比较，它的带宽较窄，约 1kHz 以下，且工艺复杂、成本高、体积大、应用不便。

 思考题

1. 测量放大器有什么特点？应用在什么场合？
2. 电荷放大器和隔离放大器各有什么特点？分别应用在什么场合？

4.7 故障诊断和检测

在实际工作中，经常会遇到集成电路（运算放大器）及其所属电路发生故障的情况。运算放大器是一种会发生很多内部故障的复杂的集成电路。然而对运算放大器内部的故障无法进行检修，但可以视为只有一些连接线到外部的单一元件。如果它发生故障，只需更换它，就像更换电阻、电容器或三极管一样。

在基本运算电路中，只有少部分的外部元件会失效。这些会发生故障的外部元件为反馈电阻和输入电阻等。同样地运算放大器本身当然可能会出错，或者电路中的接点可能有缺陷。下面通过具体电路来分析故障检测的方法，并了解故障可能对电路或系统产生的后果。

4.7.1 同相运算电路的故障检测

在怀疑一个电路发生故障时，首先要做的事就是检查是否有正确供电源电压以及是否正确接地，检查完这项工作后，再进行其他项目的检查。

(1) 反馈电阻开路

如在图 4.47 中的反馈电阻 R_F 开路，则运算放大器会具有极高的开环增益，如此时输入端加上合适的正弦信号，这会使输入信号将这个元件驱动进入非线性工作区，因而使得输出信号严重失真（上下截波，其值为运算放大器的正负饱和压降）。

(2) 输入电阻开路

如在图 4.47 中的输入电阻 R_1 开路，在这种情况下，电路还是闭环线路，但是因为 R_1 开路，而且其等效电阻值为无穷大，所以此时的电路闭环增益为 1，这表示放大器的功能像电压跟随器一样。

(3) 运算放大器内部故障

如在图 4.47 中的运算放大器输入端内部开路，则输入电压没有施加到运算放大器，所以输出为零，输出端没有任何信号。

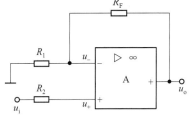

图 4.47 同相运算电路

运算放大器内部其他故障会导致输出信号的丧失与失真。最好的方法就是先确定没有外部的故障，如果其他一切都良好的话，肯定是运算放大器本身出现问题，直接更换即可排除故障。

4.7.2 反相运算电路的故障检测

反相运算电路的故障检测与同相运算电路类似。其一是反馈电阻开路，其二是输入电阻开路，出现的故障现象与同相运算电路相同。

4.7.3 加法运算电路的故障检测

如果加法运算电路中的一个输入电阻开路，则输出值就会比正常值减少（减少的值为该输入端的输入电压,再乘对应的比例增益)。而反馈电阻开路和运算放大器输入端内部开路出现的故障现象与同相运算电路相同。

4.7.4 比较器电路的故障检测

比较器电路中如果运算放大器输入端内部开路,则出现的故障现象是输出是锁死在某一固定的状态(运算放大器的正负饱和压降)。

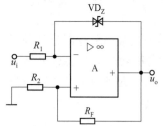

图 4.48 限幅滞回电压比较电路

比较器电路中除了运算放大器本身故障外,电路中的外围元器件也有可能出现问题。如在图 4.48 中的滞回电压比较电路中,如果双向稳压管中有一个二极管开路,会使双向稳压管失去作用,此时电路工作方式就不受稳压管电压值的限制;如果双向稳压管中有一个二极管短路,则输出只会在一个方向上限制在稳压管电压值,这要由哪一个二极管正常来决定,而另一个方向上,输出会维持在正向二极管电压。

如果电阻 R_2 开路,基本上所有的输出电压会反馈到同相输入端,且因为输入电压永远不会超过输出电压,所以电路输出会维持在两个饱和状态之一。

如果电阻 R_F 开路,会使同相输入端的电压近似接地电位,所以电路的作用相当于一个过零电压比较电路。

 思考题

1. 如果增加运算放大器的输入信号,发现输出信号开始钳位于峰值上,应首先检查什么元件?

2. 当运算放大器的输入端上确实有一个输入信号时却没有输出信号,请分析原因。

本章小结

1. 运算电路的输入、输出信号均为模拟量,运算电路中的集成运算放大器应工作在线性区,所以,运算电路中必须引入深度的负反馈。

2. 三种比例电路的特点及实际应用。反相比例电路的输入电阻抗几乎等于反相端的输入电阻,同相比例电路有较高的输入电阻,两种电路均有较低的输出电阻。

3. 集成运算放大器通过不同反馈网络引入负反馈,可以实现模拟信号的比例、加、减、乘、除、积分、微分、对数、反对数等基本运算。

4. 运算电路的分析是建立在"虚短"和"虚断"两个概念的基础上,基本分析方法有两种:节点电流法和叠加原理。

5. 有源滤波电路是由无源 RC 滤波电路和集成电路组成的一种信号处理电路,电路工作在线性区,其分析方法与运算电路基本相同,其主要有低通、高通、带通和带阻四种类型。

6. 电压比较器是一种工作在开环或正反馈非线性状态下的高增益放大电路,其输出电压只有高、低电平两种取值。其主要功能是将输入信号电压电平与某一基准电压(参加电压)电平比较,比较结果决定电路输出电压高、低电平两种取值。它在非正弦波发生电路、自动检测、自动控制等领域获得广泛应用。

本章关键术语

加法器　summing　　具有两个或两个以上输入且输出电压正比于输入电压代数和的电路。
积分器　integrator　　输出与输入间成积分关系的运算电路。
微分器　differentiator　　输出与输入间成微分关系的运算电路。
比较器　comparator　　能够比较两个输入电压大小的运算电路。
限制　bounding　　对放大器或其他电路限制输出范围的过程。
施密特触发器　Schmitt trigger　　具有滞回特性的比较器。
仪表放大器　instrumentation amplifier　　用来放大叠加在大幅度共模电压上小信号的放大器。
隔离放大器　isolation amplifier　　就电气特性而言,内部各级相互隔离的放大器。

自我测试题

一、选择题（请将下列题目中的正确答案填入括号内）

1. 一个加法运算电路中,可以有（　　）。
 (a) 一个输入端　　(b) 两个输入端　　(c) 有任意数目的输入
2. 积分电路中反馈元件是（　　）。
 (a) 电容器　　(b) 电阻　　(c) 二极管
3. 在过零比较电路中,当输入满足下列一个条件时,输出状态会转变（　　）。
 (a) 为正值　　(b) 为负值　　(c) 通过原点
4. 电压比较电路输入端的干扰电压会造成输出（　　）。
 (a) 变成0　　(b) 产生放大的干扰电压　　(c) 在两个电压值间不稳定来回改变
5. 滞回比较电路中,（　　）。
 (a) 有一个触发电平　　(b) 有两个触发电平　　(c) 有一个变化的触发电平

二、判断题（正确的在括号内打√,错误的在括号内打×）

1. 集成运算电路运算关系表达式中没有集成运放的有关参数,所以运算电路可以不用集成运放。（　　）
2. 运算电路中集成运放可以工作在非线性区。（　　）
3. 在运算电路中,集成运放的反相输入端均为虚地。（　　）
4. 集成运放工作在非线性区时,"虚短"概念也成立。（　　）
5. 无论集成运放工作在线性区还是非线性区,"虚断"概念均成立。（　　）
6. 凡是运算电路都可利用"虚短"和"虚断"的概念求解运算关系。（　　）
7. 有源滤波电路中的集成运放工作在线性放大区。（　　）
8. 有源滤波电路中不可以引入正反馈。（　　）
9. 在电压比较器中,"虚短"和"虚断"的概念都成立。（　　）
10. 滞回比较器有两个门限电平,所以滞回比较器比单限比较器抗干扰能力强。（　　）

三、分析计算题

1. 某一个比例加法器具有两个输入端,其中一个的加权是另一个的两倍。如果加权值较低的输入电阻是10kΩ,则另一个的输入电阻是多少?
2. 在一个有三个输入端的加法电路中,确定三个输入端的电阻值,其中一个输入端的加权值为1,其余每一个后续的输入端的加权值为前一个的两倍。假设反馈电阻为100kΩ。

3. 在积分电路中，输入电压为 $u_i = 6\sin\omega t$ (V)，试画出输入和输出的波形。电路参数为 $R = R' = 10\text{k}\Omega$、$C = 1\mu\text{F}$。

4. 过零比较器如图 4.49 所示，假设集成运放为理想运放，稳压管的稳定电压 $U_Z = \pm 6\text{V}$，已知 $u_i = 6\sin\omega t$ (V)，试画出比较器相应的输出电压的波形。

5. 滞回比较器如图 4.50 所示，已知 $R_1 = 68\text{k}\Omega$、$R_2 = 100\text{k}\Omega$、$R_F = 200\text{k}\Omega$、$R = 2\text{k}\Omega$，稳压管的 $U_Z = \pm 5\text{V}$，参考电压 $U_{REF} = 6\text{V}$。(1) 试估算其两个门限电平和回差电压值，并画出滞回比较器的传输特性。(2) 若输入一个正弦电压 $u_i = 9\sin\omega t$ (V)，试画出输入和输出的波形。

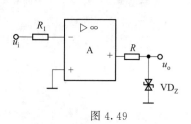

图 4.49

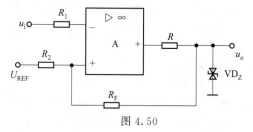

图 4.50

习题

一、选择题（请将下列题目中的正确答案填入括号内）

1. 集成运放的线性应用电路存在（　　）现象，非线性应用电路存在（　　）。
 (a) 虚短　　　　(b) 虚断　　　　(c) 虚短和虚断

2. 集成运放能处理（　　）。
 (a) 交流信号　　(b) 直流信号　　(c) 交流和直流信号

3. 由理想运放构成的线性应用电路，其电路增益与运放本身的参数（　　）。
 (a) 有关　　　　(b) 无关　　　　(c) 有无关系不确定

4. （　　）输入比例运算电路的反相输入端为虚地点。
 (a) 同相　　　　(b) 反相　　　　(c) 差动

5. 微分运算电路中的电容器接在电路的（　　）。
 (a) 反相输入端　(b) 同相输入端　(c) 反相端与输出端之间

6. 相对来说，（　　）灵敏度高，（　　）抗干扰能力强。
 (a) 双限比较器　(b) 基本比较器　(c) 滞回比较器

7. 工作在开环状态的比较电路，其输出不是正饱和值就是负饱和值，它们的大小取决于（　　）。
 (a) 运放的开环放大倍数　　　　(b) 外电路参数
 (c) 运放的工作电源

8. 在比较电路中使用限幅，其作用（　　）。
 (a) 保持输出为正　　　(b) 稳定输出　　　(c) 限制输出电平

9. 当（　　），用窗口比较电路检测。
 (a) 输入不变时　(b) 输入改变太快时　(c) 输入在两个指定限制之间时

10. 为使低通或高通有源滤波电路更趋近于理想频率特性，要达到 $|80|$ dB/十倍频特性，应选用（　　）滤波电路。
 (a) 二阶　　　　(b) 四阶　　　　(c) 八阶

二、判断题（正确的在括号内打√，错误的在括号内打×）

1. 同相输入比例运算电路的输出信号与输入信号一定反相。（　）
2. 分析运放的非线性应用电路，不能使用虚短的概念。（　）
3. 各种比较电路的输出只有两种状态。（　）
4. 三运放测量放大器能有效放大差模信号，并能有效抑制共模信号。（　）
5. 变压器型隔离放大器其输入、输出和电源三部分电路的接地端必须连接在一起，才能传输信号。（　）

三、填空题

1. 理想集成运放的 $A_{ud}=$ _____，$R_i=$ _____，$R_o=$ _____，$K_{CMR}=$ _____。
2. 运算电路中的"虚地"是指 _____。
3. 集成运算放大器输入方式分为 _____ 输入、_____ 输入和 _____ 输入3种。
4. _____ 运算电路中反相输入端为虚地。
5. _____ 运算电路可实现 $A_u>1$ 的放大器，_____ 运算电路可实现 $A_u<0$ 的放大器，_____ 运算电路可将方波电压转换成三角波电压。
6. 滤波器按其通过信号频段不同，可分为 _____、_____、_____ 和 _____ 滤波器。
7. 电压比较器中输入电压每经过一次零值，输出电压就要产生一次 _____，这时的电压比较器称为 _____ 电压比较器。
8. 集成运放的非线性应用常见电路有 _____。
9. _____ 比较器的电压传输过程中具有回差特性。
10. 为了防止集成运放因电源接反烧坏器件，一般在电源线中串接 _____ 来实现保护。

四、名词解释题

1. 减法器、加法器。
2. 积分器、微分器。
3. 模拟乘法器、有源滤波器。
4. 单限比较器、滞回比较器。
5. 测量放大器、隔离放大器。

五、分析计算题

1. 设计一个比例运算电路，要求输入电阻 $R_i=20\text{k}\Omega$，比例系数为 -100。
2. 试写出图 4.51(a)、(b) 所示运算电路的输入输出关系。图 4.51(a) 中 $R_5=R_{F2}$，图 4.51(b) 中 $R_1=R_2$、$R_3=R_F$。

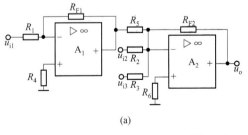 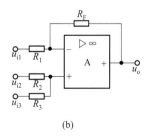

(a)　　　　　　　　　　　　　　　(b)

图 4.51

3. 试用集成运放组成一个运算电路，要求实现等式运算关系：$u_o=-10u_{i1}+5u_{i2}+2u_{i3}$。

4. 在图 4.52 所示电路中，设运放均为理想运放，试估算下列各值：(1) $u_{i1}=1V$ 时，$u_{o1}=?$ (2) 要使 $u_{i1}=1V$ 时 u_o 维持在 0V，则 $u_{i2}=?$ 设电容器两端的初始电压为零。(3) 设 $t=0$ 时 $u_{i1}=1V$，$u_{i2}=0V$，$u_C(0)=0V$，试求 $t=10s$ 时 $u_o=?$ 电路参数为：$R_1=10\text{k}\Omega$、$R_2=6.8\text{k}\Omega$、$R_3=R_4=200\text{k}\Omega$、$R_F=20\text{k}\Omega$、$C=50\mu F$。

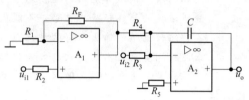

图 4.52

5. 在积分电路中输入信号幅度为 $\pm 4V$、周期为 $T=20ms$ 的矩形波，试画出相应的输出电压的波形。设 $t=0$ 时电容器两端的初始电压为零，电路参数为 $R=R'=10\text{k}\Omega$、$C=1\mu F$。

6. 图 4.53 所示为一波形转换电路。其中输入信号 u_{i1} 是幅度为 $\pm 1V$、周期为 $T=20s$ 的矩形波、$u_{i2}=-1V$ 直流电压。设在 $t=0$ 时，电容器两端的初始电压为零。试进行下列计算，并画出 u_{o1} 和 u_o 的波形。(1) $t=0$ 时，$u_{o1}=?$ $u_o=?$ (2) $t=10s$ 时，$u_{o1}=?$ $u_o=?$ (3) $t=20s$ 时，$u_{o1}=?$ $u_o=?$ (4) 将 u_{o1} 和 u_o 的波形画在下面。时间要对应并要求标出幅值，波形延长到 $t>30s$。电路参数为：$R_1=R_2=1M\Omega$、$R_3=20\text{k}\Omega$、$R_4=R_F=10\text{k}\Omega$、$C=10\mu F$。

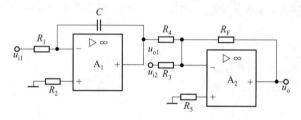

图 4.53

7. 在图 4.54 所示电路中：(1) 写出输出电压的表达式；(2) 设其中输入信号 $u_{i1}=1V$ 为直流电压、u_{i2} 为 $t<1s$ 时为 0V，$t \geqslant 1s$ 时为 2V 阶跃波。试画出输出电压的波形。在图上标出 $t=1s$ 和 $t=2s$ 时的输出电压值。设 $t=0$ 时电容上的初始电压为零。电路参数为：$C=1\mu F$、$R_1=R_F=100\text{k}\Omega$、$R_3=500\text{k}\Omega$、$R_4=1M\Omega$。

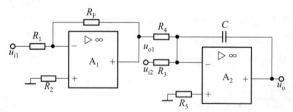

图 4.54

8. 试用集成运放实现以下运算关系：$u_o=5\int(u_{i1}-0.2u_{i2}+3u_{i3})dt$。要求各路输入电阻不低于 $100\text{k}\Omega$。(1) 试选择电路结构形式。(2) 试确定电路参数值。

9. 在图 4.55 所示电路中，设 A_1、A_2、A_3、A_4 均为理想运放：(1) 试问 A_1、A_2、A_3、A_4 各组成何种基本运算电路？(2) 分别列出各运算电路输出与输入之间的关系式。

10. 假设实际工作中提出以下要求，试选择滤波电路的类型（低通、高通、带通、带阻）：(1) 抑制频率高于 20MHz 的噪声；(2) 有效信号 20Hz～20kHz 的音频信号，消除其他频率的干扰和噪声；(3) 抑制频率低于 100Hz 的信号；(4) 在有效信号中抑制 50Hz 的工频干扰。

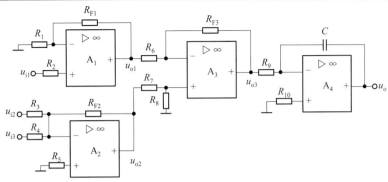

图 4.55

11. 求和型单限比较器如图 4.56 所示，假设集成运放为理想运放，参考电压 $U_{REF}=-3V$，稳压管的稳定电压 $U_Z=\pm 5V$，电阻 $R_1=20k\Omega$，$R_2=30k\Omega$：(1) 试求比较器的门限电平，并画出电路的传输特性；(2) 若输入电压是幅度为 $\pm 4V$ 的三角波，试画出比较器相应的输出电压的波形。

12. 在图 4.57 所示的电路中，设 A_1、A_2 均为理想运放，稳压管的 $U_Z=\pm 4V$，电阻 $R_1=R_2=R_3=10k\Omega$，电容 $C=0.2\mu F$，当 $t=0$ 时电容上的电压为零。输入电压是一个幅度为 1V、周期为 $T=2ms$ 的正弦波，试画出相应的 u_{o1} 和 u_o 的波形。

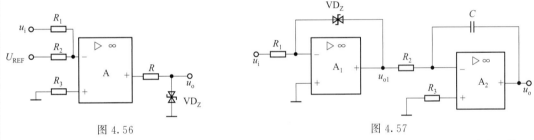

图 4.56　　　　　　　图 4.57

13. 滞回比较器如图 4.50 所示，已知 $R_1=68k\Omega$、$R_2=100k\Omega$、$R_F=200k\Omega$、$R=2k\Omega$、稳压管的 $U_Z=\pm 6V$，参考电压 $U_{REF}=9V$。(1) 试估算其两个门限电平和回差电压值，并画出滞回比较器的传输特性。(2) 若输入一个正弦电压 $u_i=10\sin\omega t(V)$，试画出输入和输出的波形。

14. 图 4.58 所示为同向输入滞回比较器的电路图，试估算其两个门限电平和回差电压值，并画出同向输入滞回比较器的传输特性。

15. 在图 4.59 所示电路中：(1) 设 $u_{i1}=u_{i2}=0$ 时，电容上的初始电压为零，$u_o=+12V$，求当 $u_{i1}=-10V$，$u_{i2}=0$ 时，经过多少时间 u_o 由 $+12V$ 变为 $-12V$；(2) u_o 变为 $-12V$ 后，u_{i2} 由 0 改为 $+15V$，求再经过多少时间 u_o 由 $-12V$ 变为 $+12V$；(3) 画出 u_{o1} 和 u_o 的波形。电路参数为：$C=1\mu F$、$R_1=R_2=100k\Omega$、$R_4=R_6=10k\Omega$、$R_5=2k\Omega$。

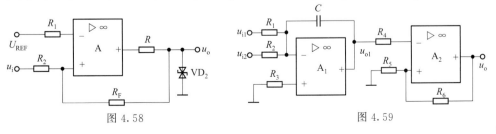

图 4.58　　　　　　　图 4.59

综合实训

设计一个三极管电流放大系数 β 值分选电路。

设计提示：

在元器件生产中，由于生产过程和生产工艺的不一致性，经常会遇到某些参数（比如电阻的阻值、三极管电流放大系数 β 值）分散性较大的问题，需要对这些参数进行分挡后，印上不同的规格标记才能出厂，元器件参数的分选可利用电压比较器来实现。对于两挡分选，只需要将元器件的参数变换为电压，与电压比较器的基准电压值相比较，输出高低两种不同的电平，用发光二极管指示即可；三挡分选可利用窗口比较器来实现；而 N 挡分选，除了采用 $N-1$ 个比较器外，还需要用译码器将比较的结果转换成字段的显示组合，用数码管将分选结果显示出来。

设计一个晶体三极管 β 值三挡分选电路，β 值界限分别为 100 和 200，分选范围为：$\beta<100$，$100<\beta<200$ 及 $\beta>200$。根据电路中被测三极管的基极限流电阻值，可求得基极电流 I_B，于是集电极电流为 βI_B，而运算放大器的输出电压与集电极电流成正比。当 β 为 100、200 时，输出电压分别为不同的值，把这两个值分别作为两个比较器的基准电压。当 $\beta<100$、$100<\beta<200$、$\beta>200$ 时，两个比较器的输出为三种不同工作状态，从而达到分挡的目的。同时要求该电路通过发光二极管的亮或灭来指示被测三极管 β 值的范围，并利用数字逻辑电路转换用一个 LED 数码管显示 β 值的区间段落号。如：$\beta<100$ 时显示"1"，$100<\beta<200$ 时显示"2"，$\beta>200$ 时显示"3"。

第5章 反馈放大电路

 学习目标

要掌握： 反馈的基本概念和分析方法；四种负反馈放大电路的工作原理及特点。
会分析： 放大电路中的各种反馈；反馈放大电路产生自激振荡的原因及常用校正措施。
会计算： 深度负反馈条件下放大电路的计算。
会选用： 放大电路中反馈选用及性能改善。
会处理： 反馈放大器的故障诊断和排除方法。
会应用： 用实验或 Multisim 软件分析和调试各种反馈放大电路。

放大电路中的反馈是电子技术课程中的重点内容之一。本章介绍什么是反馈、放大电路中反馈的类别与组态、负反馈对放大电路性能的影响、深度负反馈条件下放大倍数估算和负反馈放大电路自激的条件和消除自激的方法。

在各种放大电路中，经常利用反馈的方法来改善各项性能，将电路的输出量（输出电压或输出电流）通过一定方式引回到输入端，从而控制该输出量的变化，起到自动调节的作用，这就是反馈的概念。

不同类型的反馈对放大电路产生的影响不同。本章主要介绍各种负反馈。直流负反馈的作用是稳定静态工作点，不影响放大电路的动态性能，所以一般不再区分它们的组态；交流负反馈能够改善放大电路的各项动态技术指标。电压负反馈使输出电压保持稳定，而降低了放大电路的输出电阻；电流负反馈使输出电流保持稳定，因而提高了输出电阻。串联负反馈提高放大电路的输入电阻；并联负反馈则降低输入电阻。在实际的负反馈放大电路中，有以下4种基本的组态：电压串联、电压并联、电流串联和电流并联。

引入负反馈后，放大电路的许多性能得到了改善，如提高放大倍数的稳定性、减小非线性失真和抑制干扰、展宽频带以及改变电路的输入、输出电阻等。改善的程度取决于反馈深度 $|1+\dot{A}\dot{F}|$。一般来说，负反馈愈深，即 $|1+\dot{A}\dot{F}|$ 愈大，则放大倍数降低得愈多，但上述各项性能的改善也愈显著。

负反馈放大电路的分析计算应针对不同的情况采取不同的方法，如为简单的负反馈放大电路，可以利用微变等效电路法进行分析计算；如为复杂的负反馈放大电路，由于实际上比较容易满足 $|1+\dot{A}\dot{F}|>1$ 的条件，因此大多数属于深度负反馈放大电路。本章讨论深度负反

馈放大电路闭环电压放大倍数的近似估算，通常可以用两种方法。

负反馈放大电路在一定条件下可以转化为正反馈，甚至产生自激振荡，因此要掌握电路自激振荡产生的原因和自激振荡的条件，了解消除自激振荡常用的措施。

反馈不仅是改善放大电路性能的重要手段，而且也是电子技术和自动控制原理中的一个基本概念。本章讨论反馈的基本概念，然后从 4 种常用的负反馈组态出发，归纳出反馈的一般表达式，并由此来讨论负反馈对放大电路性能的影响。对于反馈放大电路的分析方法，主要讨论深度负反馈放大电路电压放大倍数的近似估算。在本章的最后，提出反馈放大电路产生自激振荡的条件以及常用的校正措施。

下面首先讨论反馈的基本概念。

5.1 反馈的概念

前几章讨论的放大电路性能还不够完善，往往不能满足实际应用的要求，例如电压放大倍数会随着环境温度、元器件参数、电源电压和负载电阻的变化而改变。这种放大倍数的不稳定性在精确的测量中是不允许的。又如，当器件及电路参数确定时，放大电路的频带宽度有一定的范围，尤其在多级放大电路中，随着级数的增多，频带将愈窄，用来放大频率范围较宽的信号时，将产生显著的频率失真。还有放大电路的输入和输出电阻，由于受到器件和电路参数的限制，不可能达到比较理想的程度。当输入信号较大时，器件特性的非线性会使输出波形产生非线性失真等。所有这些问题都可以利用负反馈技术来改进和提高。

实际上第 2 章中介绍的静态工作点稳定电路已经利用了负反馈技术。既然负反馈能稳定静态工作点，那么负反馈也应能稳定放大倍数和改变放大电路的其他性能。下面从反馈的基本概念入手，对负反馈放大电路进行专门、深入的讨论。

5.1.1 反馈的基本概念

在某系统中，输出回路的某一量，通过某种方式，对输入回路进行反作用，这样的连接方式称为反馈。将电路输出量的一部分或全部，通过一定的反馈网络（电路）再返送到输入电路，并对输入造成影响，这就是电路中反馈。反馈后有两种结果：一种是使输出信号增强，称为正反馈；另一种是使输出信号减弱，称为负反馈。

反馈是将输出信号取样反送到输入端以改变电路的性能，其基本电路包含：求和电路、放大电路、取样电路和反馈网络（电路）。从求和电路输入放大电路的称为净输入量，由放大电路输出的称为输出量。从反馈网络（电路）进入求和电路的量称为反馈量。反馈电路组成如图 5.1 所示。

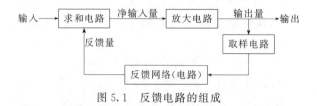

图 5.1 反馈电路的组成

能量小贴士

拓展阅读： 反馈是将输出信号送回到输入端，与电路的输入信号共同作用，二者形成闭环系统，从而达到增强系统稳定性（负反馈）或增强系统输出（正反馈）的效果。反馈不仅可以广泛应用在电子线路中，也可以应用在每个人的学习、工作、生活中，利用外界的反馈来不断完善自我、提升个人素养。

（1）正反馈和负反馈（按反馈极性分）

根据反馈信号在输入端产生的效果不同，反馈可分为正反馈和负反馈。

如果反馈信号使净输入信号加强称为正反馈；反之使净输入信号削弱称为负反馈。

为了判断引入的是正反馈还是负反馈，可以采用瞬时极性法，即先假定输入信号为某一个瞬时极性，然后逐级推出电路其他有关各点信号瞬时的极性，最后判断反馈到输入端信号的瞬时极性是增强还是削弱了原来的输入信号，确定是正反馈还是负反馈。

（2）直流反馈和交流反馈（按信号性质分）

根据反馈信号的性质可将反馈分为直流反馈和交流反馈。

反馈信号是直流信号称直流反馈，反馈信号是交流信号称交流反馈。

可以通过分析反馈网络是否存在直流通路和交流通路来判别。

显然，直流反馈只反馈直流分量，仅影响静态性能，直流负反馈的结果为稳定静工作点（直流反馈目的）。而只在放大器交流通路中存在的反馈称为交流反馈。交流反馈只反馈交流分量，仅影响动态性能，交流负反馈的结果为改善放大器指标（交流反馈目的）。

在不少放大器中交流反馈和直流反馈同时存在，判断交流反馈和直流反馈的方法为通路法（画直流通路和交流通路）。

（3）电压反馈和电流反馈 ［按（输出端）反馈取样方式的不同分］

根据在输出端反馈取样的不同，可分为电压反馈和电流反馈。

从输出电压取样称为电压反馈，从输出电流取样称为电流反馈。

判断电压反馈和电流反馈的方法为短路法。将输出端交流信号短路（电路 $u_o=0$），观察此时是否仍有反馈信号，如反馈信号不复存在，则为电压反馈；若反馈信号仍存在，则为电流反馈。通常从输出端引出的反馈一定是电压反馈，不是从输出端引出的反馈是电流反馈。

（4）串联反馈和并联反馈 ［按（输入端）反馈连接方式的不同分］

根据在输入端输入信号和反馈信号的求和方式不同，可分为串联反馈和并联反馈。

如果输入基本放大器的信号是电流的代数和（即反馈信号与输入信号在输入回路中以电流形式相加减）称为并联反馈。如果输入基本放大器的信号是电压的代数和（即反馈信号与输入信号在输入回路中以电压形式相加减）称为串联反馈。

判断串联反馈和并联反馈的方法为支路法。凡是输入信号支路与反馈信号支路不接在同一节点上的反馈为串联反馈，而输入信号支路与反馈信号支路接在同一节点上的反馈为并联反馈。

以上提出了几种常见的反馈分类方法。除此之外，反馈还可以按其他方法来分类。例如，在多级放大电路中，可以分为局部反馈和级间反馈；在差动放大电路中，可以分为差模反馈和共模反馈等。此处不再一一列举。

5.1.2 反馈的一般表达式

根据反馈信号在输出端的采样方式以及在输入回路中求和形式的不同，共有4种组态：电压串联反馈、电压并联反馈、电流串联反馈和电流并联反馈。

图 5.2 反馈电路的框图

为便于深入研究放大电路中反馈的一般规律，将各种不同极性、不同组态的反馈，使用一个统一的方块图来表示，如图 5.2 所示。其中 $\dot{X}_i$ 为反馈放大电路的输入信号，$\dot{X}_o$ 为反馈放大电路的输出信号，$\dot{X}_f$ 为反馈信号，$\dot{X}_{id}=\dot{X}_i-\dot{X}_f$ 为基本放大电路的输入信号，基本放大电路的放大倍数（增益）为 $\dot{A}=\dot{X}_o/\dot{X}_{id}$，反馈网络的反馈系数定义为 $\dot{F}=\dot{X}_f/\dot{X}_o$，反馈放大电路的放大倍数为 $\dot{A}_f=\dot{X}_o/\dot{X}_i$。由此可得到如下关系式：

$$\dot{A}_f = \frac{\dot{A}}{1+\dot{A}\dot{F}} \tag{5.1}$$

其中，$\dot{A}\dot{F}$ 称为环路增益；$1+\dot{A}\dot{F}$ 称为反馈深度。

当 $|1+\dot{A}\dot{F}|>1$，则 $|\dot{A}_f|<|\dot{A}|$。由于反馈，使进入基本放大电路的输入信号削弱，反馈放大电路的放大倍数下降，称为负反馈。

当 $|1+\dot{A}\dot{F}|<1$，则 $|\dot{A}_f|>|\dot{A}|$。由于反馈，使进入基本放大电路的输入信号加强，反馈放大电路的放大倍数增大，称为正反馈。

当 $|1+\dot{A}\dot{F}|=0$，则 $|\dot{A}_f|=\infty$，即在没有输入信号时，也会有输出信号，这种现象称为放大电路的自激。

当 $|1+\dot{A}\dot{F}|\gg 1$，则电路引入深度负反馈，此时 $|\dot{A}_f|\approx 1/|\dot{F}|$，$|\dot{A}_f|$ 与 $\dot{A}$ 无关（电路参数无关），而仅决定于 $\dot{F}$，只要 $\dot{F}$ 为定值，放大倍数就能稳定。所以设计放大电路时，为了提高稳定性，总是把开环放大倍数做得很大，以便引入很强的负反馈。

 提示

应用表达式注意三点：信号从输入端传到输出端，只通过基本放大电路，不通过反馈电路；反馈信号只通过反馈电路传递到输入端，而不通过基本放大电路；反馈系数 $|\dot{F}|$ 与信号源的内阻 R_s 和负载电阻 R_L 无关。

 思考题

1. 什么是反馈？什么是开环和闭环？
2. 放大电路为何要加负反馈？
3. 负反馈分类有几种？其判断方法是什么？

5.2 负反馈放大电路的组态

根据以上分析可知，实际放大电路中的反馈形式是多种多样的，对于负反馈来说，根据反馈信号在输出端采样方式以及在输入回路中求和形式的不同，共有 4 种组态。下面结合具体电路分析 4 种负反馈组态的特点。

5.2.1 电压串联负反馈放大电路

图 5.3(a) 和 (b) 所示为第 2 章和第 4 章已经介绍过的共集电极放大电路（射极输出器）和电压跟随器电路，现在用反馈的理论来分析这两个电路。

首先需要判断电路有无反馈。从图 5.3(a) 所示电路可以看出，R_E 是输出回路和输入回路的共同元件，可以通过它将输出信号返送到输入回路，所以这个电路存在反馈。其次，判断这个电路是正反馈还是负反馈。当输入端对地的电压 u_i 为正时，射极输出电压 u_o（也是反馈电压 u_f）对地也为正，于是使净输入电压 u_{id}（$u_{id}=u_i-u_f$）减小，所以判定为负反馈。

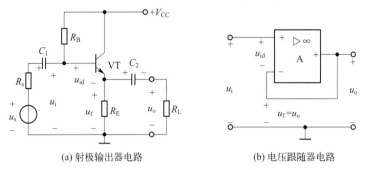

(a) 射极输出器电路   (b) 电压跟随器电路

图 5.3 电压串联负反馈电路

再来判别这个电路的负反馈组态。可根据反馈信号的来源区别电压反馈和电流反馈；根据反馈网络接入输入回路的方式来判别串联反馈和并联反馈。

通常，采用将负载电阻短路的方法来判别电压反馈和电流反馈。现将图 5.3(a) 所示电路中的 R_L 短路，使 $u_o=0$，这时反馈电压 $u_f=0$，反馈作用消失，因此，这是一个电压反馈。

在图 5.3(a) 所示电路中，反馈信号与输入信号在输入回路中以电压形式相减（即输入信号支路与反馈信号支路不接在同一节点上），因此是串联反馈。所以这个电路的反馈类型为电压串联负反馈。

现在来分析图 5.3(a) 所示电路稳定输出电压的过程。假定交流输入信号不变，若由于某种原因，例如 R_L 的减小或换了一个 β 值较低的管子时，使输出电压减小，则反馈电压也减小，结果使净输入电压增大，使三极管的集电极电流增大从而使输出电压上升，达到稳定的目的。

图 5.3(b) 所示电路是由运算放大器组成的电压跟随器电路，可以看出它与图 5.3(a) 具有相同的反馈类型。也可以说，分立元件组成的射极输出器和集成运放组成的电压跟随器具有相同的特点。

> 归纳
>
> 电压串联负反馈的特点是：电压负反馈能稳定输出电压和减小输出电阻，串联负反馈能提高输入电阻。

5.2.2 电压并联负反馈放大电路

电路如图 5.4(a) 所示，首先判别有无反馈。可以看出，电阻 R_F 从输出回路（集电极）

连接到输入回路（基极），使输出信号返送到输入回路，所以存在反馈。其次，判别是正反馈还是负反馈。仍然采用电压瞬时极性法。假设输入电压 u_s 对地瞬时极性为正时，输出电压 u_o 对地瞬时极性为负，所以电路中的电流方向如图中所示，于是使净输入电流 i_{id}（$i_{id}=i_i-i_f$）减小，所以判定为负反馈。

输出端的反馈方式可用将 R_L 短路的方法来判别。当 R_L 短路时，$u_o=0$，这时没有输出电压返送到输入电路，因此反馈作用消失，表明这个电路是电压反馈。在图 5.4(a) 所示电路中，反馈信号与输入信号在输入回路中以电流形式相减（即输入信号支路与反馈信号支路接在同一节点上），因此是并联反馈。所以，图 5.4(a) 所示电路是电压并联负反馈。现在来分析图 5.4(a) 所示电路稳定输出电压的过程。假定交流输入信号不变，若减小 R_L，则输出电压减小，这时反馈电流也减小，结果使净输入电流增大，三极管的集电极电流增大从而使输出电压上升，使输出电压基本稳定，达到稳定的目的。

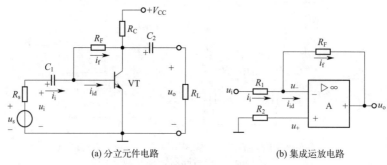

(a) 分立元件电路   (b) 集成运放电路

图 5.4 电压并联负反馈电路

图 5.4(b) 所示电路是由运算放大器组成的反馈电路，读者不难看出它与图 5.4(a) 具有相同的反馈类型。

归纳

电压并联负反馈的特点是：电压负反馈有稳定输出电压和减小输出电阻的作用，并联负反馈能降低输入电阻。

注意

并联反馈电路中，总要有一个较大的电阻 R_s 串联于输入回路中，使 u_s 与 R_s 构成一个近似的恒流源，从而提高并联负反馈的效果。

5.2.3 电流串联负反馈放大电路

图 5.5(a) 所示为去掉旁路电容的工作点稳定电路，从发射极通过反馈电阻 R_E 引入一个交流反馈。由图可知，反馈电压与输出电流成正比。在放大电路的输入回路中，净输入电压等于输入端输入电压与反馈电压的电压之差，反馈电压将削弱外加输入电压的作用，故为串联负反馈；又如输出端交流短路，反馈仍然存在，故为电流反馈。以上分析说明，图 5.5(a) 所示电路中引入的反馈是电流串联负反馈。

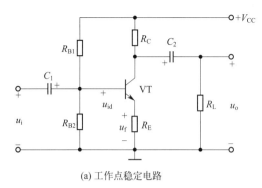 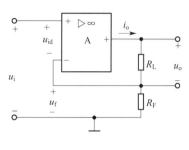

(a) 工作点稳定电路　　　　　　　　　(b) 集成运放电路

图 5.5　电流串联负反馈电路

图 5.5(b) 所示电路是由运算放大器组成的反馈电路，电阻 R_F 把输出回路与输入回路联系起来形成反馈。采用电压瞬时极性法来判别这个电路是正反馈还是负反馈。从图中所标各点电压的瞬时极性可以看出，返送到运算放大器反相输入端的反馈电压将削弱输入电压的作用（净输入电压 $u_{id}=u_i-u_f$），因此是负反馈。采用将负载电阻短路的方法，判别这个电路是电压反馈还是电流反馈。当 R_L 短路时，$u_o=0$，这时反馈仍然存在，因此不是电压反馈，而是电流反馈。从图 5.5(b) 所示的输入回路可以看出，反馈信号 u_f 与输入信号 u_i 串联作用于运算放大器的输入端（即输入信号支路与反馈信号支路不接在同一节点上），因此是串联反馈。

现在来分析这个电路稳定输出电流的过程。假定输入电压一定，而由于某种原因，输出回路电流减小，反馈电压也减小，而净输入电压增大，使输出电流增大，从而达到使输出电流基本稳定的目的。

归纳

电流串联负反馈的特点是：串联负反馈能提高输入电阻；电流负反馈有稳定输出电流和增大输出电阻的作用。

5.2.4　电流并联负反馈放大电路

图 5.6(a) 所示的放大电路为两级放大电路，从第二级的输出回路中（VT_2 的发射极）到第一级的输入回路中（VT_1 的基极）通过反馈电阻 R_F 引入一个反馈。用瞬时极性法可判断出电路中的电流方向如图中所示，净输入电流等于输入端输入电流与反馈电流的电流之差，反馈电流将削弱外加输入电流的作用，同时电路中输入信号支路与反馈信号支路接在同一节点上，故为并联负反馈；又如输出端交流短路，反馈仍然存在，故为电流反馈。以上分析说明，图 5.6(a) 所示电路中引入的反馈是电流并联负反馈。并联负反馈能减小输入电阻；电流负反馈有稳定输出电流的作用。

图 5.6(b) 所示电路是运放组成的反馈电路。从图中可以看出，通过 R_F 和 R_3 电阻网络形成了放大电路输出与输入之间的反馈。同时，输入信号支路与反馈信号支路接在同一节点上，因此是并联反馈。采用电压瞬时极性法可判断出电路中的电流方向如图中所示，于是使净输入电流 i_{id}（$i_{id}=i_i-i_f$）减小，所以判定为负反馈。用短路 R_L 的方法，可以判定这个电路是电流反馈。所以图 5.6(b) 所示电路是一个电流并联负反馈。关于负反馈稳定输出电流的分析过程，与前述相同，不再赘述。

归纳

电流并联负反馈的特点是：并联负反馈能降低输入电阻；电流负反馈有稳定输出电流和增大输出电阻的作用。

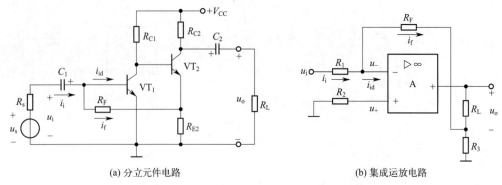

(a) 分立元件电路　　　　　　　　(b) 集成运放电路

图 5.6　电流并联负反馈电路

综上所述，在电压串联负反馈中，分析的是输出电压与输入电压的关系，此时放大器的类型是电压放大器；在电流串联负反馈中，分析的是输出电流与输入电压的关系，此时放大器的类型是互导放大器。类似地，在电压并联负反馈中，分析的是输出电压与输入电流的关系，此时放大器的类型是互阻放大器；在电流并联负反馈中，分析的是输出电流与输入电流的关系，此时放大器的类型是电流放大器。

由于每种负反馈放大电路的参数是不同的，因此在设计电路时应根据要求选择负反馈的类型。

　思考题

1. 负反馈基本组态有几种？其特点是什么？
2. 如何在放大电路中确定反馈回路和反馈信号？

5.3　负反馈对放大电路工作性能的影响

在放大电路中引入负反馈，虽然使电路的放大倍数降低，却可换取放大电路性能的改善，这是非常重要的优点。而且提高放大倍数对电子电路来说是很容易的事情。在放大电路中几乎都加有负反馈，以改善放大器的性能指标。

5.3.1　提高放大倍数的稳定性

放大电路引入负反馈以后得到的最直接、最显著的效果是提高放大倍数的稳定性。在输入信号一定的情况下，当电路参数变化、电源电压波动以及负载变化时，由于引入了负反馈，放大电路输出信号的波动将大大减小，也就是说放大倍数的稳定性提高了。

前面已经分析过，加入负反馈后，放大倍数减小为原来的 $\dfrac{1}{1+AF}$，与反馈的深度有关，稳定性的提高也与反馈的深度有关。在中频段，$\dot{A}$、$\dot{A}_\mathrm{f}$、$\dot{F}$ 均为实数。所以放大倍数、反馈系数、反馈深度等参数均用实数表示，如反馈深度用 $1+AF$ 表示。

为了衡量放大电路放大倍数的稳定程度，引入放大倍数的相对变化量：开环为 $\mathrm{d}A/A$、闭环为 $\mathrm{d}A_\mathrm{f}/A_\mathrm{f}$，对 $A_\mathrm{f}=A/(1+AF)$ 表达式进行求导，可得

$$dA_f = dA/(1+AF)^2$$

两边同时除以 A_f,则可得

$$\frac{dA_f}{A_f} = \frac{1}{1+AF} \times \frac{dA}{A} \tag{5.2}$$

引入负反馈后,放大倍数下降到原来的 $\frac{1}{1+AF}$,但放大倍数的稳定性却提高了 $1+AF$ 倍。结果稳定输出量:电流反馈能稳定输出电流,电压反馈能稳定输出电压。

> 【例 5.1】 一个放大电路,在未加负反馈时,电压放大倍数 $A=10^5$,由于环境温度的原因电压放大倍数 A 的相对变化量为 $\pm 10\%$,加负反馈后($F=0.1$),此时闭环电压放大倍数 A_f 的相对变化量为多少?
>
> **解**:反馈深度为:$1+AF \approx 10^4$,而闭环电压放大倍数 A_f 为:$A_f = A/(1+AF) = 10$
>
> $$\frac{dA_f}{A_f} = \frac{1}{1+AF} \times \frac{dA}{A} = \pm \frac{1}{10^4} \times \pm 10\% = \pm 0.001\%$$
>
> 可见引入反馈深度为 10^4 的负反馈以后,放大倍数的稳定性提高了 10^4 倍(一万倍)。

5.3.2 减小非线性失真

由于放大器件特性曲线的非线性,当输入信号为正弦波时,输出信号的波形可能不再是一个真正的正弦波,而将产生或多或少的非线性失真。当信号幅度比较大时,非线性失真现象更为明显。非线性失真的实质是在放大电路的输出波形中产生了输入信号中原来没有的谐波成分。引入负反馈可以减小非线性失真。例如,如图 5.7 所示,如果正弦波输入信号经过放大后产生的失真波形为正半周大,负半周小,经过反馈后,在 F 为常数的条件下,反馈信号 x_f 也是正半周大,负半周小,但它和输入信号 x_i 相减后得到的净输入信号 x_{id} 的波形却变成正半周小,负半周大,这样就把输出信号的正半周压缩,负半周扩大,结果使正负半周的幅度趋于一致,从而改善了输出波形。

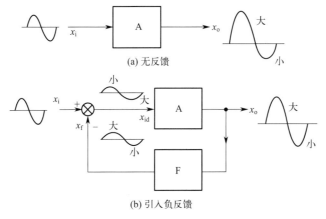

图 5.7 利用负反馈减小非线性失真

可以证明:加了负反馈后,放大电路的非线性失真减小为原来的 $\frac{1}{1+AF}$。对于放大电路干扰,同样可证明加了负反馈后,干扰则可以抑制 $1+AF$ 倍。

5.3.3 拓宽频带

从本质上说，放大电路的通频带受到一定限制，是由放大电路对不同频率的输入信号呈现出不同的放大倍数而造成的。而通过前面的分析已经看到，无论何种原因引起放大电路的放大倍数发生变化，均可以通过负反馈使放大倍数的相对变化量减小，提高放大倍数的稳定性。由此可知，对于信号频率不同而引起的放大倍数下降，也可以利用负反馈进行改善。所以，引入负反馈可以拓宽放大电路的频带。

例如，假设反馈系数 F 是一固定常数，当输入信号的幅度不变时，随着频率的升高或降低，输出信号的幅度将减小，则引回到放大电路输入回路的反馈信号的幅度也按比例减小，于是净输入信号的幅度增大，使放大电路输出信号的相对下降量比无反馈时少，也就是说，放大电路的频带拓宽了。根据单管放大电路在高频区及低频区的放大倍数的表达式和式(5.1)可以证明，频带拓宽的程度也与负反馈深度 $1+AF$ 有关。

引入负反馈后，放大电路的上限截止频率提高了 $1+AF$ 倍，而下限截止频率降低到原来的 $\dfrac{1}{1+AF}$，总的通频带得到了拓宽。通常情况下，放大电路的上限截止频率大于下限截止频率，所以引入负反馈后，通频带拓宽了 $1+AF$ 倍，即

$$BW_\mathrm{f}=(1+AF)BW=(1+AF)(f_\mathrm{H}-f_\mathrm{L})\approx(1+AF)f_\mathrm{H} \tag{5.3}$$

5.3.4 改变输入电阻和输出电阻

放大电路引入不同组态的负反馈后，对输入电阻和输出电阻将产生不同的影响。人们经常利用各种形式的负反馈来改变输入、输出电阻的数值，以满足实际工作中提出的特定要求。

（1）负反馈对输入电阻的影响

放大电路中外加信号与负反馈信号在输入端的叠加方式不同，将对放大电路输入电阻产生不同的影响。但是放大电路输出端的取样方式不影响输入电阻。串联负反馈将增大输入电阻，并联负反馈将减小输入电阻，下面进行具体分析。

① 串联负反馈使输入电阻增大。图 5.8 所示为串联负反馈的框图。图中开环输入电阻为 R_i，闭环输入电阻为 R_if，反馈网络的输出电阻为 R_f。由图可见，反馈信号与外加信号以电压形式求和，而且反馈电压将削弱输入电压的作用，使净输入电压减小。所以在同样的外加输入电压之下，输入电流将比无反馈时小，因此输入电阻将增大。由图 5.8 也可看出，闭环输入电阻 R_if 为开环输入电阻 R_i 和反馈网络的输出电阻 R_f 的串联值，所以串联负反馈使输入电阻增大。

在图 5.8 中，无反馈时的输入电阻为 $R_\mathrm{i}=U_\mathrm{id}/I_\mathrm{i}$，而引入串联反馈后的输入电阻为 $R_\mathrm{if}=U_\mathrm{i}/I_\mathrm{i}$，则由反馈的一般表达式可以推出，其闭环输入电阻 R_if 由下式来计算：

$$R_\mathrm{if}=(1+AF)R_\mathrm{i} \tag{5.4}$$

② 并联负反馈使输入电阻减小。图 5.9 所示为并联负反馈的框图，反馈信号与外加信号以电流形式求和，而且反馈电流将使净输入电流减小。说明在同样的外加输入电压之下，输入电流将比无反馈时大，因此输入电阻将减小。由图 5.9 也可看出，闭环输入电阻 R_if 为开环输入电阻 R_i 和反馈网络的输出电阻 R_f 的并联值，所以并联负反馈使输入电阻减小。

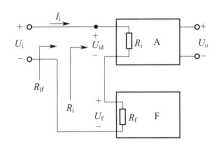
图5.8 串联负反馈的框图

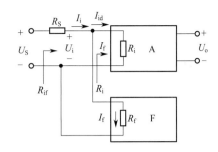
图5.9 并联负反馈的框图

在图5.9中，无反馈时的输入电阻为$R_i=U_i/I_{id}$，而引入并联反馈后的输入电阻为$R_{if}=U_i/I_i$，同样由反馈的一般表达式可推出，其闭环输入电阻R_{if}由下式来计算：

$$R_{if}=\frac{R_i}{1+AF} \qquad (5.5)$$

（2）负反馈对输出电阻的影响

负反馈放大电路在输出端的采样方式不同，则对放大电路输出电阻的影响也不同。但是放大电路输入端的叠加方式对输出电阻没有影响。电压负反馈将减小输出电阻，电流负反馈将增大输出电阻。

① 电压负反馈使输出电阻减小。图5.10所示为电压负反馈的框图。

图中A_o是负载开路时开环放大倍数，开环输出电阻为R_o，闭环输出电阻为R_{of}，反馈网络的输入电阻为R_f'。由图可见，R_o与R_f'是并联关系，则$R_{of}=R_o//R_f'$，所以使得$R_{of}<R_o$，电压负反馈使输出电阻减小。通常由反馈的一般表达式可以推出，其闭环输出电阻R_{of}由下式来计算：

$$R_{of}=\frac{R_o}{1+A_oF} \qquad (5.6)$$

② 电流负反馈可提高输出电阻。图5.11所示为电流负反馈的框图。由图可见，R_o与R_f'是串联关系，则$R_{of}=R_o+R_f'$，使得$R_{of}>R_o$，电流负反馈使输出电阻增大。同样由反馈的一般表达式可以推出，其闭环输出电阻R_{of}由下式来计算：

$$R_{of}=(1+A_oF)R_o \qquad (5.7)$$

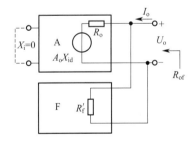
图5.10 电压负反馈的框图

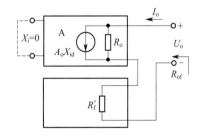
图5.11 电流负反馈的框图

归纳

综上所述，正确引入反馈是一个综合性问题，它包含着两方面的内容：首先是选择合适的负反馈放大电路类型；其次是正确选用各元件参数。

注意

选择负反馈放大电路类型的依据就是着眼于降低输入信号源的负载和增强放大电路输出端的负载能力。

电路中引入负反馈可以使放大电路的性能多方面得到改善。实际应用中可以根据放大电路性能参数的要求,合理地引入负反馈。

5.3.5 放大电路引入负反馈的一般原则

在设计负反馈放大电路时,应根据实际应用对放大电路性能的要求,引入合适的负反馈,一般遵循以下几点原则。

① 如果要稳定放大电路的静态工作点,应该引入直流负反馈;如果要改善放大电路的动态性能,应该引入交流负反馈。

② 根据信号源的性质决定是引入串联反馈,还是引入并联反馈。当信号源是恒压源或内阻较小的电压源时,应引入串联反馈;当信号源是恒流源或内阻较大的电流源时,应引入并联反馈。

③ 根据对放大电路输出信号的要求,选择是引入电压负反馈,还是引入电流负反馈。当要求放大电路输出稳定的电压信号时,应选择电压负反馈;当要求放大电路输出稳定的电流信号时,应选择电流负反馈。

如果输入的是电压信号,输出也需要电压信号,这是一个电压放大器,则应选择电压串联负反馈电路,可以获得较大的闭环输入电阻和较小的输出电阻(适用于电压控制的电压源);如果输入的是电流信号,输出也需要电流信号,这是一个电流放大器,则应选择电流并联负反馈电路,可以获得较小的闭环输入电阻和较大的输出电阻(适用于电流控制的电流源);如果输入的是电压信号,输出需要电流信号,这是一个电压-电流变换器,则应选择电流串联负反馈电路,可以获得较大的闭环输入电阻和较大的输出电阻(适用于电压控制的电流源);如果输入的是电流信号,输出需要电压信号,这是一个电流-电压变换器,则应选择电压并联负反馈电路,可以获得较小的闭环输入电阻和较小的输出电阻(适用于电流控制的电压源)。所以负反馈对输入电阻的影响,主要取决于输入端输入信号与反馈信号是串联还是并联,串联负反馈提高输入电阻,并联负反馈降低输入电阻;而负反馈对输出电阻的影响,主要取决于输出端反馈信号采样方式,电压负反馈降低输出电阻,电流负反馈提高输出电阻。

选择各元件参数的依据是反馈深度 $1+AF$ 的大小。因为反馈深度的大小对放大电路的性能改善起着极其重要的作用。目前,设计放大电路大多都选用集成运放,满足深度负反馈,负反馈电路的估算后面讨论。

 思考题

1. 负反馈是如何影响放大电路性能指标的?什么是反馈深度?
2. 引入负反馈的基本原则是什么?
3. 各种反馈组态适用于什么场合?

5.4 深度负反馈放大电路的分析计算

负反馈放大电路的小信号动态分析可以用第2章介绍的微变等效电路法来完成。但是负反馈放大电路一般比较复杂,利用这种方法计算非常麻烦,除非借助计算机辅助分析,否则一般不用。实际上由于多级放大电路的放大倍数一般都比较大,特别是集成运放电路的广泛应用,使负反馈放大电路很容易满足深度负反馈的条件,所以通常都用近似计算的方法分析负反馈放大电路。

> **能量小贴士**
>
> **拓展阅读:** 引入深度负反馈可以改善放大倍数的性能指标,但是引入深度负反馈也会导致放大倍数降低或产生自激等情况。因此,放大电路引入反馈时,必须全面考虑上述情况。矛盾普遍性是一切科学认识的前提,矛盾存在于一切事物中,贯穿于一切事物发展过程的始终,即矛盾无处不在,无时不有。任何事物都是对立面的统一,矛盾是一切事物的共性。每一事物的发展过程存在着自始至终的矛盾运动,矛盾的存在是普遍的绝对的。否认矛盾,就谈不到有真正科学的认识。矛盾普遍存在,有其特殊性,应具体问题具体分析。要全面看待问题,善于抓住重点和主流("抓住主要矛盾、忽略次要矛盾"辩证关系在本课程中的又一应用实例)。

本节主要讨论深度负反馈放大电路闭环电压放大倍数的近似估算,通常可以采用两种方法,下面分别进行介绍。

5.4.1 利用关系式 $A_f \approx \dfrac{1}{F}$ 估算反馈放大电路的电压放大倍数

通过前面的分析已经知道,如果负反馈放大电路满足 $1+AF \gg 1$ 的条件,则其闭环电压放大倍数近似等于反馈系数的倒数,即 A_f 可用下式表示:

$$A_f \approx \frac{1}{F} \tag{5.8}$$

上式表明,只需求出 F,即可得到 A_f,估算闭环电压放大倍数的过程十分简单。但是,式(5.8)中的 A_f 是广义的放大倍数,其含义和组态有关,并非专指电压放大倍数。所以用式(5.8)估算闭环电压放大倍数是有条件的。只有当负反馈的组态是电压串联时,式(5.8)中的 A_f 才代表闭环电压放大倍数,此时该式可表示为

$$A_{uuf} \approx \frac{1}{F_{uu}} \tag{5.9}$$

此时方可利用这个公式直接估算深度负反馈放大电路的闭环电压放大倍数。

5.4.2 利用关系式 $X_i \approx X_f$ 估算反馈放大电路的电压放大倍数

对于电压串联负反馈以外的其他3种负反馈组态,即电压并联负反馈、电流串联负反馈

和电流并联负反馈，不能直接由式(5.8)计算，可采用关系式 $X_i \approx X_f$（考虑中频时信号为实数）估算闭环电压放大倍数。因为放大器的闭环放大倍数为 $A_f = X_o/X_i$；反馈系数 $F = X_f/X_o$；根据深度负反馈的特点，$A_f \approx 1/F$，所以有：

$$X_i \approx X_f \tag{5.10}$$

上式表明，深度负反馈放大电路的反馈信号 X_f 与外加输入信号 X_i 近似相等，即串联型反馈时，$U_i \approx U_f$，$U_{id} \approx 0$；并联型反馈时，$I_i \approx I_f$，$I_{id} \approx 0$。

由此可知，在估算闭环电压放大倍数之前，必须首先判断负反馈是串联负反馈还是并联负反馈，以便在以上两者中选择一个适当的计算公式，再根据放大电路的实际情况，列出 U_i 和 U_f（或 I_i 和 I_f）的表达式，然后直接估算闭环电压放大倍数。下面通过几个例子加以说明。

5.4.3 深度负反馈放大电路计算举例

（1）电压串联负反馈放大电路

【例5.2】 分析图5.12所示的电路的反馈组态，若电路满足深度负反馈的条件，计算负反馈放大电路的闭环电压放大倍数。

解：根据反馈组态的判断方法，图5.12所示的电路为电压串联负反馈放大电路，所以闭环电压放大倍数可直接用式(5.9)计算。

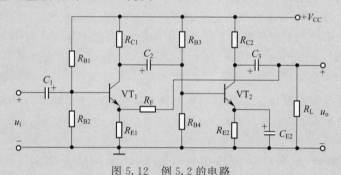

图5.12 例5.2的电路

首先算出反馈系数 F_{uu}。由图可得反馈系数为 R_{E1} 和 R_F，由分压关系求得：

$$F_{uu} = \frac{R_{E1}}{R_{E1}+R_F}，所以闭环电压放大倍数为$$

$$A_{uuf} \approx \frac{1}{F_{uu}} = 1 + \frac{R_F}{R_{E1}}$$

（2）电压并联负反馈放大电路

【例5.3】 计算图5.4(a)所示电压并联负反馈放大电路的闭环电压放大倍数，电路满足深度负反馈的条件。

解：因电路为电压并联负反馈放大电路，所以闭环电压放大倍数不能直接用式(5.9)计算，而是利用式(5.10)来计算。并联负反馈用 $I_i \approx I_f$ 来算，由图可得

$$I_i = \frac{U_S}{R_S}，I_f = -\frac{U_o}{R_F}$$

由于 $I_i \approx I_f$，所以有 $\frac{U_S}{R_S} \approx -\frac{U_o}{R_F}$，则闭环电压放大倍数为

$$A_{\text{uusf}}=\frac{U_o}{U_S}=-\frac{R_F}{R_S}$$

（3）电流串联负反馈放大电路

【例5.4】 计算图5.5所示电流串联负反馈放大电路的闭环电压放大倍数，电路满足深度负反馈的条件。

解：因电路为电流串联负反馈放大电路，所以闭环电压放大倍数用式(5.10)来计算。串联负反馈用 $U_i \approx U_f$ 来算，由图5.5(a)可得

$$U_f = I_o R_E \approx U_i, U_o = -I_o R'_L$$

则闭环电压放大倍数为

$$A_{\text{uuf}}=\frac{U_o}{U_i}=-\frac{R'_L}{R_E}$$

由图5.5(b)可得

$$U_f = I_o R_F \approx U_i, U_o = I_o R_L$$

则闭环电压放大倍数为

$$A_{\text{uuf}}=\frac{U_o}{U_i}=\frac{R_L}{R_F}$$

（4）电流并联负反馈放大电路

【例5.5】 计算图5.6所示电流并联负反馈放大电路的闭环电压放大倍数，电路满足深度负反馈的条件。

解：因电路为电流并联负反馈放大电路，所以闭环电压放大倍数用式(5.10)来计算。并联负反馈用 $I_i \approx I_f$ 来算，由图5.6(a)可得

$$I_i = \frac{U_S}{R_S}, I_f = -\frac{R_{E2}}{R_F + R_{E2}} I_{e2}, U_o = -I_{c2} R'_L \approx -I_{e2} R'_L$$

其中 $R'_L = R_{C2} // R_L$，则闭环电压放大倍数为

$$A_{\text{uusf}}=\frac{U_o}{U_S}=-\frac{(R_F+R_{E2})R'_L}{R_{E2}R_S}$$

由图5.6(b)可得

$$I_i = \frac{U_i}{R_1}, I_f = -\frac{R_3}{R_F + R_3} I_o, U_o = I_o R_L$$

则闭环电压放大倍数为

$$A_{\text{uuf}}=\frac{U_o}{U_i}=-\frac{(R_F+R_3)R_L}{R_3 R_1}$$

思考题

1. 什么是深度负反馈？
2. 深度负反馈条件下如何计算放大电路性能指标？

5.5 负反馈放大电路的自激振荡和消除方法

自激振荡是指放大电路的输入端不加信号时，在输出端也会出现一定幅度和一定频率电压信号的现象。

5.5.1 产生自激振荡的条件和原因

（1）产生自激振荡的条件

在 5.1.2 小节中讨论反馈深度时，提到当 $|1+\dot{A}\dot{F}|=0$ 时，闭环放大倍数 $|\dot{A}_f|\to\infty$，这表示没有输入信号，输出端也会有信号输出。所以负反馈放大电路产生自激振荡的条件为：$1+\dot{A}\dot{F}=0$ 或 $\dot{A}\dot{F}=-1$，即自激的幅度平衡条件为

$$|\dot{A}\dot{F}|=1 \qquad (5.11)$$

自激的相位平衡条件为

$$\varphi_{AF}=\varphi_A+\varphi_F=\arg(\dot{A}\dot{F})=\pm(2n+1)\pi \quad （其中 n 为整数） \qquad (5.12)$$

式中，φ_{AF} 为环路的附加相移；φ_A 为基本放大电路的附加相移；φ_F 为反馈网络的附加相移。一般情况，反馈网络为纯电阻，相移为 0，这时总的附加相移 φ_{AF} 等于开环放大电路的附加相移 φ_A。自激时，环路产生了 ±180°（或奇数倍的 180°）的附加相移，这使反馈信号 $\dot{X}_f$ 极性发生了 ±180° 的变化，负反馈变成正反馈。所以自激振荡的实质就是放大电路中的负反馈变为足够大的正反馈。

（2）自激振荡产生的原因

以上讨论的负反馈，放大电路的信号工作频率在通频带范围内，不存在附加相移。从放大电路频率特性的分析可知：单级放大电路在低频或高频时，会产生附加相移，最大的附加相移可达 ±90°，两级放大电路的最大附加相移可达 ±180°，但这时放大倍数近似为零，不满足幅度条件。因此，两级负反馈放大电路也是稳定的。三级放大电路的最大附加相移可达 ±270°，级数愈多相移也愈大。当其附加相移达到 180°，同时反馈信号的幅值等于或大于净输入信号的幅值时，即 $|\dot{A}\dot{F}|\geqslant 1$，负反馈放大电路就产生自激振荡。

5.5.2 消除自激振荡的常用方法

对于三级或三级以上的负反馈放大电路来说，为了避免自激振荡，保证电路稳定工作，需要采取适当措施来破坏自激振荡的幅度条件和相位条件。最容易想到的方法是减小其反馈系数 $|\dot{F}|$ 或放大倍数 $|\dot{A}|$ 的值，使相移 $\varphi_{AF}=180°$ 时，$|\dot{A}\dot{F}|<1$。此时电路幅度条件不满足，将不会产生自激振荡，电路达到了稳定。减小反馈系数虽然能够达到消振的目的，但是由于负反馈深度下降，不利于放大电路其他性能的改善，所以这是一种消极的方法。

消除自激振荡的基本方法是采用相位补偿网络。补偿的指导思想是在电路中增加适当的阻容元件，改变频率特性，破坏自激振荡条件，使电路工作稳定。根据补偿网络本身的性质，可分成滞后补偿、相位超前-滞后补偿和超前补偿三大类，这里仅介绍滞后补偿的方法。

（1）电容滞后补偿

比较简单的消振措施是在负反馈放大电路的适当地方接入一个补偿（校正）电容，如图 5.13 所示。接入的电容相当于并联在前一级的负载上，在中、低频时，由于容抗很大，所以这个电容基本不起作用。高频时，由于容抗减小，前一级的放大倍数降低，从而破坏自激振荡的条件，使电路稳定工作。

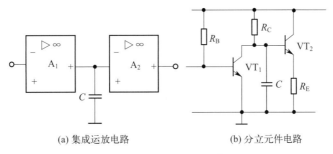

(a) 集成运放电路　　　　(b) 分立元件电路

图 5.13　电容滞后补偿

采用电容滞后补偿（校正）的方法比较简便，但主要缺点是：加上补偿电容后，因所需补偿电容 C 的容量比较大，所以放大电路的高频特性比原来降低很多，通频带将严重变窄。

（2）RC 滞后补偿

除了电容滞后补偿（校正）以外，还可以利用电阻、电容元件串联组成的 RC 滞后补偿网络来消除自激振荡。如图 5.14 所示，利用 RC 滞后补偿（校正）网络代替电容滞后补偿网络，将使通频带变窄的程度有所改善。在高频段，电容的容抗将降低，但因有一个电阻与电容串联，所以 RC 网络并联在电路中，对高频电压放大倍数的影响相对小一些，因此，如果采用 RC 校正网络，在消除自激振荡的同时，放大电路的高频特性比电容滞后补偿改善不少。校正网络应加在时间常数最大的放大级，通常可接在前级输出电阻和后级输入电阻都比较高的地方。

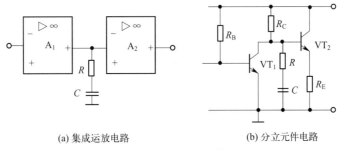

(a) 集成运放电路　　　　(b) 分立元件电路

图 5.14　RC 滞后补偿

为了便于在集成器件内部电路制作皮法级的小电容和增强消振效果，实际工作中还常常将补偿（校正）网络接在三极管的基极和集电极之间，称为密勒效应补偿。可以用较小的电容达到同样的消振效果。

 思考题

1. 负反馈放大电路为什么会产生自激振荡？产生自激振荡的条件是什么？
2. 负反馈放大电路中如何消除自激振荡？

5.6 故障诊断和检测

　　反馈放大电路中故障诊断同基本放大电路类似，不同的是反馈放大电路由于引入了反馈，可能产生附加相移，会使放大电路产生自激振荡，电路不能正常工作。所以在进行反馈放大电路测试时，首先进行直流静态测试，其测试方法和故障诊断方法同第 2 章基本放大电路。静态正常的情况下，看电路输出有没有自激振荡现象，如有自激振荡现象，先采用消除自激方法进行排除，在此基础上再进行相关的动态测试，动态测试方法和故障诊断方法同第 2 章基本放大电路。

　　反馈放大电路中除了容易产生自激振荡现象外，有时反馈支路没有连接好，或者反馈支路中元件开路，都会使电路的放大倍数大大提高，电路的稳定性变差，电路的输出波形会严重失真，如果反馈放大电路中输入信号正常而测试到输出波形失真，应该检查反馈支路情况，加以排除，电路即可恢复正常工作状态。

本章小结

　　1. 反馈的基本概念，反馈的性质及组态。
　　2. 负反馈类型的判断方法。
　　判断正负反馈采用瞬时极性法，如反馈结果使净输入变小的为负反馈，而反馈结果使净输入变大的为正反馈。
　　判断电压还是电流反馈采用短路法，如输出端短路后反馈不再存在的则为电压反馈，而输出端短路后反馈还存在的则为电流反馈。
　　判断串联还是并联反馈采用回路法，输入信号与反馈信号在输入回路中以电压形式出现的为串联反馈，而输入信号与反馈信号在输入回路中以电流形式出现的为并联反馈。
　　3. 负反馈对放大电路性能指标的影响，提高放大电路的稳定性、改善非线性失真、抑制干扰、拓宽频带和改变输入电阻与输出电阻。
　　4. 深度负反馈下反馈放大电路的分析和计算。
　　5. 负反馈放大电路的自激振荡的判断及消除方法。

本章关键术语

　　反馈　feedback　将输出信号的一部分送回到放大器输入端的过程。
　　负反馈　negative feedback　将输出信号的一部分送回到放大器输入端，且反馈信号与输入信号反相的过程。

自我测试题

一、选择题（请将下列题目中的正确答案填入括号内）

　　1. 对于放大电路，所谓开环是指（　　）。
　　(a) 无信号源　　(b) 无反馈网络　　(c) 无负载
　　2. 在输入量不变的情况下，若引入反馈后（　　），则说明引入的反馈是负反馈。
　　(a) 净输入增大　　(b) 净输入减小　　(c) 输出量增大

3. 欲得到电流-电压转换电路，应在放大电路中引入（　　）负反馈。
(a) 电压串联　　(b) 电流并联　　(c) 电压并联　　(d) 电流串联

4. 要将电压信号转换成与之成比例的电流信号，应在放大电路中引入（　　）负反馈。
(a) 电压串联　　(b) 电压并联　　(c) 电流串联　　(d) 电流并联

5. 欲减小电路从信号源索取的电流，增强带负载能力，应在放大电路中引入（　　）负反馈。
(a) 电压串联　　(b) 电压并联　　(c) 电流串联　　(d) 电流并联

6. 欲从信号源获得更大的电流，并稳定输出电流，应在放大电路中引入（　　）负反馈。
(a) 电压串联　　(b) 电压并联　　(c) 电流串联　　(d) 电流并联

二、判断题（正确的在括号内打√，错误的在括号内打×）

1. 若放大电路的放大倍数为负，则引入的反馈一定是负反馈。（　　）
2. 若放大电路引入电压负反馈，则负载电阻变化时，输出电压基本不变。（　　）
3. 只要在放大电路引入负反馈，就一定能使其性能得到改善。（　　）
4. 放大电路的级数越多，引入的负反馈越强，电路的放大倍数也就越稳定。（　　）
5. 既然电流负反馈稳定输出电流，那么必然稳定输出电压。（　　）

三、分析计算题

1. 已知一个电压串联负反馈放大电路的电压放大倍数 A_{uf} 为20，其基本放大电路的电压放大倍数 A_u 的相对变化率为 10%，A_{uf} 的相对变化率为 0.1%，试求基本放大电路的电压放大倍数 A_u 和反馈系数 F 各为多少？

2. 判断图 5.15 所示电路中是否引入了反馈，判断反馈类型。

3. 放大电路如图 5.16 所示。(1) 试通过电阻引入合适的交流负反馈，使输入电压 u_I 转换成稳定的输出电流 i_L；(2) 若 $u_I = 0 \sim 5\text{V}$ 时，$i_L = 0 \sim 10\text{mA}$，则反馈电阻 R_F 应取多少？电流表内阻 $R_M = 10\text{k}\Omega$。

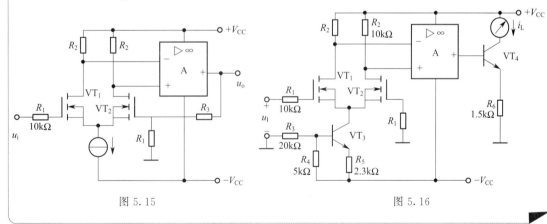

图 5.15　　　　　　　　　　　图 5.16

习题

一、选择题（请将下列题目中的正确答案填入括号内）

1. 反馈量与放大器的输入量极性（　　），因而使净输入量减小的反馈，称为（　　）。
(a) 相同　　(b) 相反　　(c) 正反馈　　(d) 负反馈

2. 串联反馈的反馈量以（　　）形式馈入输入回路，和输入（　　）相比较而产生净输入量。
(a) 电压　　(b) 电流　　(c) 电压或电流

3. 为了提高反馈效果，对串联负反馈应使信号源内阻 R_S（　　）。
(a) 尽可能大　　　(b) 尽可能小　　　(c) 大小适中
4. 某放大电路，要求输入电阻大，输出电流稳定，应引进（　　）负反馈。
(a) 电压串联　　(b) 电流并联　　(c) 电压并联　　(d) 电流串联
5. 直流负反馈是指（　　）。
(a) 直接耦合放大电路中所引入的负反馈　　(b) 在直流通路中的负反馈
(c) 只有放大直流信号时才有的负反馈
6. 交流负反馈是指（　　）。
(a) 阻容耦合放大电路中所引入的负反馈　　(b) 在交流通路中的负反馈
(c) 只有放大交流信号时才有的负反馈
7. 某传感器产生的是电压信号（几乎不能提供电流），经放大后希望输出电压与信号成正比，放大电路应引入（　　）负反馈。
(a) 电压串联　　(b) 电流并联　　(c) 电压并联　　(d) 电流串联
8. 要得到一个由电流控制的电流源，应选（　　）负反馈放大电路。
(a) 电压串联　　(b) 电压并联　　(c) 电流串联　　(d) 电流并联
9. 需要一个阻抗变换电路，要求输入电阻小，输出电阻大，应选（　　）负反馈放大电路。
(a) 电压串联　　(b) 电压并联　　(c) 电流串联　　(d) 电流并联
10. 用滞后校正消除负反馈放大器自激振荡的主要缺点是使放大器的（　　）。
(a) 低频特性变差　　(b) 高频特性变差　　(c) 通频带变窄

二、判断题（正确的在括号内打√，错误的在括号内打×）
1. 为了提高反馈效果，对并联负反馈应使信号源内阻尽可能大。（　　）
2. 对于电压负反馈要求负载电阻尽可能小。（　　）
3. 要得到一个由电流控制的电压源，应选电流串联负反馈放大电路。（　　）
4. 需要一个阻抗变换电路，要求输入电阻大，输出电阻大，应选电流串联负反馈放大电路。（　　）
5. 放大器引入负反馈后就有可能改善其各种性能。（　　）

三、填空题
1. 将放大器_____的全部或部分通过某种方式送回到输入端，这部分信号叫作_____信号。使放大器净输入信号减小，放大倍数也减小的反馈，称为_____反馈；使放大器净输入信号增加，放大倍数也增加的反馈，称为_____反馈。
2. 放大电路中常用的负反馈类型有_____、_____、_____和_____负反馈。
3. 在放大电路中，直流负反馈在电路中的主要作用是_____，交流负反馈在电路中的主要作用是_____。
4. 反馈电阻 R_E 可对交流信号产生_____作用，从而造成电压增益下降过多。为了不使交流信号削弱，一般在 R_E 的两端_____。
5. 电压负反馈能稳定_____，使输出电阻_____；电流负反馈能稳定_____，使输出电阻_____。
6. 放大电路中为了提高输入电阻应引入_____反馈；为了降低输入电阻应引入_____反馈。
7. 反相比例运算电路组成电压_____负反馈，其输入电阻_____；同相比例运算电路组成电压_____负反馈，其输入电阻_____。
8. 某仪表放大电路要求增大输入电阻，输出电流稳定，应选择_____反馈。

9. 为了稳定放大电路的输出电压，对于高内阻的信号源来说，放大电路应引入＿＿＿＿反馈。

10. 在深度负反馈放大电路中，净输入信号约为＿＿＿＿，输入信号约等于＿＿＿＿信号。

四、名词解释题

1. 负反馈、正反馈。
2. 直流反馈、交流反馈。
3. 电压反馈、电流反馈。
4. 串联反馈、并联反馈。
5. 深度负反馈、自激振荡。

五、分析计算题

1. 什么情况下采用串联负反馈更合适？什么情况下采用并联负反馈更合适？什么情况下采用电压负反馈更合适？什么情况下采用电流负反馈更合适？

2. 为充分发挥反馈作用，串联反馈和并联反馈各对信号源内阻有什么要求？

3. 在图 5.17 所示的各放大电路中，试说明存在哪些反馈支路，并判断哪些是负反馈？哪些是正反馈？哪些是直流反馈？哪些是交流反馈？如为交流反馈，试分析反馈的组态。假设各电路中电容的容抗可以忽略。

4. 在图 5.17 所示的各电路中，试说明哪些反馈能够稳定输出电压？哪些能够稳定输出电流？哪些能够提高输入电阻？哪些能够降低输出电阻？

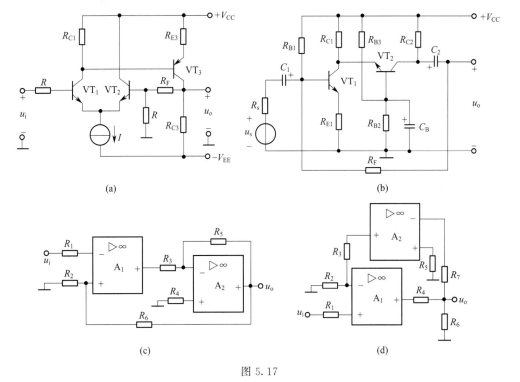

图 5.17

5. 在图 5.18 中：(1) 电路中共有哪些反馈（包括级间反馈和局部反馈），分别说明它们的极性和组态；(2) 如果要求 R_{F1} 只引入交流反馈，R_{F2} 只引入直流反馈，应该如何改变，请画在图上;(3) 在第(2)小题情况下,上述两路反馈各对电路性能产生什么影响?(4) 在第(2)小题情况下,假设满足深度负反馈条件,估算电压放大倍数。

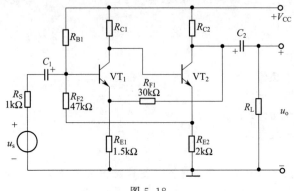

图 5.18

6. 在图 5.19 所示的电路中:(1) 试判断级间反馈的极性和组态;(2) 该反馈对电路的放大倍数和输入、输出电阻有何影响(增大、减小或基本不变)?(3) 如为负反馈,并满足深度负反馈条件,估算电压放大倍数;如为正反馈,请在原电路的基础上改为负反馈。

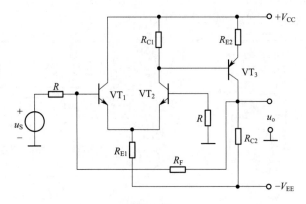

图 5.19

7. 在图 5.20 所示的电路中:(1) 计算在未接入 VT_3 且 $u_i=0$ 时,VT_1 管的 U_{CQ1} 和 U_{EQ}(均对地),设 $\beta_1=\beta_2=100$,$r_{be}=10.8k\Omega$,$U_{BEQ1}=U_{BEQ2}=0.7V$;(2) 计算当 $u_i=+5mV$ 时,U_{C1} 和 U_{C2} 各是多少?(3) 如接入 VT_3 并通过 C_3 经 R_F 反馈到 B_3,试说明 B_3 应与 C_1 还是 C_2 相连才能实现负反馈?(4) 在第(3)小题情况下,若满足深度负反馈条件,试计算 R_F 应是多少才能使引入负反馈后的放大倍数 $A_{uf}=10$。

8. 判断图 5.21 所示电路中的反馈类型,并分别说明上述反馈在电路中的作用。假设两个电路中均为输入端电阻 $R_1=1k\Omega$,反馈电阻 $R_F=10k\Omega$,分别估算两个电路的闭环电压放大倍数各等于多少?

9. 假设单管共射放大电路在无反馈时的电压放大倍数为 100,下限截止频率为 80Hz,上限截止频率为 20kHz。如果反馈系数为 10%,问闭环后的电压放大倍数和上下限截止频率为多少?

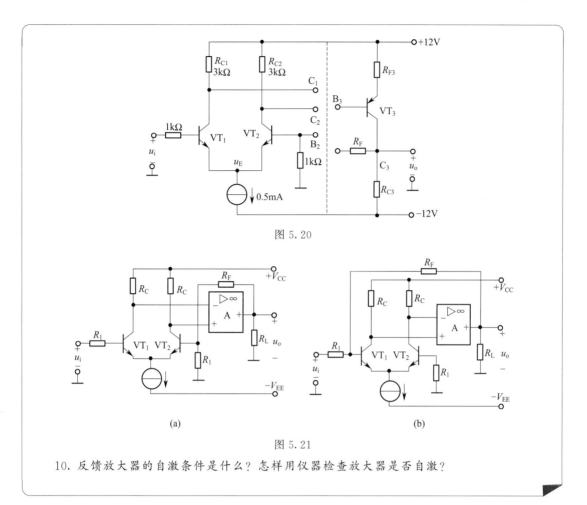

图 5.20

图 5.21

10. 反馈放大器的自激条件是什么？怎样用仪器检查放大器是否自激？

综合实训

请用运算放大器设计一个放大倍数为 -1000 的负反馈放大电路，组件尽量用得少，电路输入电阻大于 $100\text{k}\Omega$，输出电阻小于 50Ω。

设计提示：

建议用多级集成运算放大器组成的放大电路来实现。

第6章 信号发生电路

 学习目标

要掌握： 振荡的产生过程；RC、LC正弦波振荡电路的工作原理；矩形波和锯齿波发生电路的原理。

会分析： RC、LC选频网络的工作原理与特性；石英晶体的特点；压控振荡器的电路组成和工作原理。

会计算： 正弦波振荡电路和石英晶体振荡器的频率计算；矩形波和锯齿波发生电路的指标计算；压控振荡器的频率计算。

会选用： 根据指标要求，选择各种信号发生电路。

会处理： 振荡电路的故障诊断和排除方法。

会应用： 用实验或Multisim软件分析和调试各种信号发生电路。

本章介绍信号发生电路，包括正弦波振荡电路、方波发生电路、三角波发生电路和压控振荡器。

正弦波振荡电路分为RC振荡器、LC正弦波振荡器和石英晶体振荡器。RC振荡电路的振荡频率一般与RC的乘积成反比，这种振荡器可产生几赫至几百千赫的低频信号。LC振荡电路的振荡频率主要取决于LC并联回路的谐振频率，一般与LC成反比，这种振荡器可产生高达一百兆赫以上的高频信号。常用的LC振荡电路有变压器反馈式、电感三点式、电容三点式以及电容三点式改进型振荡电路等。石英晶体谐振器相当于一个高Q值的LC电路，当要求正弦波振荡电路具有很高的频率稳定性时，可以采用石英晶体振荡器，其振荡频率取决于石英晶体的固有频率，频率稳定度可达$10^{-6} \sim 10^{-8}$的数量级。

常见的非正弦波发生电路有方波发生电路、三角波发生电路、压控振荡器等。非正弦波发生电路的电路组成、工作原理和分析方法均与正弦波振荡电路显著不同。方波发生电路可以由滞回比较器和RC充放电回路组成。利用比较器输出的高电平或低电平使RC电路充电或放电，又将电容上的电压作滞回比较器的输入，控制其输出端状态发生跳变，从而产生一定周期的方波输出电压。方波的振荡周期与RC充放电的时间常数成正比，也与滞回比较器的参数有关。将方波进行积分即可得到三角波，因此，三角波发生电路可由滞回比较器和积分电路组成。在三角波发生电路中，使积分电容充电和放电的时间常数不同，且相差悬殊，在输出端即可得到锯齿波信号。本章最后介绍压控振荡器的工作原理。

正弦波和非正弦波发生电路常常作为信号源被广泛地应用于无线电通信以及自动测量和自动控制等系统中。本章首先介绍 RC 振荡电路和 LC 振荡电路的组成和工作原理，然后讨论方波发生电路、三角波发生电路和压控振荡器的电路组成和工作原理。

下面首先讨论正弦波信号发生器的电路组成、工作原理和有关计算。

6.1 正弦波信号发生器

正弦波振荡电路也是一种基本的模拟电子电路。电子技术实验中经常使用的低频信号发生器就是一种正弦波振荡电路。大功率的振荡电路还可以直接为工业生产提供能源，例如高频加热炉的高频电源。此外，诸如超声波探伤、无线电和广播电视信号的发送和接收等，都离不开正弦波振荡电路。总之，正弦波振荡电路在测量、自动控制、通信和热处理等各种技术领域中，都有着广泛的应用。

6.1.1 正弦波振荡电路的基本概念

由第 5 章的介绍可知，放大电路引入反馈后，在一定的条件下可能产生自激振荡，使电路不能正常工作，因此必须设法消除这种振荡。但是，在另一些情况下，又需要有意识地利用自激振荡现象，使放大电路变成振荡器，以便产生各种高频或低频的正弦波信号。下面首先来讨论产生正弦波振荡的条件。图 6.1 所示为正弦波振荡器的结构框图。

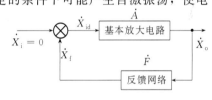

图 6.1 正弦波振荡器的结构框图

（1）振荡条件

由于振荡电路不需要外界输入信号，因此，通过反馈网络输出的反馈信号 $\dot{X}_\mathrm{f}$ 就是基本放大电路的输入信号 $\dot{X}_\mathrm{id}$。该信号经基本放大电路放大后，输出为 $\dot{X}_\mathrm{o}$。如果能使 $\dot{X}_\mathrm{f}$ 和 $\dot{X}_\mathrm{id}$ 大小相等，极性相同，构成正反馈电路，那么，这个电路就能维持稳定输出。因而从 $\dot{X}_\mathrm{f} = \dot{X}_\mathrm{id}$ 可引入自激振荡条件。由方框图可知，基本放大电路的输出为：$\dot{X}_\mathrm{o} = \dot{A}\dot{X}_\mathrm{id}$，反馈网络的输出为：$\dot{X}_\mathrm{f} = \dot{F}\dot{X}_\mathrm{o}$。当 $\dot{X}_\mathrm{f} = \dot{X}_\mathrm{id}$ 时，则有：

$$\dot{A}\dot{F} = 1 \tag{6.1}$$

式（6.1）就是振荡电路的自激振荡条件。这个条件实质上包含下列两个条件。

幅度平衡条件：

$$|\dot{A}\dot{F}| = 1 \tag{6.2}$$

即放大倍数 $\dot{A}$ 和反馈系数 $\dot{F}$ 乘积的模等于 1。

相位平衡条件：

$$\arg \dot{A}\dot{F} = \varphi_\mathrm{A} + \varphi_\mathrm{F} = \pm 2n\pi \quad (n = 0, 1, 2, \cdots) \tag{6.3}$$

即放大电路的相移与反馈网络的相移之和为 $2n\pi$，其中 n 是整数，这也说明正反馈必须为同相。

注 意

式(6.1) 自激振荡条件实质上与负反馈放大电路的自激振荡条件 $\dot{A}F=-1$ 是一致的，这是因为负反馈放大电路在低频和高频时，若有附加相移 $\pm\pi$，负反馈变成正反馈，就能产生自激振荡。故负反馈和正反馈放大电路两者的自激振荡条件相差一个符号。

（2）起振条件

当振荡电路接通电源时，输出端会产生微小的不规则的噪声或扰动信号，它包含了各种频率的谐波分量，经过电路中的选频网络必能选出一种频率 f_0 满足相位平衡条件，经正反馈返送到输入端不断放大，由于放大开始时满足 $|\dot{A}F|>1$ 条件能使输出信号由小逐渐迅速变大，使电路起振，最后进入到放大器件的非线性区或电路的稳幅环节，从而达到 $|\dot{A}F|=1$，使输出幅度稳定进入正常振荡工作状态，维持等幅振荡。

 提 示

这种利用放大电路的非线性来达到稳幅目的的稳幅方式称为内稳幅。为改善输出波形，也可采用外接非线性元件组成稳幅电路来达到稳幅，这种稳幅方式称为外稳幅。

（3）振荡电路的组成

从上述分析可知，一个正弦波振荡器一般由以下 4 个基本部分组成。

① 放大电路：具有信号放大作用，将电源的直流电能转接成交变的振荡能量。
② 反馈网络：形成正反馈，并保证有一定幅值的稳定电压输出。
③ 选频网络：用 RC、LC 或石英晶体等电路组成，以获得单一振荡频率 f_0 的正弦波。选频网络可单独存在，也可与放大电路或反馈网络结合在一起。
④ 稳幅电路：用以使振幅稳定和改善波形，可以由器件的非线性或外加稳幅电路来实现。一般来说，RC 正弦振荡器常采用外稳幅，而 LC 正弦振荡器则常采用内稳幅。

拓展阅读： 正弦波振荡电路是由放大电路、选频网络、正反馈网络和稳幅环节四部分组成的，分别完成起振、选频、放大、稳幅输出等作用。正弦波振荡输出的过程很像大学生的学习经历。刚刚走入大学校门时，接收到了大量信息，这就是起振；而这些突然涌入的信息却导致看不清哪里是想要发展的方向，经过一段时间的学习，开始明确自己的意向，就可以屏蔽掉那些与理想无关的信息，这就是选频；未来的方向已经明确，未来就有了大致的轮廓，为了达到目标，要不断充实自己，用知识强大自己，才能在未来拥有竞争力，这就是放大；现阶段的知识储备已经完成，你已经成为某个领域的专门人才，可以在工作岗位上做出贡献了，这就是稳幅输出。

（4）振荡电路的分析方法

对于正弦波振荡电路，一般是首先检查电路是否具有振荡电路 4 个组成部分，其次检查

6.1.2 RC 正弦波振荡电路

RC 正弦波振荡电路可分为 RC 串并联式正弦波振荡电路、移相式正弦波振荡电路和双 T 式网络正弦波振荡电路。本节主要讨论 RC 串并联式正弦波振荡电路，因为它具有波形好、振幅稳定、频率调节方便等优点，应用十分广泛。其电路主要结构是采用 RC 串并联网络作为选频和反馈网络。在分析正弦波振荡电路时，关键是要了解选频网络的频率特性，这样才能进一步理解振荡电路的工作原理。

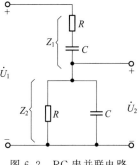

图 6.2 RC 串并联电路

（1）RC 串并联网络的频率特性

RC 串并联网络如图 6.2 所示。假定输入 $\dot{U}_1$ 为幅值恒定、频率 f 可调的正弦波电压，则输出电压 $\dot{U}_2$ 的大小和与 $\dot{U}_1$ 的相位差将随外加信号频率 f 而变。

令串并联网络的反馈系数为

$$\dot{F}=\frac{\dot{U}_2}{\dot{U}_1}=\frac{Z_2}{Z_1+Z_2}=\frac{\dfrac{R}{1+\mathrm{j}\omega RC}}{R+\dfrac{1}{\mathrm{j}\omega C}+\dfrac{R}{1+\mathrm{j}\omega RC}}=\frac{1}{3+\mathrm{j}\left(\omega RC-\dfrac{1}{\omega RC}\right)} \tag{6.4}$$

如令 $\omega_0=\dfrac{1}{RC}$，ω_0 是电路固有角频率，即固有频率 $f_0=\dfrac{1}{2\pi RC}$，因此式(6.4) 可写成：

$$\dot{F}=\frac{1}{3+\mathrm{j}\left(\dfrac{\omega}{\omega_0}-\dfrac{\omega_0}{\omega}\right)}=\frac{1}{3+\mathrm{j}\left(\dfrac{f}{f_0}-\dfrac{f_0}{f}\right)} \tag{6.5}$$

其幅频特性为：

$$|\dot{F}|=\frac{1}{\sqrt{3^2+\left(\dfrac{f}{f_0}-\dfrac{f_0}{f}\right)^2}} \tag{6.6}$$

相频特性为：

$$\varphi_F=-\arctan\frac{\dfrac{f}{f_0}-\dfrac{f_0}{f}}{3} \tag{6.7}$$

由式(6.6) 和式(6.7) 可知：当 $f=f_0$ 时，$\dot{F}$ 的幅值为最大，此时 $|\dot{F}|_{\max}=\dfrac{1}{3}$，而 $\dot{F}$ 的相位角为零，$\varphi_F=0°$；当 $f\ll f_0$ 时，$|\dot{F}|\to=0$，$\varphi_F\to+90°$；当 $f\gg f_0$ 时，$|\dot{F}|\to 0$，$\varphi_F\to-90°$。RC 串并联网络的幅频特性和相频特性如图 6.3 所示。

图中表明，RC 串并联网络在 $f=f_0$ 时具有选频性，也即输入信号 $\dot{U}_1$ 的频率 $f=\dfrac{1}{2\pi RC}$ 时，网络输出电压 $|\dot{U}_2|$ 最大，是输入 $|\dot{U}_1|$ 的 $\dfrac{1}{3}$，而此时相移为 $0°$，则 $\dot{U}_2$ 和 $\dot{U}_1$ 为同相，

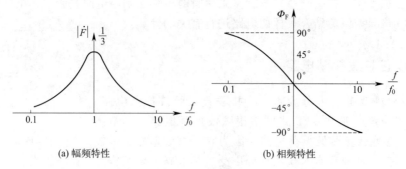

(a) 幅频特性　　　　　　　　　(b) 相频特性

图 6.3　RC 串并联网络的频率特性曲线

而其他频率时,输出电压衰减很快,且存在相位差。

（2）RC 串并联正弦波振荡电路

① 电路组成。RC 串并联（又称桥式或称文氏桥）正弦波振荡电路的基本形式如图 6.4 所示。它由放大电路、反馈网络两部分组成,这里的反馈网络同时又是选频网络。

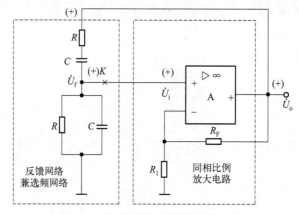

图 6.4　RC 串并联正弦波振荡电路

由于 RC 串并联网络在 $f=f_0$ 时输出最大,相位 $\varphi_F=0°$,所以构成振荡电路时,根据自激振荡相位平衡条件,要求放大电路的相移 $\varphi_A=\pm 2n\pi$。所以图 6.4 所示的 RC 串并联正弦波振荡电路中,采用同相比例运算放大电路。那么该电路是否满足相位平衡条件,即判断电路是否引入正反馈,其方法是将反馈端 K 点断开,引入一个正极性（＋）的输入信号 $\dot{U}_i$,而 $\dot{U}_o$ 也为（＋）,根据瞬时极性法和 RC 串并联网络在 $f=f_0$ 时 $\varphi_F=0°$ 的特点,判断 $\dot{U}_f$ 与 $\dot{U}_i$ 的极性是否相同。从图 6.4 中可看到 $\dot{U}_f$ 与 $\dot{U}_i$ 的极性相同均为（＋）,所以该电路满足正弦波振荡的相位平衡条件。

② 振荡频率。由于同相比例放大电路的输出阻抗可视为零,而输入阻抗远比 RC 串并联网络的阻抗大得多,因此,电路的振荡频率可以认为只由串并联网络选频特性的参数决定,即

$$f_0=\frac{1}{2\pi RC} \tag{6.8}$$

③ 起振条件。根据起振条件 $|\dot{A}\dot{F}|>1$,而 $|\dot{F}|=\frac{1}{3}$,所以要求同相比例放大电路

的电压放大倍数为略大于 3，故 R_F 应略大于 $2R_1$。如果电压放大倍数小于 3，即 R_F 小于 $2R_1$，电路不能振荡；如果电压放大倍数远大于 3，电路输出波形变成近似方波。

④ 常用的稳幅措施。a. 采用热敏电阻。在负反馈电路中，若将图中 R_F 选择负温度系数的热敏电阻，起振时，$\dot{U}_o$ 幅值较小，R_F 的功耗较小，R_F 的阻值较大，于是电压放大倍数较大，有利于起振。当 $\dot{U}_o$ 的幅值增加后，R_F 的功耗增大，它的温度上升，R_F 电阻值下降，电压放大倍数下降，当放大倍数为 3 时，使输出电压的幅值稳定，达到自动稳幅的目的。

b. 利用二极管的非线性完成自动稳幅。在负反馈电路中，若将图 6.4 中 R_F 支路改为图 6.5 所示电路。图中二极管 VD_1、VD_2 与电阻 R_2 并联，不论输出信号是正半周还是负半周，总有一个二极管正向导通，若两个二极管参数一致，设二极管的正向交流电阻为 r_d，则电压放大倍数为

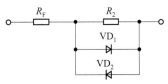

图 6.5　二极管自动稳幅电路

$$A_{uf} = 1 + \frac{R_F + R_2 // r_d}{R_1} \tag{6.9}$$

起振时，输出电压幅值较小，由于二极管交流电阻 r_d 阻值较大，于是电压放大倍 A_{uf} 较大，有利于起振；输出电压幅值增大后，通过二极管的电流增大，其交流电阻 r_d 阻值减小，电压放大倍数 A_{uf} 变小，从而达到自动稳定输出的目的。

练习

请用实验来测试图 6.4 所示电路中的振荡频率（或用 Multisim 软件仿真）。

思考题

1. 什么是自激振荡？产生自激振荡有什么条件？
2. 电路产生正弦波振荡的条件是什么？正弦波振荡电路由哪几部分组成？
3. RC 正弦波振荡电路是如何实现起振和稳幅的？稳幅方法有几种？
4. 在文氏电桥振荡器中有两个反馈回路，每一个反馈回路的作用是什么？

6.2　LC 正弦波信号发生器

LC 正弦波振荡电路主要用于产生高频正弦波信号。常见的 LC 正弦波振荡电路有变压器反馈式、电感三点式和电容三点式 3 种。它们共同的特点是用 LC 并联回路作为选频网络，因此首先讨论 LC 并联回路频率特性。

提示

幅频特性和相频特性统称为 LC 并联电路的频率特性。它说明了 LC 并联电路具有区别不同频率信号的能力，即具有选频特性。

6.2.1 LC 并联电路的特性

图 6.6(a) 所示为 LC 并联电路,其中 R 是折算到该回路的等效负载及该回路本身的损耗电阻,通常较小。$\dot{I}_S$ 是输入电流,$\dot{I}_L$ 是电感支路的电流,$\dot{I}_C$ 是电容支路的电流。下面讨论谐振时的一些特点。

(1)谐振频率

从图 6.6 所示电路中,可知 LC 并联电路的复阻抗 Z(通常 $\omega L \gg R$)为

$$Z = \frac{\dot{U}_S}{\dot{I}_S} = \frac{\frac{1}{j\omega C} \times (R + j\omega L)}{\frac{1}{j\omega C} + R + j\omega L} \approx \frac{\frac{L}{C}}{R + j\left(\omega L - \frac{1}{\omega C}\right)} \tag{6.10}$$

当 $\omega L = \frac{1}{\omega C}$ 时,Z 为实数,表示纯电阻性,此时回路的电压和电流同相,发生并联谐振。令并联谐振时角频率为 ω_0,则 $\omega_0 = \frac{1}{\sqrt{LC}}$,所以谐振频率为

$$f_0 = \frac{1}{2\pi\sqrt{LC}} \tag{6.11}$$

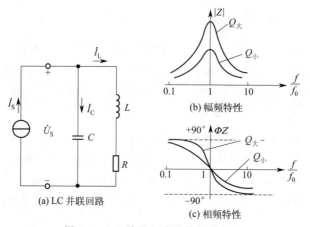

图 6.6 LC 并联电路及其频率特性

(2)谐振时阻抗

由于谐振时,$\omega_0 L = \frac{1}{\omega_0 C}$,从式(6.10)可得谐振时阻抗为

$$Z_0 = \frac{L}{RC} \tag{6.12}$$

如果引入谐振回路的品质因数 Q,即

$$Q = \frac{\omega_0 L}{R} = \frac{1}{R\omega_0 C} = \frac{1}{R}\sqrt{\frac{L}{C}} \tag{6.13}$$

则谐振时阻抗改写为

$$Z_0 = Q\omega_0 L = \frac{Q}{\omega_0 C} = Q\sqrt{\frac{L}{C}} \tag{6.14}$$

由式(6.12)~式(6.14)可知，LC并联回路谐振时，阻抗呈纯阻性，而 Q 值越大，谐振时阻抗 Z_0 越大，在相同的 L、C 情况下，R 越小，表示回路谐振时的能量损耗越小。

实验和理论都证明，R 越小，Q 值越大，阻频特性曲线就越尖锐，选频能力就越强；反之，Q 值越小，阻频特性曲线就越平坦，电路的选频能力就越差。LC并联电路的阻频特性与 Q 值的关系如图6.6所示。LC并联电路的 Q 值可用专用仪表（Q 表）测出，一般在几十到一二百之间。

（3）LC并联回路的频率特性

根据式(6.10)和式(6.14)，阻抗 Z 可写成：

$$Z = \frac{Z_0}{1+jQ\left(\dfrac{\omega}{\omega_0}-\dfrac{\omega_0}{\omega}\right)} = \frac{Z_0}{1+jQ\left(\dfrac{f}{f_0}-\dfrac{f_0}{f}\right)} \quad (6.15)$$

其幅频特性为

$$|Z| = \frac{Z_0}{\sqrt{1+\left[Q\left(\dfrac{f}{f_0}-\dfrac{f_0}{f}\right)\right]^2}} \quad (6.16)$$

相频特性为

$$\varphi_Z = -\arctan\left[Q\left(\dfrac{f}{f_0}-\dfrac{f_0}{f}\right)\right] \quad (6.17)$$

由此可画出它们的幅频特性曲线和相频特性曲线，如图6.6(b)和(c)所示。

从图中看出，当信号源的频率 $f=f_0$ 时具有选频性，此时 $|Z|=Z_0$，$\varphi_Z=0°$，Z 达到最大值并为纯阻性。当 $f \neq f_0$ 时，$|Z|$ 值减小。Q 值越大，谐振时的阻抗越大，且幅频特性越尖锐，相角随频率变化的程度也越急剧，选频效果越好。

由以上分析可以得出三点结论。

① LC并联电路具有选频特性，在谐振频率 ω_0 处，电路为纯电阻性。当 $\omega<\omega_0$ 时，呈电感性；$\omega>\omega_0$ 时，是电容性。当频率从 ω_0 上升或下降时，等效阻抗都将减小。

② 谐振频率 ω_0 的数值与电路参数 LC 有关。

③ 电路的品质因数越大，则选频特性越好，同时，谐振时的阻抗 Z_0 也越大。

6.2.2 变压器反馈式振荡电路

变压器反馈式正弦波振荡电路如图6.7所示。图中变压器原边（匝数为 N_1）等效电感 L 与电容 C 组成的并联谐振回路作为共射放大电路三极管的集电极负载，实现了选频放大作用。变压器副边（匝数为 N_2）构成反馈电路，将它两端感应的信号电压 $\dot{U}_f$ 作为输入信号加在放大器的输入回路，因此称为变压器反馈式正弦波振荡电路。下面首先用瞬时极性法分析振荡电路是否满足相位平衡条件，然后再讨论怎样选择电路参数才能满足起振条件。

（1）相位平衡条件

首先断开反馈回路，设在放大器的输入端加一瞬时极性为正的输入信号，由于LC并联谐振

电路在谐振频率 f_0 时呈现纯电阻性，即此时放大器的负载为电阻性负载，而耦合电容 C_B、C_E 通常足够大，可视为短路，所以集电极的输出电压与输入电压反相，故在变压器原边①端的瞬时极性为负。变压器副边 N_2 的④端接地，而③端与原边的①端互为异名端，它们的相位相反，所以当原边①端为负极性时，则③端必为正极性，说明反馈电压与输入电压同相，即构成正反馈，满足了相位平衡条件。此时电路是否一定能产生振荡，还要看它是否满足起振条件和幅度平衡条件。

（2）起振条件

为了满足自激振荡的起振条件 $|\dot{A}\dot{F}|>1$，一方面可以适当地选择变压器的变比 N_1/N_2，使它

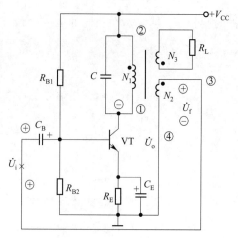

图 6.7　变压器反馈式正弦波振荡电路

有较大的反馈电压，从而得到一定的反馈系数；另一方面从影响放大倍数的因素（管子的电流放大系数 β、输入电阻 r_{be} 和负载阻抗等）来考虑，选择适当的三极管及其工作点以及 LC 并联谐振电路的参数，使 LC 谐振回路在谐振频率 f_0 时的等值电阻足够大，从而使选频放大器的放大倍数足够大，这样就可以做到 $|\dot{A}\dot{F}|>1$，满足自激振荡的起振条件。

由以上分析可见，当接通电源在集电极回路激起一个微小的电流变化时，则由于 LC 并联谐振回路的选频特性，其中频率等于谐振频率 f_0 的分量可得到最大值，在变压器副边 N_2 感应出一反馈电压，并且满足相位平衡的条件，加到了放大器的输入回路，形成了正反馈，从而建立起频率为 f_0 的增幅振荡。当振荡幅度大到一定程度时，三极管进入非线性区后电路放大倍数下降直到满足振幅平衡条件 $|\dot{A}\dot{F}|=1$ 为止。LC 振荡电路中三极管的非线性特性使电路具有自动稳幅的能力。虽然三极管的集电极电流波形可能明显失真，但由于集电极负载 LC 并联谐振回路具有良好的选频作用，输出电压波形一般失真不大。

> **提示**
>
> 变压器反馈式正弦波振荡电路为满足起振条件，振荡电路中三极管的电流放大系数 β 应满足 $\beta > \dfrac{r_{be} R' C}{M}$，$M$ 为变压器 N_1 和 N_2 之间的互感，R' 是折合到谐振回路中的等效总损耗电阻。

（3）振荡频率

LC 振荡电路的振荡频率由谐振回路的参数决定，当不计变压器损耗时，振荡频率为：

$$f_0 \approx \frac{1}{2\pi\sqrt{LC}} \quad (6.18)$$

由式(6.18)可见，通过改变原边绕组 L 值或电容 C 值可改变振荡电路的振荡频率。

> **归纳**
>
> 变压器反馈式正弦波振荡电路的优点是调频方便、输出电压大、容易起振,而且因变压器有改变阻抗的作用,所以便于满足阻抗匹配。但其缺点是频率稳定性不好,输出波形较差,实用中还要确定同名端,而且由于变压器的漏感和寄生电容等分布参数的影响,其振荡频率只能在几兆赫以下。若要设计更高频率的振荡器,则应采用三点式振荡器。

6.2.3 电感三点式振荡电路

电感三点式正弦波振荡电路,也称哈特莱(Hartley)振荡器。如图 6.8(a) 所示,图中的电感线圈采用带中间抽头的自耦变压器,这样的线圈绕制方便,L_1 和 L_2 耦合紧、容易起振。它的谐振回路仍由电感线圈和电容组成,但是电感线圈中间有一个抽头。从它的交流通路图 6.8(b) 可明显看出,电感线圈的 3 个端子分别与三极管的 3 个电极 B、C、E 相连接,因此这种振荡电路称为电感三点式振荡电路。

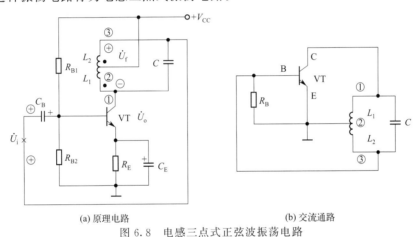

(a) 原理电路   (b) 交流通路

图 6.8 电感三点式正弦波振荡电路

下面采用瞬时极性法分析这种电路是否满足自激振荡条件的相位平衡条件。首先断开反馈回路,设在放大器的输入端加一瞬时极性为正的输入信号,由于 LC 并联谐振电路在谐振频率 f_0 时呈现纯电阻性,所以放大器的输出电压与输入电压反相,即电感 L_1 的①端为负,②端为正。又由于 L_2 与 L_1 是同一线圈,其绕向一致,即 L_2 的②端为负,③端为正,但②端接交流地,电位为零。也就是反馈信号对地为正极性,反馈电压与输出电压反相,形成了正反馈,满足相位平衡条件。反馈信号的大小可通过改变中间抽头的位置来调节,在选择抽头位置时,一方面要考虑到使电路具有足够强的反馈,满足起振条件;另一方面,也要考虑到使失真小一些,反馈不能太强。通常反馈线圈 L_2 为总匝数的 $1/8 \sim 1/4$。

> **提示**
>
> 电感三点式振荡电路为满足起振条件,振荡电路中三极管的电流放大系数 β 应满足 $\beta > \dfrac{r_{be}(L_1+M)}{R'(L_2+M)}$,$R'$ 是折合到管子集电极和发射极间的等效并联总损耗电阻。

电感三点式正弦波振荡电路的振荡频率为

$$f_0 = \frac{1}{2\pi\sqrt{(L_1+L_2+2M)C}} = \frac{1}{2\pi\sqrt{LC}} \tag{6.19}$$

其中，L 为回路的总电感，$L=L_1+L_2+2M$；M 为 L_1、L_2 之间的互感。

> **归纳**
>
> 电感三点式正弦波振荡电路电感 L_1 与 L_2 耦合紧，起振条件是很容易满足的。其电路特点为易起振，调节频率方便。其缺点是波形差，对高次谐波不能很好地消除和频率稳定度不高。一般用于产生几十兆赫以下的振荡频率。

> **练习**
>
> 请用实验来测试图 6.8 所示电路中的振荡频率（或用 Multisim 软件仿真）。

6.2.4 电容三点式振荡电路

电容三点式振荡电路如图 6.9(a) 所示，它的基本结构与电感三点式一样，只是将 LC 并联谐振回路中的电感与电容互换。从它的交流通路可看出，三极管的 3 个电极直接与 2 个电容器的三点相连，因此称为电容三点式振荡电路。

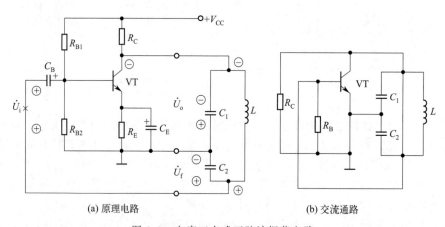

(a) 原理电路　　　　　　　　　　　　(b) 交流通路

图 6.9　电容三点式正弦波振荡电路

下面再用瞬时极性法分析这种电路是否满足自激振荡的相位平衡条件。首先断开反馈回路，设在放大器的输入端加一瞬时极性为正的输入信号，由于 LC 并联谐振电路在谐振频率 f_0 时呈现纯电阻性，所以放大器的输出电压与输入电压反相。反馈信号取自电容器 C_2，其极性为 C_2 上端为负，而下端为正。又由于输出电压等于电容器 C_1 两端的电压，其极性为 C_1 上端为负，而下端为正。C_1 和 C_2 的公共端为零电位。因此，反馈电压与输出电压反相，形成了正反馈，满足相位平衡条件。

适当选取 C_1 和 C_2 的比值，以获得足够的反馈量，并使放大电路具有足够的放大倍数，使振幅平衡条件得到满足，电路就能产生自激振荡。

提示

电容三点式振荡电路为满足起振条件，振荡电路中三极管的电流放大系数 β 应满足 $\beta > \dfrac{r_{be}C_2}{R'C_1}$，$R'$ 是折合到管子集电极和发射极间的等效并联总损耗电阻。

电容三点式振荡电路的振荡频率为

$$f_0 = \dfrac{1}{2\pi\sqrt{LC}} = \dfrac{1}{2\pi\sqrt{L\dfrac{C_1 C_2}{C_1+C_2}}} \tag{6.20}$$

归纳

电容三点式正弦波振荡电路特点是：由于电容三点式振荡电路的反馈电压从电容器 C_2 的两端取得，所以对高次谐波的阻抗较小，输出波形较好，其振荡频率高，一般可以到 100MHz 以上。但频率的调节不便，用于产生固有频率的振荡。

对于图 6.9 来说，当要求进一步提高振荡频率时，电容 C_1 和 C_2 的数值很小。但是在图 6.9(b) 所示的交流通路中，C_2 并联在管子的 B、E 之间，而 C_1 并联在管子的 C、E 之间，因此，如果 C_1、C_2 的容值小到可与三极管的极间电容相比拟的程度，此时管子的极间电容随温度等因素的变化将对振荡频率产生显著的影响，造成振荡频率不稳定。为了克服上述缺点，提高频率的稳定性，可在图 6.9 的基础上加以改进，在电感 L 支路中串联一个电容 C，如图 6.10 所示。图 6.10 所示的电容三点式改进型电路也称克莱普振荡电路，其振荡频率为

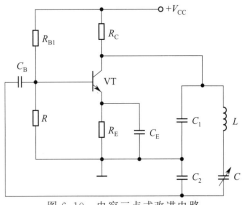

图 6.10　电容三点式改进电路

$$f_0 = \dfrac{1}{2\pi\sqrt{L\dfrac{1}{\dfrac{1}{C}+\dfrac{1}{C_1}+\dfrac{1}{C_2}}}} \tag{6.21}$$

在选择电容参数时，可使 $C_1 \gg C$，$C_2 \gg C$，则在式(6.22)中可将 C_1 和 C_2 忽略，说明 C_1 和 C_2 的容量值对振荡频率的影响很小。此时振荡频率可近似地表示为

$$f_0 \approx \dfrac{1}{2\pi\sqrt{LC}} \tag{6.22}$$

 提示

由上式可知，振荡频率 f_0 基本上由电感 L 和电容 C 确定，因此改变电容 C 即可调节振荡频率。所以三极管的极间电容改变时，对 f_0 的影响也就很小，这种电路的频率稳定度可达 $10^{-4} \sim 10^{-5}$。

> **练习**
>
> 请用实验来测试图 6.10 所示电路中的振荡频率（或用 Multisim 软件仿真）。

6.2.5 石英晶体振荡电路

在工程实际应用中，常常要求振荡的频率有一定的稳定度，频率稳定度一般用频率的相对变化量 $\Delta f/f_0$ 表示。从图 6.6 所示 LC 并联回路的频率特性看出，Q 值越大，选频性能越好，频率的相对变化量越小，即频率稳定度越高。

一般 LC 振荡电路的 Q 值只有几百，其频率稳定度 $\Delta f/f_0$ 值一般不小于 10^{-5}，石英晶体振荡电路的 Q 值可达 $10^4 \sim 10^6$，其频率稳定度可达 $10^{-9} \sim 10^{-11}$，因此在要求频率稳定度高的场合，常采用石英晶体振荡电路。

（1）石英晶体的基本特性

① 压电效应。当石英晶片的两个电极加一电场，晶片就会产生机械变形。反之，若在晶片的两侧施加机械压力，在相应的方向产生电场，这种物理现象称为压电效应。

当晶片的两极上施加交变电压，晶片会产生机械变形振动，同时晶片的机械变形振动又会产生交变电场，在一般情况下，这种机械振动和交变电场的幅度都非常微小。当外加交变电压的频率与晶片的固有振荡频率相等时，振幅急剧增大，这种现象称为压电谐振。石英晶片的谐振频率取决于晶片的切片的方向、几何形状等。

② 等效电路。石英晶体的符号与等效电路如图 6.11(a) 和 (b) 所示。图中的 C_0 为两金属电极间构成的静电容，电感 L 和电容 C 分别用来等效晶片振动时的惯性和弹性，电阻 R 则用来等效晶片振动时内部的摩擦损耗。由于晶片的等效电感 L 很大，而 C 和 R 很小，因此 Q 很大，所以利用石英晶体组成的振荡电路有很高的频率稳定度。

③ 谐振频率与频率特性。当忽略 R 时，晶体呈纯电抗性，它的电抗频率特性如图 6.11(c) 所示，频率在 $f_s \sim f_p$ 之间，电抗为正值，呈感性，而在其他频段电抗为负值，呈容性。

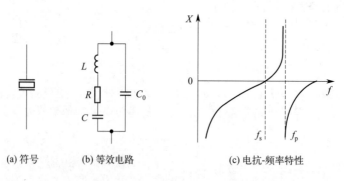

(a) 符号　　(b) 等效电路　　(c) 电抗-频率特性

图 6.11　石英晶体谐振器

a. 串联谐振频率 f_s。从石英晶体谐振器的等效电路可知，它有两个谐振频率，即当 L、C、R 支路发生串联谐振时，它的等效阻抗最小，若不考虑损耗电阻 R，这时 $X=0$，串联谐振频率为

$$f_s = \frac{1}{2\pi\sqrt{LC}} \qquad (6.23)$$

b. 并联谐振频率 f_p。当频率高于 f_s 时，L、C、R 支路呈感性，它与 C_0 发生并联谐振时，等效阻抗最大，当忽略 R 时，回路的并联谐振频率为

$$f_p = \frac{1}{2\pi\sqrt{L\dfrac{C_0 C}{C_0 + C}}} = \frac{1}{2\pi\sqrt{LC}}\sqrt{1+\frac{C}{C_0}} \qquad (6.24)$$

由式（6.23）和式（6.24）可知，当 $C \ll C_0$ 时，f_s 与 f_p 两者非常接近。

（2）石英晶体振荡电路

石英晶体振荡器有多种电路形式，但其基本电路只有两类：一类是并联型石英晶体振荡电路，它是利用晶体工作在并联谐振状态下，频率在 f_s 与 f_p 之间，晶体阻抗呈感性的特点，与两个外接电容组成电容三点式振荡电路；另一类串联型石英晶体振荡电路，它是利用晶体工作在串联谐振 f_s 时阻抗最小且为纯阻的特点来构成石英晶体振荡电路。

① 并联型石英晶体振荡电路。在图 6.12(a) 所示电路中，石英晶体作为电容三点式振荡电路的感性元件，其交流通路如图 6.12(b) 所示。电路的振荡频率为

$$f_0 = \frac{1}{2\pi\sqrt{L\dfrac{C(C_0+C')}{C+C_0+C'}}} \qquad (6.25)$$

其中，$C' = \dfrac{C_1 C_2}{C_1 + C_2}$。

由于 $C \ll (C_0 + C')$，所以振荡频率 $f_0 \approx f_s$，即振荡频率 f_0 接近 f_s，但略大于 f_s，可见石英晶体振荡器在电路中呈现感性阻抗。

② 串联型石英晶体振荡电路。图 6.13 所示为串联型石英晶体振荡电路，当频率等于石英晶体的串联谐振频率 f_s 时，晶体阻抗最小，且为纯阻。用瞬时极性法可判断出这时电路

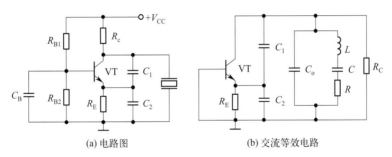

图 6.12 并联型石英晶体正弦波振荡电路

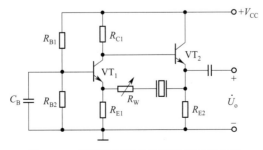

图 6.13 串联型石英晶体正弦波振荡电路

满足相位的平衡条件，而且在 $f=f_s$ 时，由于晶体为纯阻性阻抗最小，正反馈最强，电路产生正弦波振荡。振荡频率等于晶体串联谐振频率。

由于石英晶体特性好、安装简单、调试方便，所以石英晶体在电子钟表、电子计算机等领域得到广泛的应用。

思考题

1. LC 并联网络有什么特性？LC 正弦波振荡电路是如何实现起振和稳幅的？
2. 反馈式振荡器使用什么类型的反馈？反馈电路的作用是什么？
3. 分析电感三点式振荡器的特点，其振荡频率范围为多少？
4. 分析克莱普振荡器的特点，其振荡频率范围为多少？

6.3 非正弦信号发生电路

非正弦信号发生电路由具有开关特性的器件（如电压比较器）、反馈网络、延时环节或积分环节等组成。与正弦信号发生电路相比，非正弦信号发生电路的振荡条件比较简单，只要反馈信号能使比较电路状态发生变化，即能产生周期性振荡。

6.3.1 方波发生电路

（1）电路组成

在第 4 章中讨论过电压比较器电路，当电压比较器的输入信号是具有一定幅度且连续变化的周期信号时，在其输出端可得到与输入信号同频的方波（高电平与低电平时间相等）或矩形波（高电平与低电平时间不相等）信号。所以，将比较器输出信号通过 RC 网络反馈回来作为输入信号就可构成如图 6.14(a) 所示的方波发生器。图中，滞回比较器起开关作用，RC 网络除了反馈作用以外还起延迟作用，稳压管 VD_Z 和电阻 R_3 的作用是钳位，将滞回比较器的输出电压限制在稳压管的稳定电压值 $\pm U_Z$。

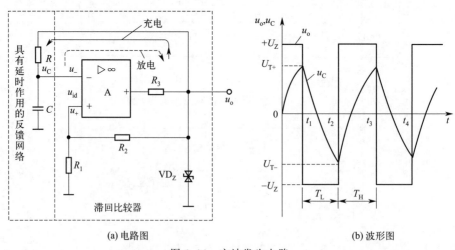

图 6.14　方波发生电路

（2）工作原理

在接通电源的瞬间，电路中总是存在某些扰动。由于 R_1、R_2 的正反馈作用使得运放输出立即达到饱和值，并由稳压管的限幅作用使电路输出等于稳压管的稳压值，但究竟是正值还是负值，纯属偶然。

假设 $t=0$ 时电容 C 上的电压 $u_C=0$，而滞回比较器的输出端为高电平，即 $u_o=+U_Z$，则集成运放同相输入端的电压为：$u_+(U_{T+})=\dfrac{R_1}{R_1+R_2}U_Z$，此时输出电压 $+U_Z$ 将通过电阻 R 向电容 C 充电，使电容两端的电压 u_C 升高，而此电容上的电压接到集成运放的反相输入端，即 $u_-=u_C$。在 $u_-<u_+$ 时，$u_o=+U_Z$ 保持不变；当电容上的电压上升到 $u_-=u_+$ 时，滞回比较器的输出端将发生跳变，由高电平跳变为低电平，使 $u_o=-U_Z$，于是集成运放同相输入端的电压也立即变为：$u'_+(U_{T-})=-\dfrac{R_1}{R_1+R_2}U_Z$，在输出端低电平 $-U_Z$ 的作用下，电容器 C 通过 R 放电，使 u_- 逐渐下降，在 $u_->u_+$ 时，$u_o=-U_Z$ 保持不变；当 $u_-=u'_+$ 时，u_o 又从低电平 $-U_Z$ 跳变为高电平 $+U_Z$，电容器 C 又开始充电，如此周而复始，产生振荡，输出方波信号，波形如图 6.14(b) 所示。

方波发生电路的振荡频率与电容器的充放电规律有关，电路的振荡周期可由电容充放电三要素和转换值求得，由图 6.14(b) 所示可求得周期为 $T=2RC\ln\left(1+\dfrac{2R_1}{R_2}\right)$，所以电路的振荡频率为

$$f=\dfrac{1}{2RC\ln\left(1+\dfrac{2R_1}{R_2}\right)} \tag{6.26}$$

> **提示**
>
> 由式(6.26) 可知，振荡频率与电路的时间常数 RC 以及滞回比较器的电阻 R_1、R_2 有关，而与输出电压的幅值无关。在实际应用中，常通过改变 R 来调节频率。

（3）占空比可调的矩形波发生电路

在脉冲电路中，将矩形波中高电平的时间 T_H 与周期 T 之比称为占空比，故上述讨论的方波发生电路的占空比等于 50%。

若在方波发生电路中，调节电容的充电和放电时间常数使其不等，即可改变电路的占空比大小，成为矩形波发生电路，其电路如图 6.15(a) 所示。在电路中调节电位器 R_W 使 $R_{W1}>R_{W2}$，即电容放电时间常数大于充电时间常数，则 $T_L>T_H$，其波形图如图 6.15(b) 所示。若不计二极管的正向导通等效电阻，其振荡周期为

$$T=(2R+R_W)C\ln\left(1+\dfrac{2R_1}{R_2}\right) \tag{6.27}$$

振荡频率与电路的时间常数 $(2R+R_W)C$ 以及滞回比较器的电阻 R_1、R_2 有关，但调节 R_{W1} 和 R_{W2} 的比例，只改变占空比大小，并不改变振荡频率。除了以上介绍的利用集成运放组成的矩形波发生电路以外，利用数字电路（例如集成定时器）也可方便地产生矩形波等，有关内容请参阅数字电路方面的教材或参考书。

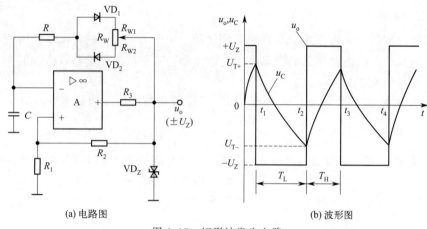

(a) 电路图　　　　　　　　　　(b) 波形图

图 6.15　矩形波发生电路

练习

请用实验来测试图 6.15 所示电路中的输出波形（或用 Multisim 软件仿真）。

6.3.2　三角波发生电路

由图 6.14 可见，电容上电压 u_C 的波形近似为三角波信号。因此，可以认为图 6.14 中的方波发生电路可以同时产生一个三角波信号。但是，这种三角波是由电容充放电过程形成的指数曲线，所以线性度较差。为了得到线性度比较好的三角波，可以将方波进行积分以后得到。

（1）电路组成

三角波发生电路可由滞回比较器和积分电路组成，其中滞回比较器起开关作用，积分电路起延迟作用。实际电路如图 6.16(a) 所示。滞回比较器输出的矩形波加在积分电路的反相输入端，而积分电路输出的三角波又接到滞回比较器的同相输入端，控制滞回比较器输出端的状态发生跳变，从而在运算放大器 A_2 的输出端得到周期性的三角波。

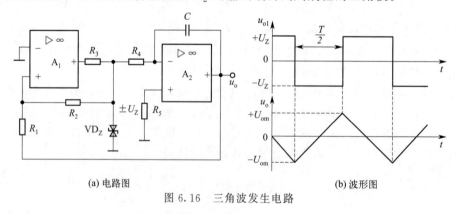

(a) 电路图　　　　　　　　　　(b) 波形图

图 6.16　三角波发生电路

（2）工作原理

假设 $t=0$ 时滞回比较器输出端为高电平，即 $u_{o1}=+U_Z$，且假设积分电容上的初始电压为零。由于 A_1 同相输入端的电压 u_+ 同时与 u_{o1} 和 u_o 有关，根据叠加原理，可得

$$u_+ = \frac{R_1}{R_1+R_2}u_{o1} + \frac{R_2}{R_1+R_2}u_o \qquad (6.28)$$

则此时 u_+ 也为高电平。但当 $u_{o1} = +U_Z$ 时，积分电路的输出电压 u_o 将随着时间往负方向线性增长，u_+ 随之减小，当减小至 $u_+ = u_- = 0$ 时，滞回比较器的输出端将发生跳变，使 $u_{o1} = -U_Z$，同时 u_+ 将跳变成一个负值。以后，积分电路的输出电压将随着时间往正方向线性增长，u_+ 也随之增大，当增大至 $u_+ = u_- = 0$ 时，滞回比较器的输出端再次发生跳变，使 $u_{o1} = +U_Z$，同时 u_+ 也跳变成一个正值。然后重复以上过程，于是可得滞回比较器的输出电压 u_{o1} 为矩形波，而积分电路的输出电压 u_o 为三角波，波形如图 6.16(b) 所示。

由图 6.16 可见，当 u_{o1} 发生跳变时，三角波输出 u_o 达到最大值 U_{om}，而 u_{o1} 发生跳变的条件是 $u_+ = u_- = 0$，将条件 $u_{o1} = -U_Z$，$u_+ = 0$ 代入式(6.29)，由此可解得三角波输出的幅度为

$$U_{om} = \frac{R_1}{R_2}U_Z \qquad (6.29)$$

由图 6.16 可知，当积分电路对输入电压 $-U_Z$ 进行积分时，在半个振荡周期的时间内，输出电压 u_o 将从 $-U_{om}$ 上升至 $+U_{om}$，由此可列出积分电路中电容充放电表达式，代入后计算三角波发生电路的振荡周期为

$$T = \frac{4R_1R_4C}{R_2} \qquad (6.30)$$

> **提示**
>
> 由式(6.29) 和式(6.30) 可知，三角波的幅度与滞回比较器中的电阻值之比 R_1/R_2 以及稳压管的稳压值 U_Z 成正比；而三角波的振荡周期则不仅与滞回比较器的电阻值之比 R_1/R_2 成正比，而且还与积分电路的时间常数 R_4C 成正比。

在实际工作中调整三角波的输出幅度与振荡周期时，应该先调整电阻 R_1 和 R_2 使输出幅度达到规定值，然后再调整 R_4 和 C 使振荡周期满足要求。通常改变电容 C 作为振荡周期粗调，改变电阻 R_4 作为振荡周期细调。

练习

请用实验来测试图 6.16 所示电路中的输出波形（或用 Multisim 软件仿真）。

如果三角波是不对称的，也就是波形中电压上升时的斜率和下降时的斜率不相等，这样的波形如图 6.17 所示，称为锯齿波。锯齿波发生器有时也称为斜波发生器。如果使电容 C 的充、放电时间常数不相等，则电容器的端电压 u_C 将是锯齿波。例如把图 6.16(a) 中所示积分电阻 R_4 支路用图 6.18 所示电路来代替即可。

图中 R_{W1} 和 R_{W2} 分别是 u_{o1} 为正和为负时起作用的电阻（忽略二极管导通时的电阻，并假定二极管截止时的电阻为无穷大）。锯齿波在日常生活和工作中应用十分广泛，如电子示波器中阴极射线管的水平偏转板，是用这种锯齿波电压作为时间轴的扫描，使荧光屏上的光点随着时间 t 成正比在水平方向偏移，然后快速返回。电压变化的斜率越大，则光点移动的速度越快。

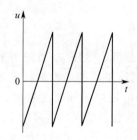

图 6.17 锯齿形电压波形图

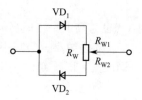

图 6.18 正、反向具有不同阻值的电路

6.3.3 压控振荡器

所谓压控振荡器（voltage-controlled oscillator，VCO），就是这种电路能产生方波和三角波（或矩形波和锯齿波），其输出电压的频率可由外加电压来控制。

压控振荡器的工作原理示意图如图 6.19 所示。它由线性积分器 A_1、滞回比较器 A_2 和开关 S 等组成。图中开关 S 仅是示意图，实际上是一个模拟开关，开关位置的转换受 A_2 输出电压的控制。当比较器 A_2 输出电压 $u_o = -U_Z$ 时，开关 S 接通 $-U$，使积分器 A_1 的输入电压为 $-U$；反之，当比较器 A_2 输出电压 $u_o = +U_Z$ 时，开关 S 接通 $+U$，使积分器 A_1 的输入电压为 $+U$。

假定开始时比较器 A_2 输出电压 $u_o = +U_Z$，此时积分器 A_1 的输入电压为 $+U$，它经过 R 向 C 充电，积分器 A_1 输出电压 u_{o1} 线性下降，当 u_{o1} 下降到使 A_2 的同相输入端电位等于零，即 $u_{o1} = -\dfrac{R_1}{R_2}U_Z$ 时，u_o 跳变到 $-U_Z$。此时开关 S 换接到 $-U$，u_{o1} 又线性上升，上升到使 A_2 的同相输入端电位等于零，即 $u_{o1} = +\dfrac{R_1}{R_2}U_Z$ 时，u_o 跳变到 $+U_Z$。周而复始，产生振荡。u_{o1} 输出三角波、u_o 输出方波，它们的波形如图 6.20 所示。

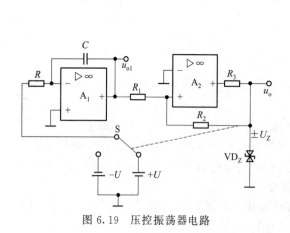

图 6.19 压控振荡器电路

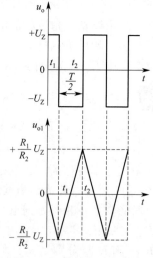

图 6.20 压控振荡器波形

对于积分器 A_1，它的输出电压 u_{o1} 和输入电压 u_{i1} 之间的关系为 $u_{o1} = -\dfrac{1}{RC}\int u_{i1}\mathrm{d}t$，在 $t_1 < t < t_2$ 期间 u_{i1} 的电压为 $-U$，由积分器的积分关系可得 $\Delta u_{o1} = \dfrac{U}{RC}\Delta t$，由图 6.20 可见，

当 $\Delta t = T/2$ 时，u_{o1} 从 $-\dfrac{R_1}{R_2}U_Z$ 线性地上升到 $+\dfrac{R_1}{R_2}U_Z$，即总的变化量为 $2\dfrac{R_1}{R_2}U_Z$，因此有 $2\dfrac{R_1}{R_2}U_Z = \dfrac{TU}{2RC}$，故振荡频率为

$$f_0 = \dfrac{R_2 U}{4RCR_1 U_Z} \tag{6.31}$$

当电路参数一定时，振荡频率 f_0 将随 U 成正比变化，实现了电压控制振荡频率的目的。

压控振荡器除了用于信号产生电路以外，还有其他很多用途。例如，在数字化测量仪表和计算机测控系统中，被测物理量通过传感器及适当的调整电路变成合适的电信号，然后去控制压控振荡器，其输出方波信号频率的高低就代表被测物理量的大小，通过测量频率就可间接地测量被测物理量。因而压控振荡器也称为电压-频率变换电路。它在模拟-数字转换、调频、遥测遥控等设备中应用非常广泛。目前，能实现电压-频率变换功能的集成电路很多，读者可通过查阅有关集成电路手册获得相关知识。

思考题

1. 方波发生器中有两个反馈回路，每一个反馈回路的作用是什么？
2. 矩形波发生器中输出幅值和振荡频率由什么来决定？占空比如何调节？
3. 三角波发生器中输出幅值由什么来决定？其频率由什么来决定？
4. 如何从矩形波发生电路演变成三角波发生电路？
5. 什么是压控振荡器？它有什么特点？

6.4 故障诊断和检测

信号（波形）发生电路故障诊断基本同放大电路类似，但波形发生电路有其特殊性。信号（波形）发生电路如果没有正常的波形输出，应首先检查电路中元器件工作状态，其次检查电路中有关正反馈网络和选频网络，下面将结合电路进行分析讨论。

6.4.1 正弦波发生电路的故障检测

正弦波发生电路有 RC 和 LC 两种常用电路，RC 正弦波发生电路没有信号波形输出时，如其中放大电路的工作状态正常，应查正反馈网络，很有可能电阻没调到合适位置，未能满足振荡的幅度条件，故电路没振荡起来，确认正反馈网络没问题后，再查选频网络的元件是否完好，这样分步检查，总能查到相关故障点，逐一排除故障点后，RC 正弦波发生电路就能得到正确的输出波形。

LC 正弦波发生电路没有信号波形输出时，如其中放大电路的工作状态正常，应查正反

馈网络和选频网络的连接点是否可靠，元件是否完好，逐步检查，查到相关故障点，加以排除，直至 LC 正弦波发生电路输出正确的波形。

6.4.2 非正弦波发生电路的故障检测

方波（矩形波）发生电路没有信号波形输出时，如果运算放大器工作正常，应首先查正反馈网络中相应的电压值，如测试的其电压值正常，再查 RC 网络延迟电路的元件是否完好，这样分步检查，逐一排除故障点后，方波（矩形波）发生电路就能输出正确的波形。

三角波（锯齿波）发生电路没有信号波形输出时，其排除故障方法同方波（矩形波）发生电路类似，这里不再赘述。

本章小结

1. 正弦波发生（振荡）电路由放大电路、选频网络、正反馈网络和稳（限）幅电路四部分组成。正弦波发生电路必须满足振荡的幅度和相位平衡条件（满足起振条件）后才能产生正弦信号。根据选频网络的不同，正弦波发生电路可分为 RC、LC 和石英晶体三种类型。

2. 主要讨论 RC 串并联选频网络（组成正反馈网络）和同相放大电路组成的桥式振荡电路，RC 正弦波振荡电路的振荡频率一般为几十赫兹至几百千赫兹。

3. LC 正弦波振荡电路的振荡频率一般为几百千赫兹以上，可高达上百兆赫兹。LC 正弦波振荡电路分为变压器反馈式、电感三点式和电容三点式三种类型。

4. 石英晶体振荡电路振荡频率非常稳定，振荡电路分为并联型和串联型。并联型电路中，石英晶体等效为一个电感；而在串联型电路中，石英晶体兼作选频网络和正反馈网络。

5. 非正弦波发生（振荡）电路在振荡频率不很高的情形下，非正弦波振荡电路通常由滞回比较器和 RC 延时电路（或集成运放组成的积分电路）与它组成反馈环时，就使得电路输出电压按一定的时间间隔在高、低电平之间发生跳变。于是电路产生自激振荡。非正弦波振荡电路分析的主要参数是电路输出信号幅值和振荡频率（或周期）。非正弦波振荡电路分为矩形波、方波、三角波和锯齿波等。

本章关键术语

非稳态　astable　具有不稳定状态的特征。

反馈振荡器　feedback oscillator　具有正反馈且能在没有外部输入信号的情况下，产生随着时间输出信号的电路。

正反馈　positive feedback　从输出取出一部分信号，送回输入端后能够强化与维持输出。

电压控制振荡器　voltage-controlled oscillator（VCO）　振荡器的一种，其频率可以附着直流控制电压而改变。

自我测试题

一、选择题（请将下列题目中的正确答案填入括号内）

1. 振荡器和放大器不同是因为（　　）。
   (a) 振荡器有较大增益
   (b) 振荡器不需要输入信号
   (c) 振荡器不需要直流电源

2. 要正确启动振荡器,电路的最初增益必须是( )。
(a) 1　　　　　(b) 小于1　　　　(c) 大于1

3. 晶体振荡器的主要特点是( )。
(a) 可靠　　　　(b) 稳定　　　　　(c) 便宜

4. 一个振荡器的频率会随着可调整的直流电压而改变,称为( )。
(a) 晶体振荡器　(b) VCO　　　　　(c) 克莱普振荡器

5. 三角波发生电路中U_Z值减小,则三角波峰值输出将( )。
(a) 增加　　　　(b) 减少　　　　　(c) 不变

二、判断题(正确的在括号内打√,错误的在括号内打×)

1. 正弦波振荡电路中可以不需要限幅电路。( )
2. 只要电路产生预期的正弦波振荡,则电路中一定引入了正反馈。( )
3. RC桥式正弦波振荡电路中的集成运放应工作在非线性区。( )
4. LC正弦波振荡电路中的放大电路应工作在线性区。( )
5. 正弦波振荡电路中不一定要有选频网络。( )
6. 非正弦波振荡电路中的运算放大器均工作在非线性区。( )

三、分析计算题

1. RC串并联正弦波振荡电路如图6.21所示。试回答下列问题:(1)若电路中R_1短路,则电路将产生什么现象?(2)若电路中R_1开路,则电路将产生什么现象?(3)若电路中R_F短路,则电路将产生什么现象?(4)若电路中R_F开路,则电路将产生什么现象?

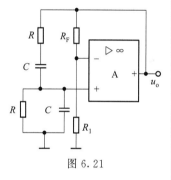

图 6.21

2. 判断图6.22所示电路是否可组成RC桥式振荡电路?如果电路能振荡,相关电路参数应满足什么条件?

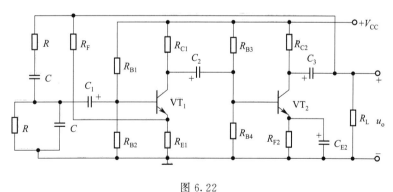

图 6.22

> 习题

一、选择题(请将下列题目中的正确答案填入括号内)

1. 品质因数Q表示( )的比值。
(a) X_L和X_C　　(b) X_L和R　　(c) X_C和R

2. 正弦波振荡电路产生振荡的临界条件是（　　）。
(a) $\dot{A}\dot{F}=1$　　(b) $\dot{A}\dot{F}=-1$　　(c) $|\dot{A}\dot{F}|=1$

3. 振荡器的输出信号最初是由（　　）而定。
(a) 基本放大器　　(b) 选频网络　　(c) 干扰或噪声信号

4. 组成文氏电桥振荡器的基本放大器的放大倍数应为（　　）。
(a) 等于 1　　(b) 小于等于 3　　(c) 大于等于 3

5. 若 $|\dot{A}\dot{F}|$ 过大，正弦波振荡器会出现（　　）现象。
(a) 不起振　　(b) 起振后停振　　(c) 输出矩形波

6. 将文氏电桥振荡器的选频网络去掉，换上一根导线，则该电路（　　）。
(a) 能振荡，但不能产生正弦波　　(b) 能振荡，能输出正弦波
(c) 不能振荡

7. 在文氏电桥振荡器中，如果反馈电路中的电阻阻值减小，振荡频率将（　　）。
(a) 减小　　(b) 增大　　(c) 不变

8. 石英晶体振荡器的振荡频率与下面各种因素中的（　　）有关。
(a) 晶体的切割方式、几何尺寸　　(b) 电源电压波动
(c) 电路其他参数

二、判断题（正确的在括号内打√，错误的在括号内打×）
1. 正弦波振荡器一般由基本放大电路、反馈网络和稳幅环节组成。（　　）
2. 频率稳定度最高的是石英晶体振荡器。（　　）
3. RC 振荡器谐振频率的适用范围是几百兆赫。（　　）
4. 几兆赫且频率连续可调的振荡器应选用 LC 振荡电路。（　　）
5. 石英晶体谐振于 f_s 时，相当于 LC 回路呈现最大阻抗。（　　）

三、填空题
1. 正弦波振荡电路主要由＿＿＿、＿＿＿、＿＿＿、＿＿＿共四个部分组成。
2. 振荡电路要产生振荡首先要满足的条件是＿＿＿，其次还要满足＿＿＿。
3. 常用的正弦波振荡电路有＿＿＿、＿＿＿和＿＿＿。
4. RC 正弦波振荡电路主要用来产生频率＿＿＿正弦信号，而 LC 正弦波振荡电路主要用来产生频率＿＿＿正弦信号。
5. 石英晶体在并联晶体正弦波振荡电路中起＿＿＿元件作用；在串联晶体正弦波振荡电路中起＿＿＿元件作用；石英晶体振荡器的优点是＿＿＿。
6. 方波发生电路由＿＿＿和＿＿＿组成。
7. 三角波发生电路由＿＿＿和＿＿＿组成。

四、名词解释题
1. 选频网络、稳幅电路。
2. 谐振频率。
3. 哈特莱振荡器、克莱普振荡器。
4. 压电效应。
5. 压控振荡器。

五、分析计算题

1. 试用相位平衡条件和幅度平衡条件，判断图 6.23 所示电路中各电路是否可能产生正弦波振荡，简述理由。

2. 在图 6.24 所示电路中：(1) 将图中 A、B、C、D 四点正确连接，使之成为一个正弦波振荡电路，请将连线画在图上。(2) 图中的电路参数如下：$R=10\text{k}\Omega$，$C=0.1\mu\text{F}$，估算振荡频率。(3) 当 $R_2=20\text{k}\Omega$ 时，为保证电路起振，R_1 应为多大？(4) 为稳幅，R_1 选用何种温度系数的热敏电阻？

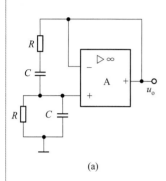
(a)

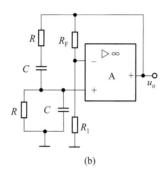
(b)

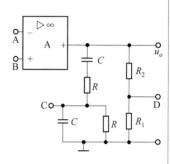

图 6.23　　　　　　　　　　　　　　图 6.24

3. 实验室自制一台由文氏电桥振荡电路组成的音频信号发生器，要求输出频率共 4 挡，频率范围分别为 10~100Hz，100~1kHz，1~10kHz 以及 10~100kHz。各挡之间频率应略有覆盖。可采用对频率进行粗调和细调。已有 4 个电容，其容值分别为 $1\mu\text{F}$、$0.1\mu\text{F}$、$0.01\mu\text{F}$ 和 $0.001\mu\text{F}$，试选择固定电阻 R 和电位器 R_W 的值。

4. 试用相位平衡条件判断图 6.25 所示电路中，哪些电路可能产生正弦波振荡？哪些电路不能？简单说明理由。

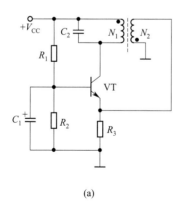
(a)

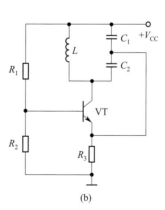
(b)

图 6.25

5. 试标出图 6.26 所示各电路中变压器的同名端，使之满足产生正弦波振荡的相位平衡条件。

6. 为了使图 6.27 所示各电路能够产生振荡，请在图中将 j、k、m、n 各点正确连接。并分别估算两个电路的振荡频率。

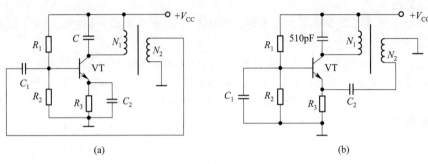

图 6.26

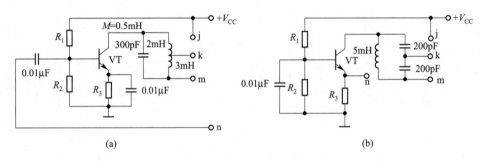

图 6.27

7. 判断图 6.28 所示电路是否满足振荡条件，如不满足，修改电路的接法，使之能够产生振荡，并估算振荡频率，如果将电容 C_3 短路，重算振荡频率。

8. 在图 6.29 中，（1）在 j、k、m 三点中应连接哪两点，才能使电路产生正弦波振荡？（2）电路属于何种类型的石英晶体振荡器（并联型还是串联型）？（3）当产生振荡时，石英晶体工作在哪一个谐振频率？此时石英晶体在电路中等效于哪一个元件（L、C 和 R）？

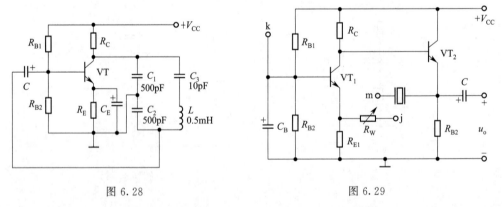

图 6.28　　　　　　　　　　图 6.29

9. 在矩形波发生电路中，假设集成运放和二极管均为理想的，已知电阻 $R=10\text{k}\Omega$，$R_1=47\text{k}\Omega$，$R_2=27\text{k}\Omega$，$R_3=2\text{k}\Omega$，电位器 $R_W=100\text{k}\Omega$，电容 $C=0.01\mu\text{F}$，稳压管的稳压值 $U_Z=\pm 6\text{V}$。如果电位器的滑动端调在中间位置：（1）画出输出电压 u_o 和电容上电压 u_C 的波形。（2）估算输出电压的振荡周期 T。（3）分别估算输出电压和电容上电压的峰值。（4）当电位器的滑动端分别调至最上端和最下端时，电容的充电时间 T_1、放电时间 T_2，输出波形的振荡周期 T 以及占空比 q 各等于多少？(5) 试画出当电位器滑动端调至最上端时的输出电压 u_o 和电容上电压 u_C 的波形，在图上标出各参数的值。

10. 在三角波发生电路中，设稳压管的稳压值 $U_Z = \pm 6\text{V}$，电阻 $R_2 = 30\text{k}\Omega$，$R_3 = 2\text{k}\Omega$，$R_4 = R_5 = 51\text{k}\Omega$，(1) 若要求输出三角波的幅值 $U_{om} = 5\text{V}$，振荡周期 $T = 2\text{ms}$，试选择电容 C 和电阻 R_1 的值。(2) 试画出电压 u_{o1} 和 u_o 的波形图，并在图上标出电压的幅值以及振荡周期的值。

综合实训

设计一个简易数字电压表（压-频转换器）

电路指标：

输入信号电压（0~9.99V）送入压-频转换电路，变为脉冲信号，其信号频率与输入电压成正比。脉冲信号送入三位数 BCD 计数器和译码电路，显示压-频转换电路的结果。当输入信号电压从 0~9.99V 变化时，三位数码管显示值相应变化为 000~999，再将最高位显示器的小数点点亮，就可转换成相对应的输入电压信号显示值 0~9.99V。数码管每 4s 刷新一次，读数停顿 3s。

设计提示：

压-频转换电路采用集成电路 LM331。集成电路 LM331 外接电路简单，转换精度高，最大非线性误差为 0.01%，双电源或单电源工作，电源电压范围宽，满度频率范围 1Hz~100kHz，可实现电压-频率和频率-电压的双重转换。

电压-频率转换电路将输入电压转换为频率后，再用测频电路，然后将测出的频率按照对应的关系显示出相应的电压值。

第 7 章 功率放大电路

 学习目标

要掌握： 放大电路的几种工作状态。
会分析： 功率放大电路的工作原理和特点。
会计算： OTL 和 OCL 功率放大电路的输出功率和效率的计算。
会选用： 集成功率放大电路的实际应用及选用原则。
会处理： 功率放大电路的故障诊断和排除方法。
会应用： 用实验或 Multisim 软件分析和调试功率放大电路。

  本章介绍功率放大电路的工作原理和特点。根据管子导通时间的长短，功率放大电路可分为甲类、乙类、甲乙类、丙类等几种工作状态。由于功率放大电路工作在大信号状态，所以进行性能分析时采用图解分析法。

  互补对称式功率放大电路有两种形式：采用单电源及大容量电容器无输出变压器互补对称功放电路 OTL 和采用双电源无输出电容互补对称功放电路 OCL。两种电路的工作原理基本相同。

  本章最后介绍通用型集成功率放大器的基本原理及主要应用。

  功率放大电路在多级放大电路中处于最后一级，又称输出级。其功能是给负载提供足够大的信号功率，并能高效率地实现能量的转换。它广泛应用于通信系统和各种电子设备中。功率放大电路任务是输出足够大的功率去驱动负载，如扬声器、伺服电动机、指示表头、记录器及显示器等。

  下面首先分析功率放大电路的特点及分类。

7.1 功率放大电路的基本要求及分类

  功率放大电路与电压放大电路从能量转换的角度来看，是完全一致的，它们都是在三极管的控制作用下，按输入信号的变化规律将直流电源的电压、电流和功率转换成相应变化的交流电压、电流和功率传送给负载。但电压放大器的任务是在不失真的前提下要求电压放大器有足够大的输出电压,主要是对微弱的小信号电压进行放大,要求有较高的电压增益;而功率放大器则是对经过电压放大后的大信号的放大,要求它在允许的失真度条件下为负载提供足够大的功率和尽可能高的效率,放大器件几乎工作在极限值状态。因此,功率放大电路的构成、工作状态、分析方法及电路的性能指标都与小信号电压放大电路有所不同。

7.1.1 功率放大电路的基本要求

由于功率放大电路与电压放大电路是对不同的输入信号进行放大,同时它们的任务也不相同,所以功率放大电路与电压放大电路相比有着它自身的一些基本要求。

(1)输出功率要尽可能大

为了获得足够大的输出功率,功放放大电路中的三极管(有时称功放管)通常工作在极限值状态,以使功率放大电路的输出电压和电流有足够大的输出幅度。

(2)功率转换效率要尽可能高

功率放大电路在大信号的作用下向负载提供的输出功率是由直流电源供给放大电路的直流功率转换而来的,在转换的过程中,功放管和电路中的耗能元件都要消耗功率。我们用 P_o 表示负载上获得的信号输出功率,用 P_V 表示直流电源提供的总功率,用 P_C 表示三极管(功放管)消耗的耗散功率,其转换效率用 η 表示,则

$$\eta = \frac{P_o}{P_V} \times 100\% = \frac{P_o}{P_o + P_C} \times 100\% \tag{7.1}$$

上式表明,若 P_o 一定,η 越大,P_V 就越小,即 P_C 会越小,P_V 小可节省电能。

(3)非线性失真要小

工作在大信号极限状态下的三极管,不可避免会产生非线性失真。同一三极管,输出功率愈大,非线性失真愈严重,这就导致输出功率和非线性失真之间的关系成为主要矛盾。

不同场合对功率放大器非线性失真的要求是不一样的,例如在测量系统和电声设备中,必须把非线性失真限制在允许范围之内,而在驱动电机或控制继电器等场合中,非线性失真就降为次要矛盾了。

(4)三极管的散热问题

由于功率放大电路工作时,有 20%~30% 的功率被三极管所消耗,三极管的较大损耗会导致结温和管壳温度的升高,以至损坏三极管,因此要特别注意三极管的散热。此外由于三极管在大信号下工作,选用管子时要考虑到极限参数及过压、过流保护措施。

(5)分析方法

功率放大电路与一般的电压放大电路不同,它工作在大信号的情况下,进行性能分析时,微变等效电路的方法已不再适用,需采用数学模型进行解析分析或用计算机进行数值求解。在工程上多采用在特性曲线上作负载线的图解分析法对功率放大器进行性能分析。

7.1.2 功率放大电路的分类

功率放大电路类型根据静态工作点处于负载线的中点、近截止区和截止区的位置，分别称为甲类、甲乙类和乙类功率放大电路，其集电极信号电流的导通角 θ 分别如图 7.1 所示。

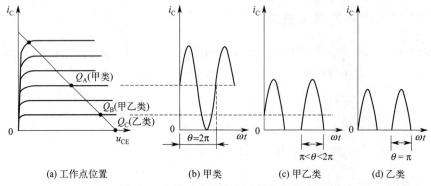

图 7.1 各类功率放大电路静态工作点

根据放大三极管在输入信号作用期间导通时间的长短，功率放大电路可分为甲类、乙类、甲乙类和丙类等几种工作状态。

（1）甲类工作状态

在输入信号的整个周期内，三极管都处于导通状态，称为甲类工作状态。如图 7.1(a) 所示，三极管的静态工作点 Q_A 设置在特性曲线的中点处。甲类工作状态下，电路中的信号波形如图 7.1(b) 所示，可见在没有输入信号的情况下，直流电源仍需提供较大的直流功率，它消耗在放大三极管和电阻元件上，即静态管耗大，效率较低，甲类工作状态下的放大电路最高效率为 50%。当有信号输入时，部分直流功率转换为信号功率输出。信号愈大，输出功率也愈大，效率也随之增大。甲类工作状态主要用于电压放大器。

（2）乙类工作状态

三极管只在输入信号的半个周期内处于导通状态，称为乙类工作状态。电路中的信号波形如图 7.1(d) 所示，三极管的静态工作点 Q_C 设置在特性曲线的 $I_{CQ}=0$ 处，乙类状态的静态功耗即电源提供的静态功率为零。随着输入信号大小的变化，电源供给的功率及电路的损耗也随之而变，减少了不必要的能量损耗，提高了能量的转换效率。理想情况下，乙类工作状态的放大电路转换效率可达 78.5%。

（3）甲乙类工作状态

介于甲类和乙类之间，即三极管在输入信号的半个周期以上的时间内处于导通状态，称为甲乙类工作状态。信号波形如图 7.1(c) 所示。甲乙类工作状态电路的转换效率接近乙类工作状态。甲乙类和乙类必须采用两个管子组成互补对称功率放大电路进行工作。

功率放大电路中还有三极管的导通角在小于输入信号的半个周期，称丙类工作状态。

> 虽然乙类、甲乙类工作状态的转换效率比甲类工作状态的转换效率有了较大的提高，但乙类、甲乙类工作状态都存在波形严重失真的问题，必须在电路结构上采取措施加以解决。

思考题

1. 功率放大电路的特点是什么？与电压放大电路有何区别？
2. 根据功率管导通角的不同，功率放大电路可以分为几种？
3. 为什么乙类功率放大电路有较高的效率？
4. 功率放大电路中在电源电压和负载不变的情况下，如何提高输出功率？
5. 设计功率放大电路时该从哪几个方面选择功率管？

7.2 互补对称式功率放大电路

互补对称式功率放大电路有两种形式，即 OTL 互补对称功放电路和 OCL 互补对称功放电路，两种电路的工作原理基本相同。

7.2.1 OCL 乙类功率放大电路

无输出电容的功放电路（output capacitor less，OCL），其原理图如图 7.2(a) 所示。VT_1 为 NPN 型管，VT_2 为 PNP 型管，要求这两管的特性对称一致。两管的基极相连作为输入端，两管发射极相连接负载的输出端，两管的集电极分别接上正电源和负电源。从电路可知，每个管子组成共集组态放大电路，即射极电压跟随电路。

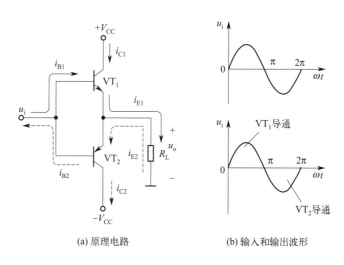

图 7.2 OCL 功率放大电路

为分析工作原理和估算功率方便起见，暂不考虑三极管的饱和管压降和导通电压（即三极管是理想的）。下面用图解法分析其工作原理。

（1）静态分析

由于电路无偏置电压，故两管的静态工作点参数 U_{BEQ}、I_{BQ} 和 I_{CQ} 均为零，工作点位于横坐标轴上，所以电路属于乙类工作状态。由图 7.2 可知，静态时负载中流过的电流也为零。为分析信号波形方便起见,将 VT_2 管的输出特性相对于 VT_1 管特性旋转 180°布置,如图 7.3 所示。

（2）动态分析

当输入信号 u_i 为正弦波的正半周期时,VT_1 管发射结承受正向电压,VT_2 管发射结承受反向电压,所以 VT_1 导通,VT_2 截止。从发射极跟随输出,在 R_L 上获得正半周信号电压 $u_o \approx u_i$;当输入信号 u_i 为正弦波的负半周期时,这时 VT_1 管发射结承受反向电压,VT_2 管发射结承受正向电压,所以 VT_1 截止,VT_2 导通,发射极跟随输出为负半周信号 $u_o \approx u_i$。波形图如图 7.2(b) 所示。这样就在负载上获得了完整的正弦波信号电压。

> **归纳**
>
> 输出电压 u_o 虽然没有放大,但由于三极管的电流放大作用,电路具有电流放大作用,因此具有功率放大作用。这种电路的结构和工作情况处于对称状态,且两管在信号的两个半周期内轮流导通工作,故称之为互补对称电路。

7.2.2 OCL 功率放大电路参数分析计算

对功率放大电路主要根据图 7.3 所示正弦波形来分析计算输出功率、电源供给功率、管耗及效率等参数。

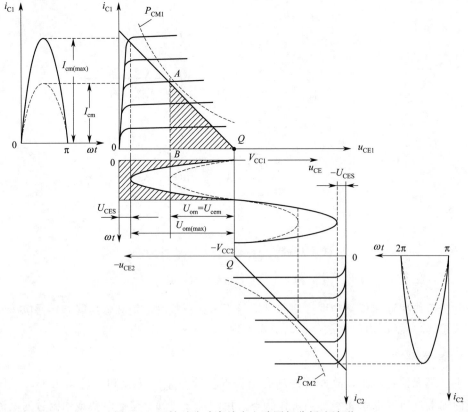

图 7.3　互补对称功率放大电路图解分析法波形

（1）输出功率

输出功率是负载 R_L 上的电流 I_o 和电压 U_o 有效值的乘积，即

$$P_o = I_o U_o = \frac{I_{om}}{\sqrt{2}} \times \frac{U_{om}}{\sqrt{2}} = \frac{1}{2} I_{om} U_{om} = \frac{1}{2} \times \frac{U_{om}^2}{R_L} \quad (7.2)$$

式(7.2)表明，当负载 R_L 一定时，功率放大电路输出功率的大小与输出信号电压幅值的平方成正比。由于功放电路是射极输出器，当输入信号足够大时，则输出电压的最大值可近似为 $U_{om} = V_{CC} - U_{CES} \approx V_{CC}$，因此，获得最大输出功率为

$$P_{om} = \frac{1}{2} \frac{(V_{CC} - U_{CES})^2}{R_L} \approx \frac{1}{2} \times \frac{V_{CC}^2}{R_L} \quad (7.3)$$

（2）直流电源供给功率

直流电源供给功率是供给管子的直流平均电流 $I_{C(AV)}$ 与电源电压 V_{CC} 的乘积。相对于正、负电源同一电压值而言，$I_{C(AV)}$ 相当于单相全波整流电流波形直流成分，即

$$P_V = I_{C(AV)} V_{CC} = \frac{2}{\pi} \times \frac{U_{om}}{R_L} V_{CC} \quad (7.4)$$

（3）管子平均管耗和最大管耗

管子所消耗平均功率是由电源供给功率的一部分转为功率输出后，其余部分消耗在功率管上转为热量，引起管温升高及散发热量，利用式(7.2)和式(7.4)可得

$$P_{T1} = P_{T2} = \frac{1}{2}(P_V - P_o) = \frac{1}{R_L}\left(\frac{U_{om}}{\pi} V_{CC} - \frac{1}{4} U_{om}^2\right) \quad (7.5)$$

由于 P_V 和 P_o 都与输出电压的幅值 U_{om} 有关，所以可用求极值的方法求出最大管耗时的输出电压幅值 U_{om}。对式(7.5)求导并令其为零，可求得 $U_{om} = (2V_{CC}/\pi)$ 时，管耗最大，代入式(7.5)得到每只管子的最大管耗为

$$P_{Tmax} = \frac{1}{\pi^2} \times \frac{V_{CC}^2}{R_L} \approx 0.2 P_{om} \quad (7.6)$$

（4）效率

功率放大电路的效率是指输出功率与电源供给功率之比，当不计三极管饱和压降时，$U_{om} = V_{CC}$，此时有

$$\eta = \frac{P_o}{P_V} = \frac{\pi}{4} \times \frac{U_{om}}{V_{CC}} = \frac{\pi}{4} = 78.5\% \quad (7.7)$$

实际应用电路由于饱和管压降和静态电流不为零，其效率要比此值低。

（5）三极管参数

三极管的极限参数有 P_{CM}、I_{CM}、$U_{(BR)CEO}$，应满足下列关系式：

三极管集电极的最大允许功耗 $P_{CM} \geqslant P_{Tmax}$；

三极管的最大耐压 $U_{(BR)CEO} \geqslant 2V_{CC}$，这是因为一个管子饱和导通时，另一个管子承受的最大反压为 $2V_{CC}$；

三极管集电极的最大电流 $I_{CM} \geqslant \dfrac{V_{CC}}{R_L}$。

【例 7.1】 在乙类互补对称功率放大电路中,电源电压 $V_{CC}=12V$,负载电阻 $R_L=8\Omega$,求对三极管的要求。

解:电路的最大输出功率 $P_{om}=\dfrac{1}{2}\times\dfrac{(V_{CC}-U_{CES})^2}{R_L}\approx\dfrac{1}{2}\times\dfrac{V_{CC}^2}{R_L}=\dfrac{1}{2}\times\dfrac{12^2}{8}=9(W)$

① 三极管集电极的最大允许功耗 $P_{CM}\geqslant P_{Tmax}=0.2P_{om}=1.8W$

② 三极管的最大耐压 $U_{(BR)CEO}\geqslant 2V_{CC}=24V$

③ 三极管集电极的最大电流 $I_{CM}\geqslant\dfrac{V_{CC}}{R_L}=\dfrac{12}{8}=1.5(A)$

实际选择三极管型号时,其极限参数还应留有一定余量,一般要提高 50%～100% 较为安全。

> **练习**
>
> 请用实验来测试图 7.2 所示电路中的输出波形和功率(或用 Multisim 软件仿真)。

7.2.3 OCL 甲乙类功率放大电路

上述乙类双电源互补对称功率放大电路虽较简单,但实用上还存在一些问题,下面进行讨论。

> **注意**
>
> 在乙类互补对称功率放大电路中,由于静态工作点参数均为零,没有设置偏置电压。我们知道,三极管 U_{BE} 存在一定导通电压值,对硅管来说,在信号电压 $|u_i|<0.6V$ 时,并不产生基极电流。

因此,当输入信号 u_i 在正、负半周过零的一段时间内,由于发射结存在"死区",因此两管都处于截止状态(u_i 正、负交替时,在零值附近的 u_i 值较小仍处"死区")。VT_1 和 VT_2 管的实际导通时间均小于半个周期,如图 7.4 所示。这种当输出信号在正、负半周交接处产生的波形失真,称为交越失真,这是乙类功率放大电路所特有的一种非线性失真。输入信号电压幅值越小,交越失真就越严重。

为了消除交越失真,必须在两管的基极之间加偏置电压,一般采用如图 7.5 所示的偏置电路来消除交越失真。

(1)利用二极管和电位器上压降产生偏置电压

其电路如图 7.5(a)所示,由 VT_3 组成的前置激励电压放大级上的集电极静态电流 I_{C_3} 流经 VD_1、VD_2 和 R_W 形成

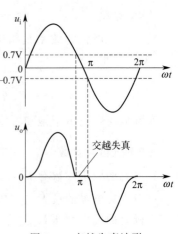

图 7.4 交越失真波形

直流压降 U_{B1B2}。其值约为两管的导通电压之和。静态时，两管处于微导通的甲乙类工作状态，产生静态工作电流 $I_{B1}=-I_{B2}$，这时虽有静态电流 $I_{E1}=-I_{E2}$ 流过负载 R_L，但互为等值反向，不产生输出信号。而在正弦信号作用下，输出为一个完整不失真的正弦波信号。

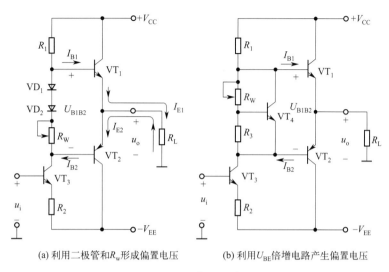

(a) 利用二极管和 R_W 形成偏置电压　　(b) 利用 U_{BE} 倍增电路产生偏置电压

图 7.5　偏置电路

> **提示**
> 一般所加偏置电压大小，以刚好消除交越失真为宜。但这种电路的缺点是不易调节，尤其当电位器滑点接触不良，R_W 上全部电阻会形成过大偏压，使功放管静态电流过大而发热损坏。故实际电路常用调节后确定阻值的固定电阻取代。

（2）利用 U_{BE} 倍增电路产生偏置电压

其电路如图 7.5(b) 所示，图中三极管 VT_4 和电阻 R_3、电位器 R_W 组成 U_{BE} 扩大电路。由于流入 VT_4 的基极电流远小于 R_3、R_W 上的电流，而 VT_4 的 U_{BE4} 基本不变（硅管为 0.6V），因此可得 $U_{B1B2}=U_{BE4}(1+R_W/R_3)$，调节电位器 R_W 即可改变两个管子 VT_1 和 VT_2 发射结的偏置电压。这种方法常应用在模拟集成电路中，如在第 3 章图 3.18 所示集成运算放大器 F007 内部电路也采用这种偏置电压方式。

7.2.4　单电源功率放大电路

以上介绍的互补推挽功放都是采用正负双电源供电的，在无双电源供电的情况下，可用图 7.6 所示的单电源功率放大电路。采用单电源及大容量电容器无输出变压器互补对称功放电路（output transformer less, OTL），这种电路利用已充电电容 C（电容器的容量足

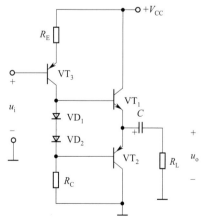

图 7.6　单电源功率放大电路

够大）代替了图 7.2(a) 所示电路中的负电源（$-V_{CC}$）。

由于电路上下对称，改变前级三极管的静态工作点，可以使两个管子的公共射极电位为 $\dfrac{V_{CC}}{2}$。当输入信号为负半周时，VT_3 集电极电位为正，VT_1 导通，电源既通过 VT_1 向负载 R_L 提供电流，又同时向电容 C 充电，此时电容电压近似为 $\dfrac{V_{CC}}{2}$。当输入信号为正半周时，VT_2 导通，电容通过 VT_2 向负载 R_L 放电。电容 C 起着图 7.2（a）所示电路中 $-V_{CC}$ 的作用，即用单电源代替了双电源。但注意，此时电路每个管子的工作电压不是原来正负电源中的 V_{CC} 而变成了 $\dfrac{V_{CC}}{2}$，所以在计算各项指标时要用 $\dfrac{V_{CC}}{2}$ 代替原公式中的 V_{CC}。

7.2.5 前置级为运放的功率放大电路

利用运算放大器组成的负反馈电路很容易满足深度负反馈条件，因而能改善放大电路的性能。然而，通用运算放大器的最大输出电流（约 10mA）比较小，不能满足大功率负载之需求。为了提高电路的输出功率，可将运算放大器与功率放大电路结合组成如图 7.7 所示的功率放大电路。由于电路中引入了电压并联负反馈，提高了功率放大电路的稳定性。

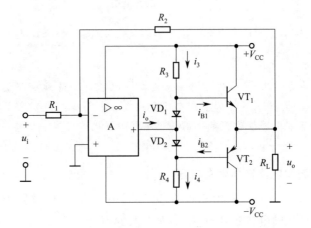

图 7.7 运算放大器为前置级的功率放大电路

思考题

1. 产生交越失真的原因是什么？怎样消除交越失真？
2. OCL 和 OTL 电路有什么相同点和不同点？各有什么优缺点？
3. 推导 OTL 功率放大器指标计算公式。

7.3 集成功率放大电路

集成功率放大电路具有输出功率大、外围连接元件少、使用方便等优点，因此在收音机、电视机、收录机、开关功率电路、伺服放大电路中广泛采用各类专用集成功率放大器。目前生产的集成功率放大器内部大多与集成运放相似。输出功率（由几百毫瓦到几十瓦）可分为小、中、大功率放大器，其型号和主要参数可查阅相关资料。现以 LM386 集成音频功率放大器为例，介绍几种典型使用方法。

7.3.1 集成功率放大器 LM386 简介

LM386 是美国国家半导体公司生产的通用型集成音频功率放大器，主要应用于低电压功率放大器。LM386 内部设定增益为 20，当在 1 与 8 引出端外接电容与电阻时，其增益可达 200 以内的任何值。若以输入端为参考地，则输出端被自动偏置到电源电压的一半，在 6V 电源电压下，它的静态功耗仅为 24mW，使得 LM386 特别适用于电池供电的场合。LM386 的封装形式有塑封 8 引线双列直插式和贴片式两种。

（1） LM386 内部电路

LM386 频响宽，可达 300kHz（1、8 引脚开路时）；静态功耗低，可用于电池供电；工作电压范围宽，4～12V 或 5～18V；外围元件少，使用时不需加散热片；电压增益可调范围为 20～200；失真度低。LM386 其内部电路原理图如图 7.8 所示，与通用型运算放大器相类似，它是一个三级放大电路。

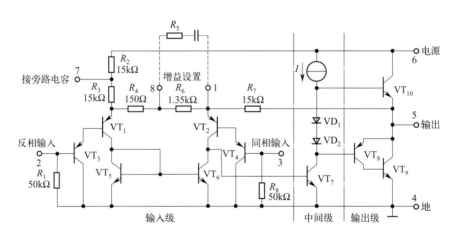

图 7.8　LM386 内部电路原理

第一级为差分放大电路，VT_1 和 VT_3、VT_2 和 VT_4 分别构成复合管，作为差分放大电路的放大三极管；VT_5 和 VT_6 组成镜像电流源作为 VT_1 和 VT_2 的有源负载；信号从 VT_3 和 VT_4 管的基极输入，从 VT_2 管的集电极输出，为双端输入单端输出差分电路。根据前面关于放大电路有源负载的分析可知，有源负载可使单端输出电路的增益得到提高。

第二级为共射放大电路，VT_7 为放大三极管，恒流源作有源负载，以增大放大倍数。

第三级中的 VT_8 和 VT_9 管复合成 PNP 型管，与 NPN 型管 VT_{10} 构成准互补输出级。二极管 VD_1 和 VD_2 为输出级提供合适的偏置电压，可以消除交越失真。

利用瞬时极性法可以判断出，引脚 2 为反相输入端，引脚 3 为同相输入端；电路由单电源供电，故为 OTL 电路。输出端（引脚 5）应外接输出电容后再接负载。

电阻 R_7 从输出端连接到了 VT_2 的发射极，形成反馈通路，并与 R_4 和 R_6 构成反馈网络。从而引入了深度电压串联负反馈，使整个电路具有稳定的电压增益。

图中引脚 2 为反相输入端，引脚 3 为同相输入端，引脚 5 为输出端，引脚 6 和引脚 4 分别为电源和地，引脚 1 和 8 为电压增益设定端，使用时在引脚 7 和地之间接旁路电容，通常取 $10\mu F$。

（2）LM386 的电压放大倍数

电路的增益设定是通过在引脚 1 和引脚 8 之间接不同大小的电阻和电容以改变交流负反馈系数来实现的。当电路输入差模信号时，电阻 R_4 和 R_6 的中点是交流地电位，因而交流负反馈系数为 $F_u = \dfrac{(R_4+R_6)/2}{(R_4+R_6)/2+R_7} = \dfrac{R_4+R_6}{R_4+R_6+2R_7}$，电路可认为工作在深度负反馈状态，因此电压放大倍数为 $A_u \approx \dfrac{1}{F_u} = 1 + \dfrac{2R_7}{R_4+R_6} \approx \dfrac{2R_7}{R_4+R_6}$。由图 7.8 可知，当引脚 1 和引脚 8 之间开路时，将 R_4、R_6 和 R_7 数据代入，可得 $A_u \approx 20$；当引脚 1 和引脚 8 之间接 20F 的电容时，$A_u \approx 2R_7/R_4 \approx 200$；而当引脚 1 和引脚 8 之间接有电阻 R 时，根据所接电阻的不同阻值，A_u 的调节范围为 $20\sim200$，因而增益 $20\lg|A_u|$ 为 $26\sim46\mathrm{dB}$。

归纳

集成功率放大电路的主要性能指标除最大输出功率外，还有电源电压范围、电源静态电流、电压增益、频带宽度、输入阻抗、输入偏置电流、总谐波失真等。使用时应查阅手册，以便获得确切的数据。

7.3.2 集成功率放大器 LM386 的应用

LM386 最基本的应用是构成放大，利用引脚 1 和 8 可设定电压增益在 $20\sim200$ 倍之间，图 7.9 所示为 LM386 设定电压增益在 50 倍时的接线。电容器 C_1 为旁路电容；R_2 和 C_2 组成容性负载，抵消扬声器部分的感性负载，以防止在信号突变时，扬声器上呈现较高的瞬时电压而招致损坏，且可改善音质，在小功率输出时，R_2、C_2 可不接；C_3 为单电源供电时所需的隔直电容，并起电源作用，在负半周向负载提供电流。

练习

请用实验来测试图 7.9 所示电路中的电压增益（或用 Multisim 软件仿真）。

图 7.9 中 R、C 如上所述是用来调节电路增益的。LM386 另外两种电压增益的应用分别如图 7.10 和图 7.11 所示。

将 LM386 视为一个运算放大器，可以构成具有一定功率输出能力的正弦波振荡器或方波发生器等。图 7.12 所示是一个方波发生器的电路，图中电压增益为 200 倍，由 $1\mathrm{k}\Omega$、$10\mathrm{k}\Omega$ 两电阻和 LM386 组成滞回比较器，再接入 RC 充放电电路（图中 $30\mathrm{k}\Omega$ 和 $0.1\mu F$）即可。

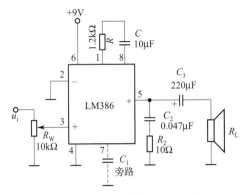

图 7.9　LM386 典型应用接线

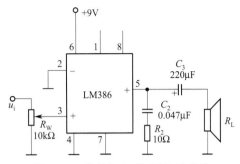

图 7.10　增益为 20 的 LM386 接线

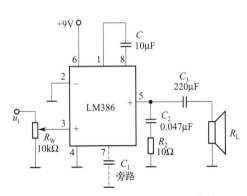

图 7.11　增益为 200 的 LM386 接线

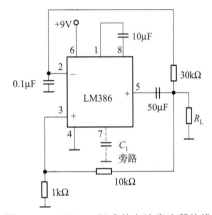

图 7.12　LM386 组成的方波发生器接线

练习

请用实验来测试图 7.12 所示电路中的输出波形（或用 Multisim 软件仿真）。

 思考题

1. 集成功率放大器 LM386 适用于什么场合？
2. 如何控制 LM386 的增益？

7.4　故障诊断和检测

功率放大电路故障检测，利用示波器观察甲类和甲乙类放大电路的输出电压，通过检测到的几种不正确输出波形，分析并研究产生这些波形最可能的故障原因。

7.4.1　甲类功率放大器的故障检测

甲类功率放大器，当输入信号是正弦波时，输出波形应该也是正弦波。前面讨论的电压放大器都属于甲类功率放大器。

现对甲类功率放大器电路（如前述工作点稳定电路）进行测试，如果用示波器观察显示的是直流电压等于电源电压，这表明三极管处于截止状态。这种情况有两个最可能的原因：其一是三极管某个 PN 结开路，其二是偏置电路中有开路点。

如果用示波器观察显示的不是完整的正弦波，这表明三极管的静态工作点不在线性区的中点，此时应该检查偏置电路中可调节的电位器，并进行小范围调整，直至电路输出波形不失真为止。这类故障排除方法同前面电压放大器相同。

7.4.2 甲乙类功率放大器的故障检测

甲乙类功率放大器，当输入信号是正弦波时，甲乙类互补推挽式放大器的输出波形应该也是正弦波。

甲乙类互补推挽式放大器如图 7.13 所示，如果用示波器观察显示只有正半周出现在输出端，其中一个原因是 VD_2 开路，另一个原因可能是 VT_2 的基极-发射极间开路。因为只有 VT_1 正常动作，才能使输入信号的正半周出现在输出端。

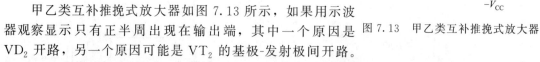

图 7.13 甲乙类互补推挽式放大器

如果用示波器观察显示只有负半周出现在输出端，其中一个原因是 VD_1 开路；另一个原因可能是 VT_1 的基极-发射极间开路。因为只有 VT_2 正常动作，才可能使输入信号的负半周出现在输出端。

本章小结

1. 功率放大电路工作在大信号状态下，输出电压和输出电流动态范围都很大。要求在允许失真的条件下，尽可能提高输出功率和效率。常用的互补型功放电路有 OTL 和 OCL 电路。

2. 甲类放大器的工作范围完全在三极管特性曲线的线性（放大）区域。输入信号的整个周期内三极管都能导通。乙类放大器工作模式的静态工作点位置在截止点，在输入信号的半个周期内三极管能导通，另半个周期内三极管截止。为求在输出端取得输入信号的线性放大波形，乙类放大器通常以推挽方式工作。甲乙类放大器的偏压稍高于截止点，所以会有稍大于输入信号半个周期的时间工作在线性区，可消除交越失真。

3. OTL 互补对称电路输出端需要一个大电容；OCL 互补对称电路省去了输出端的大电容，改善了电路的低频响应，且有利于实现集成化。

4. OTL 和 OCL 电路均可工作在甲乙类状态和乙类状态。

5. 集成功放具有温度稳定性好、电源利用率高、功耗较低和非线性失真小等优点。

本章关键术语

甲类　class A　完全工作于线性区域的放大器状态。

甲乙类　class AB　偏压设定在稍微导通区域的放大器状态。

乙类　class B　偏压设在截止点上，只有半个周期工作在线性区域的放大器状态。

效率　efficiency　输出到负载的功率与电源输入到放大器功率的比值。

功率增益　power gain　放大器输出功率与输入功率的比值。

推挽方式　push-pull　一种使用两个工作于乙类模式三极管的放大器，其中一个三极管在某个半波周期内导通，另一个三极管则在另一个半波周期内导通。

自我测试题

一、选择题（请将下列题目中的正确答案填入括号内）

1. 功率放大电路的转换效率是指（　　）。
   (a) 输出功率与三极管所消耗的功率之比
   (b) 最大输出功率与电源提供的平均功率之比
   (c) 三极管所消耗的功率与电源提供的平均功率之比

2. 在OCL功率放大电路中，若最大输出功率为10W，则电路中功放管的集电极最大功耗约为（　　）。
   (a) 10W　　　　(b) 5W　　　　(c) 2W

3. 已知电路如图7.14所示，功放三极管的饱和压降为2V，正负电源电压为12V，负载电阻 $R_L=10\Omega$，请选择正确答案填入括号内。

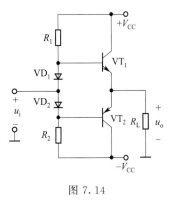

图 7.14

   (1) 电路中二极管的作用是消除（　　）。
   (a) 饱和失真　　(b) 截止失真　　(c) 交越失真
   (2) 静态时，三极管发射极电位（　　）。
   (a) 大于0V　　(b) 小于0V　　(c) 等于0V
   (3) 最大输出功率为（　　）。
   (a) 5W　　　　(b) 10W　　　　(c) 20W
   (4) 当输入为正弦波时，若 R_1 虚焊，即开路，则输出电压（　　）。
   (a) 为0V　　(b) 仅有正半波　　(c) 仅有负半波
   (5) 若 VD_1 虚焊开路，则 VT_1 管（　　）。
   (a) 可能因功耗过大烧坏　　　　(b) 始终饱和
   (c) 始终截止

4. 为了克服乙类功率放大电路中的交越失真现象，可以采用（　　）。
   (a) 减小输入信号幅值　　　　(b) 加大输入信号幅值
   (c) 增大功率管的导通角

5. 功率放大电路的最大输出功率是指（　　）。
   (a) 功率管上得到的最大功率　　(b) 电源提供的最大功率
   (c) 负载上获得的最大输出功率

二、判断题（正确的在括号内打√，错误的在括号内打×）

1. 在OCL功率放大电路中，输出功率越大，功放管的功耗愈大。（　　）
2. 当OCL电路的最大输出功率为1W时，功放管的最大功耗应等于1W。（　　）
3. 功率放大电路的特点之一是电路输出电流大于输入电流。（　　）
4. 在电源电压相同的情况下，功率放大电路比电压放大电路的输出功率大。（　　）
5. 功率放大电路输出的交流功率不是直流电源提供的。（　　）

三、分析计算题

1. 在OTL和OCL功率放大电路中，已知电源 V_{CC} 均为18V，负载均为16Ω，三极管的饱和压降为2V，(1) 分别计算两个电路的最大输出功率和两个电路中电源消耗的功率。(2) 两个电路中三极管的最大功耗、最大集电极电流、最大耐压分别为多少？

2. 在OTL和OCL功率放大电路中，已知负载均为8Ω，假设三极管的饱和压降 U_{CES} 均为2V，如果要求得到最大输出功率5W，试分别计算两个电路的电源电压应为多大？如不计三极管的饱和压降，则电源电压为多大？

3. 在 OTL 功率放大电路中,已知电源电压为 18V,负载电阻为 8Ω。为了使得最大不失真输出电压幅值最大,静态时两个三极管的发射极电位应为多少?若不合适,则一般调节哪个元件参数?若三极管的饱和压降为 3V,输入电压足够大,则电路的最大输出功率和效率各为多少?三极管的最大功耗、最大集电极电流、最大耐压分别为多少?

4. 在如图 7.14 所示电路中,若出现下列故障时,分别产生何种现象?(1) R_1 短路;(2) VD_1 短路;(3) R_2 开路;(4) VT_1 集电极开路。

5. 在如图 7.14 所示电路中,已知电源 V_{CC} 均为 16V,负载为 8Ω,三极管的饱和压降为 2V,输入电压足够大。试求(1) 最大输出功率和效率各为多少?(2) 每只三极管的最大功耗为多少?(3) 为了使输出功率达到最大,输入电压的有效值约为多少?

习题

一、选择题(请将下列题目中的正确答案填入括号内)

1. 功率放大电路的输出功率是指( )。

(a) 电源供给的功率   (b) 直流信号和交流信号叠加的功率

(c) 负载上的交流功率

2. 功率放大电路的效率是指( )。

(a) 输出功率与输入功率之比

(b) 最大不失真输出功率与电源提供的功率之比

(c) 输出功率与功放管上消耗的功率之比

3. 功率放大电路的效率主要与( )有关。

(a) 电路的工作状态   (b) 电路输出的最大功率

(c) 电源供给的直流功率

4. 甲类功放电路的效率低是因为( )。

(a) 只有一个功放管   (b) 静态电流过大

(c) 管压降过大

5. 乙类功放电路存在( )问题。

(a) 效率低   (b) 交越失真

(c) 非线性失真

6. 始终工作在放大区的放大电路是( )。

(a) 甲类放大电路   (b) 甲乙类放大电路

(c) 乙类放大电路

二、判断题(正确的在括号内打√,错误的在括号内打×)

1. 最大不失真输出功率是指功放管上得到的最大功率。( )

2. 甲乙类功放电路的效率可达 78.5%。( )

3. 功率放大电路是通过等效电路法来进行分析计算的。( )

4. 在功率放大电路的输入端所加偏置电压越大,则交越失真越容易消除。( )

5. 当 OTL 互补对称功率放大电路所用电源电压值和 OCL 互补对称功率放大电路的电源电压值相同,而其负载也相同时,则它们的最大输出功率也相同。( )

三、填空题

1. 电压放大器中的三极管工作在_____状态，功率放大器中的三极管工作在_____状态。功放电路不仅要求有足够大的_____，而且要求电路中还要有足够大的_____，以获取足够大的功率。
2. 对功率放大器所关心的主要性能指标是_____和_____。
3. 功率放大电路的转换效率是指_____之比。
4. 甲类放大电路是指功率管的导通角等于_____，乙类放大电路的功率管的导通角等于_____；甲乙类放大电路的功率管的导通角_____。
5. 无交越失真的 OCL 电路工作在_____状态。

四、名词解释题

1. 甲类、甲乙类、乙类。
2. 互补推挽、带负载能力。
3. OCL、OTL。
4. 交越失真。
5. 最大输出功率。

五、分析计算题

1. 如何改善乙类推挽电路的交越失真？
2. 在 OTL 和 OCL 功率放大电路中，已知电源 V_{CC} 均为 12V，负载均为 8Ω，不计管子的饱和压降，(1) 分别计算两个电路的最大输出功率和两个电路中电源消耗的功率。(2) 两个电路中三极管的最大功耗、最大集电极电流、最大耐压分别为多少？
3. 在 OTL 和 OCL 功率放大电路中，已知负载均为 8Ω，假设三极管的饱和压降 U_{CES} 均为 1V，如果要求得到最大输出功率 4W，试分别计算两个电路的电源电压应为多大？如不计三极管的饱和压降，则电源电压为多大？
4. OTL 互补对称功率放大电路中，要求在 16Ω 的负载上获得 8W 最大不失真功率，则电源电压值应为多少？若改为 OCL 互补对称功率放大器，则电源电压值应为多少？
5. OTL 互补对称功率放大电路如图 7.15 所示，试回答：(1) 静态时，电容 C_2 两端的电压应该等于多少？调整哪个电阻才能达到上述要求？(2) 设 $R_1=1.2$kΩ，三极管的 $\beta=50$，$P_{CM}=500$mW，$U_{CES}=1$V，若其中某一个二极管开路，三极管是否安全？

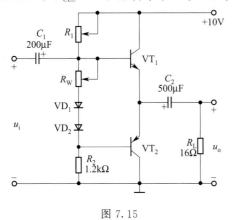

图 7.15

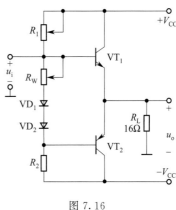

图 7.16

6. OCL 互补对称功率放大电路如图 7.16 所示，试回答：(1) 静态时，负载 R_L 中的电流为多少？(2) 若输出电压波形出现交越失真，应调整哪个电阻？如何调整？(3) 若二极管 VD_1 或 VD_2 的极性接反，将产生什么后果？

7. 图 7.17 所示为一个扩大机的简化电路。试回答以下问题：(1) 为了要实现互补推挽功率放大，VT_1 和 VT_2 应分别是什么类型的三极管（PNP，NPN）？在图中画出发射极箭头方向。(2) 若运算放大器的输出电压幅度足够大，是否有可能在输出端得到 8W 的交流输出功率？设 VT_1 和 VT_2 的饱和压降 U_{CES} 均为 1V。(3) 若集成运算放大器的最大输出电流为 $\pm 20\text{mA}$，则为了得到最大输出电流，VT_1 和 VT_2 的 β 值应不低于什么数值？(4) 为了提高输入电阻，降低输出电阻并使放大性能稳定，应该如何通过 R_F 引入反馈？在图中画出连接方式。(5) 在上题情况下，如要求 $U_s = 80\text{mV}$ 时 $U_o = 8\text{V}$，$R_F = ?$

8. 在图 7.18 所示电路中，(1) 要求 $P_{om} \geqslant 2\text{W}$，已知三极管 VT_3、VT_4 的饱和管压降 $U_{CES} = 1\text{V}$，则 V_{CC} 至少应为多大？(2) 判断级间反馈的极性和组态，如为正反馈，将其改为负反馈。(3) 假设电路满足深度负反馈条件，估算电压放大倍数。

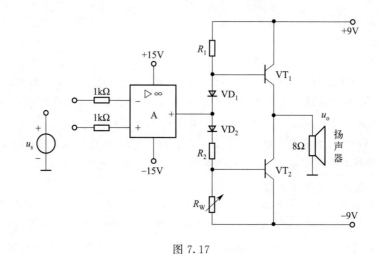

图 7.17

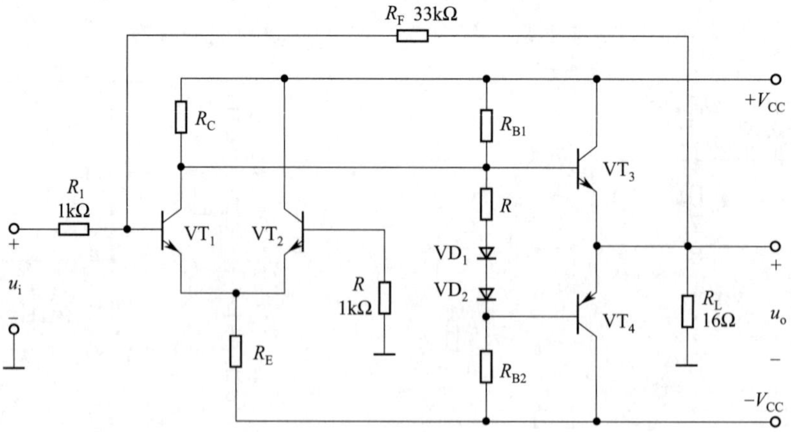

图 7.18

综合实训

设计一个简易电子琴

电路指标：

要求利用 RC 文氏电桥正弦波振荡电路和功率放大电路组成，设计 14 个音节，高音节 4 个，中音节 7 个，低音节 3 个，电容的容量为 $0.1\mu F$，合理选择各音节的电阻值。

设计提示：

RC 文氏电桥正弦波振荡电路中的电容的容量为 $0.1\mu F$（定值），电阻的阻值根据音阶来定，建议高音节 4 个的频率分别为 699Hz、659Hz、587Hz 和 523Hz，对应的电阻值分别为 $2.28k\Omega$、$2.42k\Omega$、$2.71k\Omega$ 和 $3.04k\Omega$；建议低音节 3 个的频率分别为 247Hz、220Hz 和 196Hz，对应的电阻值分别为 $6.47k\Omega$、$7.23k\Omega$ 和 $8.12k\Omega$；中音节 7 个的频率分别为 494Hz、440Hz、392Hz、350Hz、330Hz、294Hz 和 262Hz，可计算出对应的电阻值。功率放大电路建议采用甲乙类 OCL 电路。

第 8 章 直流稳压电源

 学习目标

要掌握： 滤波电路的工作原理；串联型稳压电路的工作原理。
会分析： 集成稳压电路的工作原理；开关型稳压电源的特点、电路组成和工作原理。
会计算： 串联型稳压电路的指标计算。
会选用： 三端集成稳压器扩展电路及实际应用电路。
会处理： 稳压电路的故障诊断和排除方法。
会应用： 用实验或 Multisim 软件分析和调试各种稳压电路。

直流稳压电源主要由变压器、整流电路、滤波电路和稳压电路四大部分组成。本章主要介绍滤波电路和稳压电路的工作原理及性能指标。

滤波电路由储能元件构成，常用的有电容滤波电路、电感滤波电路、LC 滤波电路、RC 滤波电路等。稳压电路讨论串联型直流稳压电路，它由电压调整、比较放大、基准电压、取样电路和保护电路等组成，其中串联型稳压电路在选择调整管时应满足集电极最大电流、集电极和发射极之间的最大允许反向击穿电压（耐压）和最大功耗的要求。

集成稳压电路种类很多，有多端可调式、三端集成稳压器等。本章介绍三端集成稳压器，它具有稳压性能高、输出电流大、体积小、使用方便等优点。

本章最后分析了开关型稳压电源的特点、组成及工作原理。

各种电子设备要正常工作，通常都需要电压稳定的直流电源供电。在利用电网提供的交流电供电时，通常需要将其转换成直流电源，再供给电子设备。

下面首先分析直流稳压电源的基本组成。

8.1 直流稳压电源的基本组成

在各种电子设备和装置中，如测量仪器、自动控制系统和电子计算机等，都要求所提供的直流电源电压的稳定性要好。

在第 1 章中已知简单的直流电源是由单相交流电源经电源变压器降压后，再经过整流电路获得的，但这种电源中脉动成分较大，需要经滤波后才能获得较为平稳的直流电。

然而，由于电网电压允许有±10%的变化，另外，负载变化引起直流电源内阻上压降变化，均导致整流滤波后输出直流电压发生变化。为此，必须将整流、滤波后的直流电压由稳压电路稳定后再提供给负载，使负载上直流电源电压受上述因素的影响程度减到最小，电子装置才能正常工作。

常用小功率直流稳压电源系统由电源变压器、整流电路、滤波电路、稳压电路等组成，如图8.1所示。

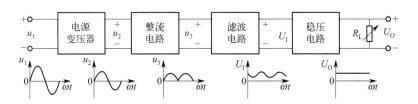

图 8.1　直流稳压电源的组成框图

稳压电路根据调整元件类型可分为二极管稳压电路、三极管稳压电路、可控硅稳压电路、集成稳压电路等。根据调整元件与负载连接方法，可分为并联型和串联型。根据调整元件工作状态不同，可分为线性和开关型稳压电路。下面主要介绍滤波电路、串联型稳压电路、集成三端式稳压电路和开关型稳压电路。

拓展阅读： 从图8.1中可以看出直流稳压电源能够把交流电网提供的能量转换成直流电，然后直流电源再提供给电子设备，但与此同时电子设备也对电网产生了谐波污染。学生分析问题时要全方位考虑，从而得出"任何事物都具有多面性"的哲学结论，学会运用科学发展观全面看待问题。

思考题

1. 简述直流稳压电源各部分电路工作原理，并画出各部分电路的输出波形。
2. 稳压电路是波形变换电路吗？

8.2　滤波电路

滤波电路用于滤去整流输出电压中的纹波，一般由储能的电抗元件组成，如在负载电阻两端并联电容器C，或与负载串联电感器L，以及由电容、电感组合而成的各种复式滤波电路。其工作原理是利用储能的电抗元件在二极管导通时存储能量，而当二极管截止时逐渐释放出来，从而得到比较平滑的电压。或者从另一个角度看，如果把储能的电抗元件合理地安排在电路中，可以达到降低交流成分保留直流成分的目的，体现出滤波作用。

提示

由于电抗元件在电路中有储能作用，并联的电容器 C 在电源供给的电压升高时，能把部分能量存储起来，而当电源电压降低时，就把能量释放出来，使负载电压比较平滑，即电容 C 具有平波的作用；与负载串联的电感 L，当电源供给的电流增加（由电源电压增加引起）时，它把能量存储起来，而当电流减小时，又把能量释放出来，使负载电流比较平滑，即电感也有平波作用。

滤波电路的形式很多，为了掌握它的分析规律，把它分为电容输入式（电容器接在最前面）和电感输入式（电感器连接在最前面）。前一种滤波电路多用于小功率电源中，而后一种滤波电路多用于较大功率电源中（而且当电流很大时仅用电感器与负载串联）。本节重点分析小功率整流电源中应用较多的电容滤波电路，然后再简要介绍其他形式的滤波电路。

8.2.1 电容滤波电路

常用的滤波电路有电容滤波电路、电感滤波电路、LC 滤波电路和 RC 滤波电路等几种。

在电源电路中，常用电容器将脉动的直流电滤波产生恒定的直流电压，连接到整流电路输出端的电容器就是一个简单的滤波器。如图 8.2 所示。

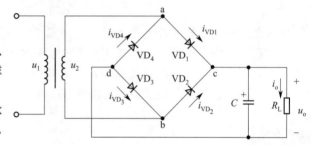

图 8.2 桥式整流电容器滤波电路

（1）工作原理

电容滤波电路

当输入 u_2 为正半周且由零到峰值逐渐增大时，VD_1、VD_3 导通，一方面给负载供电，同时对电容器 C 充电，由于二极管的正向导通电阻和变压器的等效电阻都很小（在此假设为零），所以充电时间常数很小，电容器充电电压随电源电压 u_2 的上升而上升，这就是图 8.3 中 $0 \sim A$ 段。在点 A 处，u_2 达到了最大值。过了这一点之后，电源电压 u_2 开始下降，电容器向负载电阻放电。由于放电时间常数 CR_L（比交流电的 u_2 的周期）大得多，所以电容器两端电压下降的速度比电源电压 u_2 的下降速度慢很多。在这个过程中，电容器上的电压将大于此时的电源电压。从图 8.3 可以看出：在 u_C 大于 u_2 时，4 个二极管都将承受反向电压而截止。此时，负载电阻 R_L 两端电压靠电容器 C 的放电电流来维持。当电容器放电到图 8.3 中所示的点 B 时，u_2 负半周又使 VD_2、VD_4 导通，电容器又被充电，充到 u_2 的最大值后，又进行放电。如此反复进行，就得到图 8.3 所示的电容器两

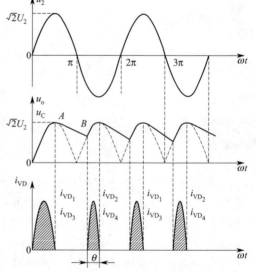

图 8.3 电容滤波电路的波形

端电压波形。输出电压 u_O 的波形与电容器两端电压 u_C 波形相同。由图可见,整流电路加了滤波电容之后,输出电压的波形比没有滤波电容时平滑多了。

> **练习**
>
> 请用实验来测试图 8.2 所示电路中的输入和输出波形(或用 Multisim 软件仿真)。

(2)电容滤波电路的外特性及主要参数估计

① 电容滤波电路的外特性。电容滤波电路的输出电压是一个近似为锯齿波的直流电压,很难用解析式表达,要准确计算其平均值比较麻烦。所以工程上常常采用近似估算的方法,通过滤波电路的外特性,找出估算规律。

输出电压 U_O 随输出电流 I_O 的变化规律称为外特性,如图 8.4 所示。由图可见,当负载电流为零时(负载电阻等于无穷大),输出电压 U_O 等于电源电压 u_2 的峰值;当电容 C 一定时,输出电压随负载电流增加而减小;当负载电流一定时,输出电压随电容 C 的减小而减小;当电容 C 开路时,输出电压 U_O 等于 $0.9U_2$,它等于纯电阻负载时整流电路输出电压平均值。这是因为负载电流(负载电阻)和电容量的变化都将会改变放电时间常数 R_LC,当放电时间常数增大时,输出电压纹波分量减小、平均值增大;当放电时间常数减小时,输出电压纹波分量增大、平均值减小。

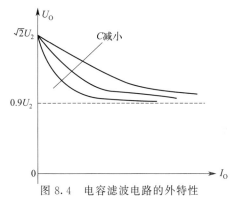

图 8.4 电容滤波电路的外特性

> **归纳**
>
> 电容滤波电路的输出电压平均值受负载变化的影响比较大(即外特性差)。因此,电容滤波电路只适用于负载电流比较小或者负载电流基本不变的场合。

② 输出电压平均值。由以上讨论可知,桥式整流电容滤波电路空载时输出电压的平均值最大,其值等于 $\sqrt{2}U_2$;当电容 C 开路(为零)时,输出电压平均值最小,其值等于 $0.9U_2$;当电容 C 不为零,且电路不空载时,输出电压的平均值取决于放电时间常数的大小,其值在上述二者之间。工程上通常按经验公式计算,即放电时间常数为 $R_LC \geqslant (1.5\sim 2.5)T$,其中 T 为交流电网电源的周期。则输出电压平均值为

$$U_{O(AV)} = (1.1\sim 1.4)U_2 \tag{8.1}$$

估算输出电压平均值时,放电时间常数较小时,取下限;放电时间常数较大时,则取上限;一般按 $U_{O(AV)} = 1.2U_2$ 估算。

③ 输出电流平均值。在桥式整流电容滤波电路中,流过负载的电流平均值为

$$I_{O(AV)} = \frac{U_{O(AV)}}{R_L} = (1.1\sim 1.4)\frac{U_2}{R_L} \approx 1.2\frac{U_2}{R_L} \tag{8.2}$$

④ 纹波系数(因子)。纹波系数(因子)是滤波器效率的一种指标,其定义为电容滤波后的脉动纹波电压与滤波器输出的输出电压平均值的比值。纹波系数越低,则滤波的效果越好。

电容滤波中要降低纹波系数，可以增加滤波电容器的电容值，或者增加负载电阻的阻抗值。

⑤ 整流二极管的平均电流。由图 8.3 可以很清楚地看到，桥式整流电容滤波电路中流过二极管的平均电流是负载平均电流的一半。桥式整流电容滤波电路与没有滤波电容时的情况相比，流过二极管的平均电流增加了。然而，由图 8.3 可见，只有当电容端电压 u_C 小于电源电压 u_2 时，二极管才能导通。因此，二极管的导通角 $\theta < \pi$，比没有滤波电容时的二极管的导电时间缩短了不少。

提 示

二极管导通时，会出现一个比较大的电流冲击。放电时间常数越大，二极管的导电角越小，冲击电流就越大。在电源接通的瞬间，由于电容两端电压为零，将有更大的冲击电流流过二极管，可能导致二极管损坏。因此，在选用二极管时，其额定整流电流应留有充分的裕量。最好采用硅管，它比锗管更经得起过电流的冲击。

⑥ 整流二极管的最高反向电压。桥式整流电容滤波电路中，二极管截止时承受的最高反向电压与没有电容滤波时一样，仍为 $U_{RM} = \sqrt{2} U_2$。

【例 8.1】 某桥式整流电容滤波电路如图 8.2 所示。交流电源频率为 50Hz，输出直流电压为 30V，负载电阻 $R_L = 120\Omega$，试估算变压器次级电压 U_2、选择整流二极管及滤波电容的大小。

解： ① 计算变压器次级电压 U_2。

根据式(8.1)，取 $U_{O(AV)} = 1.2 U_2$，变压器次级电压的有效值为

$$U_2 = 30/1.2 = 25 (V)$$

② 选择整流二极管。

流过整流二极管的电流为

$$I_{VD(AV)} = I_O/2 = 30/(2 \times 120) = 0.125 (A)$$

整流二极管承受的最高反向电压为

$$U_{RM} = \sqrt{2} U_2 \approx 35V$$

因此可以选用二极管 2CP21（最大整流电流为 300mA，最大反向工作电压为 100V）。

③ 选择滤波电容。

取 $R_L C = 2.5T$，则

$$C = 2.5T/R_L = 417\mu F$$

选取容量为 470μF、耐压为 50V 的电解电容。

8.2.2 LC 滤波电路

(1) 电感滤波电路

在大电流负载情况下，由于负载电阻阻值很小，若采用电容滤波电路，则电容容量势必很大，而且整流二极管的冲击电流也非常大，这就使得整流管和电容器的选择变得很困难，甚至不可能，在此情况下应当采用电感滤波。在整流电路与负载电阻之间串联一个电感线圈 L 就构成电感滤波，如图 8.5 所示。由于电感线圈的电感量要足够大，所以一般采用有铁芯

的线圈。

电感的基本性质是当流过它的电流变化时，电感线圈中产生的感生电动势将阻止电流的变化。因此经电感滤波后，不但负载电流和电压的脉动减小，波形变得平滑，而且整流二极管的导通角增大。在图 8.5 所示的电感滤波中，整流电路输出电压可分解为两部分，一部分为直流分量（由负载承担），它就是整流电路输出电压的平均值 $U_{O(AV)}$，其值约为 $0.9U_2$；另一部分为交流（纹波电压）分量（由电感承担），所以最终负载上得到比较平滑的直流电压。

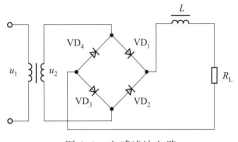

图 8.5　电感滤波电路

> **练习**
>
> 请用实验来测试图 8.5 所示电路中的输入和输出波形（或用 Multisim 软件仿真）。

（2）LC 滤波电路

为了进一步滤除纹波，可采用如图 8.6 所示的 LC 滤波电路。

由 $X_L = \omega L$ 可知，整流电流的交流分量频率愈高，感抗愈大，所以它可以减弱整流电压中的交流分量，ωL 比 R_L 大得愈多，则滤波效果愈好；而后又经过电容滤波器滤波，再一次滤掉交流分量。这样，便可以得到较为平直的直流输出电压。

该电路的缺点是：由于整流输出的脉动交流分量的频率较小，所以电感线圈的电感要比较大（一般在几亨到几十亨的范围内），其匝数较多，电阻也较大，因而其上有一定的直流压降，造成输出电压也有所降低。

> **归纳**
>
> 具有 LC 滤波器的滤波电路适用于电流较大、要求输出电压脉动很小的场合，用于高频时更为适合。在电流较大、负载变动较大并对输出电压的脉动程度要求不太高的场合下（例如晶闸管电源），也可将电容器除去，而采用电感滤波器（L 滤波器）。

（3）π 形 LC 滤波器

如果要求输出电压的脉动更小，可以在 LC 滤波器的前面再并联一个滤波电容 C_1，如图 8.7 所示。这样便构成 π 形 LC 滤波器。它的滤波效果比 LC 滤波器更好，但整流二极管的冲击电流较大。

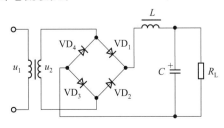

图 8.6　桥式整流 LC 滤波电路

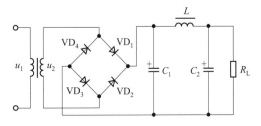

图 8.7　桥式整流 π 形 LC 滤波电路

8.2.3　RC 滤波电路

由于电感线圈的体积大、笨重、成本高，若用电阻代替 π 形 LC 滤波器中的电感线圈 L，便构成了 π 形 RC 滤波器，如图 8.8 所示。电阻对于交、直流电流都具有降压作用，但是，当它和电容配合之后，就使脉动电压的交流分量较多地降落在电阻两端（因为电容 C_2 的交流阻抗甚小），而较少地降落在负载上，从而起了滤波作用。R 越大，C_2 越大，滤波效果就越好。但 R 太大，将使直流压降增加，所以这种电路主要适用于负载电流较小而又要求输出电压脉动很小的场合。

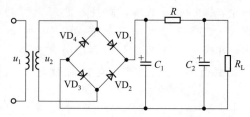

图 8.8　桥式整流 π 形 RC 滤波器电路

 思考题

1. 在电容滤波器的输出电压上产生纹波的原因是什么？
2. 桥式整流电容滤波电路的负载电阻变小，对纹波电压有什么影响？
3. 如果整流电路中的滤波电容器漏电非常厉害，输出电压会怎么样？
4. 整流电容滤波的直流电压小于其应该具有的值，可能的问题是什么？

8.3　串联型直流稳压电路

所谓串联型直流稳压电路，就是在输入直流电压（U_I）和负载（R_L）之间串入一个三极管，当 U_I 或 R_L 波动引起输出电压 U_O 变化时，U_O 的变化将反映到三极管的输入电压 U_{BE} 上，然后，U_{CE} 也随之改变，从而调整 U_O，以保持输出电压基本稳定。

8.3.1　电路组成和工作原理

串联型直流稳压电路的原理图如图 8.9 所示，电路包括 4 个组成部分。

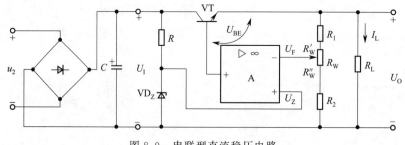

图 8.9　串联型直流稳压电路

（1）采样电路

采样电路由电阻 R_1、R_2 和 R_W 组成。当输出电压发生变化时，采样电阻取其变化量的一部分送到放大电路的反相输入端。

（2）放大电路

放大电路由比较放大器 A 组成，其作用是将稳压电路输出电压的变化量进行放大，然后再送到调整管 VT 的基极。如果放大电路的放大倍数比较大，则只要输出电压产生一点微小的变化，即能引起调整管的基极电压发生较大的变化，提高了稳压效果。因此，放大倍数愈大，则输出电压的稳定性愈高。

（3）基准电路

基准电路由稳压管 VD_Z 提供基准电压，接到放大电路的同相输入端。采样电压与基准电压进行比较后，再将二者的差值进行放大。电阻 R 的作用是保证 VD_Z 有一个合适的工作电流。

（4）调整电路

调整电路由调整管 VT 接在输入直流电压 U_I 和输出端负载电阻 R_L 之间，若输出电压 U_O 由于电网电压或负载电流等的变化而发生波动时，其变化量经采样、比较、放大后送到调整管的基极，使调整管的集-射电压也发生相应的变化，最终调整输出电压使之基本保持稳定。

现在分析串联型直流稳压电路的稳压原理。在图 8.9 中，假设由于 U_I 增大或 I_L 减小而导致输出电压 U_O 增大，则通过采样以后反馈到放大电路反相输入端的电压 U_F 也按比例增大，但其同相输入端的电压即基准电压 U_Z 保持不变，故放大电路的差模输入电压 $U_{Id}=U_Z-U_F$ 将减小，于是放大电路的输出电压减小，使调整管的基极输入电压 U_{BE} 减小，则调整管的集电极电流 I_C 随之减小，同时集-射电压 U_{CE} 增大，结果使输出电压 U_O 保持基本不变。

以上稳压过程可简明表示如下：

$$U_I\uparrow 或 I_L\downarrow \to U_O\uparrow \to U_F\uparrow \to U_{Id}\downarrow \to U_{BE}\downarrow \to I_C\downarrow \to U_{CE}\uparrow \to U_O\downarrow$$

归纳

由此看出，串联型直流稳压电路稳压的过程，实质上是通过电压负反馈使输出电压保持基本稳定的过程。同样可以分 U_I 减小或 I_L 增大的情况。

（5）直流稳压电路的性能

直流稳压电路的性能好差可用以下两个指标表示。

① 线性调整率：指针对输入电压的固定变化量，会造成多少输出电压的变化情况。线性调整率通常定义为输出电压的变化量与对应的输入电压变化量的比值，用百分率来表示。

② 负载调整率：指当负载电流在某一个范围变化时，会造成多少输出电压的变化。通常这个变化范围是从最小的负载电流（无负载状况下）到最大的负载电流（全负载），负载调整率定义为负载电流在某一个范围变化时电压的变化量与对应的最大负载电流时输出电压的比值，通常用百分率来表示。

线性调整率和负载调整率两个指标百分率越小，表明直流稳压电路输出电压越稳定。

8.3.2 输出电压的调节范围

串联型直流稳压电路的一个优点是允许输出电压在一定范围内进行调节。这种调节可以通过改变采样电阻中电位器的滑动端位置来实现。

> **提示**
>
> 定性地看，当 R_W 的滑动端向上移动时，反馈电压 U_F 增大，放大电路的差模输入电压 U_{Id} 减小，使调整管的 U_{BE} 减小，则 U_{CE} 增大，于是输出电压 U_O 减小。反之，若 R_W 的滑动端向下移动，则 U_O 增大。输出电压总的调节范围与采样电阻 R_1、R_2 和 R_W 三者之间的比例关系以及稳压管的稳压值 U_Z 有关。

在图 8.9 中，假设放大电路 A 是理想运放，且工作在线性区，则可以认为其两个输入端"虚短"，即 $U_+ = U_-$，在本电路中，$U_+ = U_Z$，$U_- = U_F$，故 $U_Z = U_F$，而且两个输入端不取电流，则由图可得：$U_Z = U_F = \dfrac{R_2 + R_W''}{R_1 + R_W + R_2} U_O$，所以有：

$$U_O = \frac{R_1 + R_W + R_2}{R_2 + R_W''} U_Z \tag{8.3}$$

当 R_W 的滑动端调至最上端时，U_O 达到最小值，此时：

$$U_{Omin} = \frac{R_1 + R_W + R_2}{R_2 + R_W} U_Z \tag{8.4}$$

当 R_W 的滑动端调至最下端时，U_O 达到最大值，此时：

$$U_{Omax} = \frac{R_1 + R_W + R_2}{R_2} U_Z \tag{8.5}$$

8.3.3 调整管的选择

调整管是串联型直流稳压电路的重要组成部分，担负着"调整"输出电压的重任。它不仅需要根据外界条件的变化，随时调整本身的管压降，以保持输出电压稳定，而且还要提供负载所要求的全部电流，因此调整管的功耗比较大，通常采用大功率的三极管。为了保证调整管的安全，在选择三极管的型号时，应对三极管的主要参数进行初步的估算。

> **归纳**
>
> 选择调整管是设计稳压电源的一项重要工作，如果调整管的耐压和功率选得比较小，使用时容易损坏，如果取得过大，非但不经济而且也增大了重量和体积，为了确保调整管在各种不利条件下可靠地工作，并保证管子的安全，在选择调整管时应满足集电极最大电流、集电极和发射极之间的最大允许反向击穿电压（耐压）和集电极最大允许功耗的要求。

（1）集电极最大允许电流

由图 8.9 中的稳压电路可见，流过调整管集电极的电流，除负载电流 I_L 以外，还有流入采样电阻的电流。假设流过采样电阻的电流为 I_R，则选择调整管时，应使其集电极的最大允许电流为：

$$I_{CM} \geqslant I_{Lmax} + I_R \tag{8.6}$$

式中，I_{Lmax} 为负载电流的最大值。

（2）集电极和发射极之间的最大允许反向击穿电压

稳压电路正常工作时，调整管上的电压降约为几伏。若负载短路，则整流滤波电路的输出电压 U_I 将全部加在调整管两端。在电容滤波电路中，输出电压的最大值可能接近于变压器副边电压的峰值，即 $U_I \approx \sqrt{2} U_2$，再考虑电网可能有 $\pm 10\%$ 的波动，因此，根据调整管可能承受的最大反向电压，应选择三极管的参数为

$$U_{(BR)CEO} \geqslant 1.1 \times \sqrt{2} U_2 \tag{8.7}$$

（3）集电极最大允许耗散功率

调整管集电极消耗的功率等于管子集电极-发射极电压与流过管子的电流之乘积，而调整管两端的电压又等于 U_I 与 U_O 之差，即调整管的功耗为：$P_C = U_{CE} I_C = (U_I - U_O) I_C$。可见，当电网电压达到最大值，而输出电压达到最小值，同时负载电流也达到最大值时，调整管的功耗最大，所以，应根据下式来选择调整管的参数 P_{CM}：

$$P_{CM} \geqslant (U_{Imax} - U_{Omin}) \times I_{Cmax} \approx (1.1 \times 1.2 U_2 - U_{Omin}) \times I_{Emax} \tag{8.8}$$

式中，U_{Imax} 为满载时整流滤波电路的最大输出电压，在电容滤波电路中，如滤波电容的容值足够大，可以认为其输出电压近似为 $1.2 U_2$。

调整管选定以后，为了保证调整管工作在放大状态，管子两端的电压降不宜过大，通常使 $U_{CE} = 3 \sim 8V$。由于 $U_{CE} = U_I - U_O$，因此，整流滤波电路的输出电压，即稳压电路的输入直流电压应为

$$U_I = U_{Omax} + 3 \sim 8V \tag{8.9}$$

（4）分立元件组成的串联型稳压电路

图 8.10 为一由分立元件组成的串联型稳压电路。图中 VT_1 为调整管，VT_2、R_C

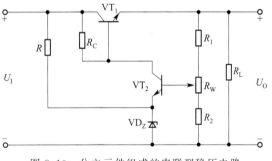

图 8.10　分立元件组成的串联型稳压电路

组成比较放大电路（注意：R_C 既是 VT_2 比较管的集电极负载，又是保证 VT_1 调整管工作在放大状态的基极偏置电阻）；由 R_1、R_2 和 R_W 组成取样（采样）电路，将取样电压加在 VT_2 比较管（注意：R_1、R_2 和 R_W 既是电压取样电路，将输出电压的变化量作用于 VT_2 比较管的基极，同时又是保证 VT_2 比较管工作在放大状态的基极偏置电阻）；电阻 R 和稳压管 VD_Z 组成基准电压电路，为比较放大电路 VT_2 管发射极提供稳定的直流基准电压 U_Z，使 VT_2 管基极取样电压与 U_Z 相比较并将两者差值电压放大，由 VT_2 管集电极输出放大后的电压去控制调整管 VT_1 电压 U_{CE1} 朝着与 U_O 相反方向变化。与图 8.9 电路相比，两者的差异仅在图 8.10 电路中用 VT_2 管和电阻 R_C 取代了图 8.8 电路中由运算放大器组成的比较放大电路。因此，图 8.10 电路稳压原理分析和有关电路元件参数计算方法与图 8.9 电路完全一样，在此不赘述。

【例 8.2】 稳压电路如图 8.9 所示。要求输出电压 $U_O=10\sim15\text{V}$,负载电流 $I_O=0\sim100\text{mA}$,已知稳压管的稳定电压 $U_Z=7\text{V}$,$I_{Zmin}=5\text{mA}$,$I_{Zmax}=33\text{mA}$,稳压电源的输入电压 $U_I=23\text{V}$。若调整管的主要参数为:$I_{CM}=500\text{mA}$,$U_{(BR)CEO}=50\text{V}$,$P_{CM}=3\text{W}$。试确定电路的其他有关参数。

解: ① 确定取样电阻。

取样电阻的取值有一定的自由度,一般而言,要求流过取样电路电流远大于流过比较放大电路反相输入端电流、远小于负载电流最大值 I_{Omax}。通常取样电路电流可在最大负载电流的十分之一到二十分之一间选择。本例选取样电阻总值为 $2\text{k}\Omega$。因为

$$U_{Omax}=\frac{R_1+R_W+R_2}{R_2}U_Z=15\text{V}$$

所以由上式可求出 $R_2\approx930\Omega$,取系列值 $R_2=910\Omega$。而

$$U_{Omin}=\frac{R_1+R_W+R_2}{R_2+R_W}U_Z=10\text{V}$$

由上式可求出 $R_2+R_W\approx1400\Omega$,$R_W\approx490\Omega$,取系列值 $R_W=510\Omega$。

所以 $R_1=2000-910-510=580\Omega$,取系列值 $R_1=560\Omega$。

由上述电阻值代入相关公式进行验算,可得:

$$U_{Omax}=\frac{R_1+R_W+R_2}{R_2}U_Z=15.23\text{V}$$

$$U_{Omin}=\frac{R_1+R_W+R_2}{R_2+R_W}U_Z=9.76\text{V}$$

输出电压的实际变化范围为:$U_O=9.76\sim15.23\text{V}$,所以符合题目要求。

② 估算基准电压电路稳压管的限流电阻 R 的阻值。

基准电压电路中的限流电阻 R 的选择要保证稳压管的工作电流合适,由于基准电压电路所带负载很轻、负载电流(比较放大器同相输入端电流)较小,限流电阻 R 的选择通常使流过稳压管的电流稍大于其最小电流值 I_{Zmin},即满足

$$I_Z=\frac{U_{Imin}-U_Z}{R}>I_{Zmin}$$

所以限流电阻取值满足

$$R<\frac{U_{Imin}-U_Z}{I_{Zmin}}=\frac{0.9\times23-7}{5}=2.74(\text{k}\Omega)$$

可取系列值 $R=2\text{k}\Omega$。

③ 验算稳压电路中调整管是否安全。

$I_C=I_{Omax}+I_2=100+15/(0.56+0.51+0.91)=109.6(\text{mA})<500\text{mA}$

$U_{CEmax}=U_{Imax}-U_{Imin}=1.1\times23-10=15.3(\text{V})<50\text{V}$

$P_{CMmax}=I_{Omax}\times(U_{Imax}-U_{Imin})=109.6\text{mA}\times15.3\text{V}=1.68\text{W}<3\text{W}$

由上面的分析计算可见调整管的参数符合安全的要求,而且有一定的余地。

> **练习**
>
> 请用实验来测试图 8.9 所示电路中的输出电压范围(或用 Multisim 软件仿真)。

8.3.4 稳压电源过载保护电路

使用稳压电路时，如果输出端过载甚至短路，将使通过调整管的电流急剧增大，假如电路中没有适当的保护措施，可能使调整管造成损坏，所以在实用的稳压电路中通常加有必要的保护电路。

前面讨论串联型稳压电源电路的一个最大的缺点是在使用中，当负载变小或者短路时，会有很大的电流流过调整管，并且全部输入电压 U_I 几乎都加在调整管集-射极之间，非常容易烧坏调整管，因此必须加保护电路。保护电路的具体形式很多，按工作原理主要分为限流型和截止型两类。限流保护电路是指负载电流超过规定值时，电源输出电压下降，以保证负载电流不再继续增加。截止型保护电路是在负载电流超过规定值时，稳压电路自动被切断，输出电压为零或很小。下面介绍两种这常用的保护电路。

（1）限流型保护电路

一个简单的限流型保护电路如图 8.11 所示。主要保护元件是串接在调整管发射极回路中的检测电阻 R_S 和保护三极管 VT_S。R_S 的限值很小，一般为 1Ω 左右。

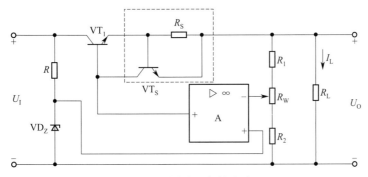

图 8.11　限流型保护电路

稳压电路正常工作时，负载电流不超过额定值，电流在 R_S 上的压降很小，故三极管 VT_S 截止，保护电路不起作用。当负载电流超过某一临界值后，R_S 的压降使 VT_S 导通。由于 VT_S 中流过一个集电极电流，将使调整管 VT_1 的基极电流被分流掉一部分，于是限制了 VT_1 中电流的增长，保护了调整管。

 归纳

> 限流型保护电路的优点是当过流现象消失后，VT_S 立即截止，电路能自动恢复正常工作。缺点是保护电路工作时，调整管仍有电流且管压降很大，所以调整管功耗较大。

（2）截流型保护电路

截流型保护电路的特点是当输出电流过载或负载短路时，使输出电压和输出电流都下降接近零，调整管功耗大为减少。截流型保护电路如图 8.12 所示。

电路中同样接入一个检测电阻 R_S 和一个保护三极管 VT_S。辅助电源经电阻 R_3、R_4 分压后接至 VT_S 的基极，而输出电压 U_O 经 R_5、R_6 分压后接至 VT_S 的发射极。正常工作时，电阻 R_S 两端的电压降较低，此时 R_4 两端电压与 R_S 两端电压之和小于 R_6 两端电压，

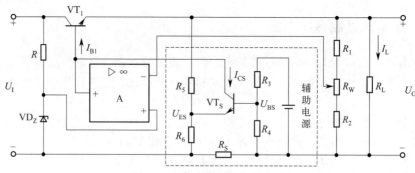

图 8.12 截流型限流保护电路

即 VT_S 的 $U_{BES}<0$,故 VT_S 截止。当负载电流 I_L 增大时,电阻 R_S 上的压降随之增大。若 U_{BES} 增大至使 VT_S 进入放大区后,将产生集电极电流 I_{CS}。而 VT_S 的导通将使调整管的基极被分流,故 I_{B1} 减小,于是引起以下正反馈过程:

$$I_{CS}\uparrow \to I_{B1}\downarrow \to U_O\downarrow \to U_{ES}\downarrow \to U_{BES}\uparrow \to I_{CS}\uparrow$$

上述正反馈使 I_{CS} 迅速增大,很快使 VT_S 达到饱和,而调整管中电流接近为零。这样导致电路的输出电流近似等于零,实现了截流作用,同时电路的输出电压将很快下降到 1V 左右,因而最终调整管 VT_1 承受功耗很小。但是,由于 U_O 很低,故 U_I 几乎都加在调整管两端,因此,所选调整管的 $U_{(BR)CEO}$ 值应大于整流滤波电路输出电压可能达到的最大值。

归 纳

在这种截流型保护电路中,当负载端故障排除以后,输出电流减小,使检测电阻上的压降减小,只要三极管 VT_1 和 VT_S 能够进入放大区,则稳压电路的输出电压很快地恢复到原来的数值。

稳压电路的保护电路类型很多,除了以上介绍的两种过流保护电路以外,还有过压保护、过热保护等。读者如有兴趣,可参阅有关文献。

思考题

1. 并联型稳压电路中的控制元件与串联型稳压电路中的控制元件有何不同?
2. 与串联型稳压电路相比较,指出并联稳压电路的一个优点和一个缺点。
3. 串联型稳压电路由哪几部分组成?它是通过什么环节实现稳压的?

8.4 集成稳压器

随着集成技术的发展,稳压电路也迅速实现集成化。从 20 世纪 60 年代末开始,集成稳压器已经成为模拟集成电路的一个重要组成部分。集成稳压器具有体积小、可靠性高以及温度特性好等优点,而且使用灵活、价格低廉,被广泛应用于仪器、仪表及其他各种电子设备中。特别是三端集成稳压器,芯片只引出 3 个端子,分别接输入端、输出端和公共端,基本上不需外接元件,而且内部有限流保护、过热保护和过压保护电路,使用更加安全、方便。

三端集成稳压器还有固定输出和可调输出两种不同的类型。前者的输出直流电压是固定不变的几个电压等级，后者则可以通过外接的电阻和电位器使输出电压在某一个范围内连续可调。固定输出集成稳压器又可分为正输出和负输出两大类。

本节将以 W7800 系列三端固定正输出集成稳压器为例，介绍电路的组成，并介绍三端集成稳压器的主要参数以及它们的外形和应用电路。

8.4.1 三端集成稳压器的组成

三端集成稳压器的组成如图 8.13 所示。由图可见，电路内部实际上包括了串联型直流稳压电路的各个组成部分，另外加上保护电路和启动电路。下面对各部分扼要进行介绍。

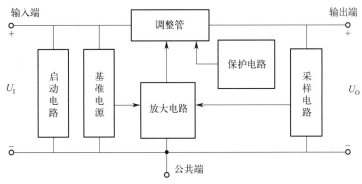

图 8.13 三端集成稳压器的组成

（1）调整管

调整管接在输入端与输出端之间，当电网电压或负载电流波动时，调整自身的集-射压降使输出电压基本保持不变。在 W7800 系列三端集成稳压电路中，调整三极管由复合管充当，这种结构只要求放大电路用较小的电流便可驱动调整管，而且提高了调整管的输入电阻。

（2）放大电路

放大电路将基准电压与从输出端得到的采样电压进行比较，然后再放大并送到调整管的基极。放大倍数愈大，则稳定性能愈好。在 W7800 系列三端集成稳压器中，放大管也是复合管，电路组态为共射接法，并采用有源负载，可以获得较高的电压放大倍数。

（3）基准电源

基准电压的稳定性将直接影响稳压电路输出电压的稳定性。在 W7800 系列三端集成稳压器中，采用一种能带间隙的基准源，这种基准源具有低噪声、低温漂的特点，在单片式大电流集成稳压器中被广泛应用。

（4）采样电路

采样电路由两个分压电阻组成，它将输出电压变化量的部分送到放大电路的输入端。

（5）启动电路

启动电路的作用是在刚接通直流输入电压时，使调整管、放大电路和基准电源等建立起各自的工作电流，而当稳压电路正常工作时启动电路被断开，以免影响稳压电路的性能。

（6）保护电路

在 W7800 系列三端集成稳压器中，已将 3 种保护电路集成在芯片内部，它们是限流保护电路、过热保护电路和过压保护电路。

关于 W7800 系列三端集成稳压器具体电路的原理图，可参阅有关文献。

W7800 系列三端集成稳压器外形如图 8.14 所示。

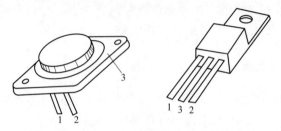

图 8.14　W7800 系列三端集成稳压器外形图

> **提示**
>
> 　　三端集成稳压器有 7800 系列（输出正电压）和 7900 系列（输出负电压），三端稳压器序号的后两位数表示输出电压的标称值，输出电压可为 5V、6V、8V、12V、15V、18V、24V 等几个挡次；输出的最大电流可达 1.5A。例如：W7805（CW7805）表示输出+5V 稳定的直流电压；W7905（CW7905）表示输出−5V 稳定的直流电压等。

三端集成稳压器主要参数有以下几项。

① 最大输入电压 $U_{I\max}$：保证稳压器安全正常工作时所允许的最大输入电压。

② 最小输入输出电压差值 $(U_I - U_O)_{\min}$：保证稳压器安全正常工作时所需的输入、输出之间电压差值。

③ 输出电压 U_O。

④ 最大输出电流 $I_{O\max}$：保证稳压器安全正常工作时所允许的最大输出电流。

⑤ 电压调整率（%/V）：它反映了当 U_I 变化 1V 时，输出电压相对变化值的百分数，此值越小，稳压性能越好。

⑥ 输出电阻 R_O：反映负载变化时的稳压性能，R_O 越小，稳压性能越好。

8.4.2　三端集成稳压器的应用

（1）三端集成稳压器应用的基本电路

三端集成稳压器基本应用电路如图 8.15 所示。图中 U_I 是整流滤波后的未经稳压的输入电压，U_O 是稳压源的输出电压，CW7800 的输入电容 C_I 一般情况下可以不接，但当集成稳压器远离整流滤波电路时，应接入一个 0.33μF 的电容器，以消除因输入引线感抗引起的自激，保证 CW7800 的输入与输出瞬间电压差不会超过允许值。CW7800 的输出电容器 C_O 一般不采用大容量的电解电容器，只要接入 0.1～1μF 的电容器便可改善负载的瞬态响应。但为了减小输出纹波电压，有时在 CW7800 的输出端并入一只大容量的电解电容器，会取得良好的效果。但此时，当输出端出现短路时，C_O 上的电荷将通过集成稳压器内部调整管的发射结放电，会造成稳压器的损坏，为防止该情况的出现，可在 CW7800 的输入与输出端之间接一个二极管 VD。

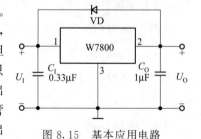

图 8.15　基本应用电路

这个二极管为电容器 C_O 的电荷提供了放泄通路,对稳压器起到了分流的作用。

> **归纳**
>
> 此电路的输出电压为集成稳压器的标称值。在三端集成稳压器基本应用电路中输入直流电压 U_I 的值应至少比 U_O 高 2V。

（2）正、负电压同时输出的稳压电路

正、负输出电源的组合,可提供正、负电压同时输出的稳压源,图 8.16 所示为输出正负 15V 的稳压源。三端集成稳压器 7800 系列的引脚是 1 为输入端、2 为输出端、3 为公共端,而 7900 系列的引脚是 1 为公共端、2 为输出端、3 为输入端。

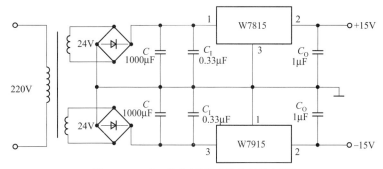

图 8.16　正、负电压同时输出的稳压源

（3）扩大输出电流稳压电路

三端式集成稳压器的输出电流有一定限制,例如 1.5A、0.5A 或 0.1A 等,如果希望在此基础上进一步扩大输出电流,则可以通过外接大功率三极管的方法实现,电路接法如图 8.17 所示。

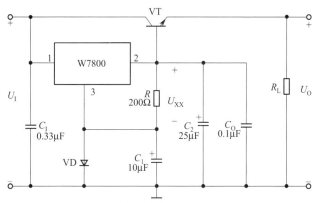

图 8.17　扩大输出电流的稳压电路

图中负载所需的大电流由大功率三极管 VT 提供,而三极管的基极由三端集成稳压器驱动。电路中接入一个二极管 VD,用以补偿三极管的发射结电压 U_{BE},使电路的输出电压 U_O 基本上等于三端集成稳压器的输出电压 U_{XX}。只要适当选择二极管的型号,并通过调节电阻 R 的阻值以改变流过二极管的电流,即可得到 $U_D \approx U_{BE}$,此时由图可见:$U_O = U_{XX} - U_{BE} + U_D \approx U_{XX}$。同时,接入二极管 VD 也补偿了温度对三极管 U_{BE} 的影响,使输出电压比较稳定。电容 C_1 的作用是滤掉二极管 VD 两端的脉动电压,以减小输出电压的脉动成分。

（4）提高输出电压稳压电路

如果实际工作中要求得到更高的输出电压，也可以在原有三端集成稳压器输出电压的基础上加以提高，电路如图 8.18 所示。

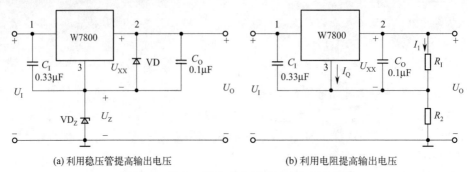

(a) 利用稳压管提高输出电压　　　　(b) 利用电阻提高输出电压

图 8.18　提高三端集成稳压器输出电压的电路

图 8.18(a) 所示电路利用稳压管 VD_Z 来提高输出电压。由图可见，电路的输出电压为

$$U_O = U_{XX} + U_Z \tag{8.10}$$

电路中输出端的二极管 VD 是保护二极管。正常工作时，VD 处于截止状态，一旦输出电压低于 U_Z 或输出端短路，二极管 VD 将导通，于是输出电流被旁路，从而保护集成稳压器的输出级免受损坏。

图 8.18(b) 所示电路利用电阻来提高输出电压。图中，R_1 上的电压就是稳压器的标准输出电压 U_{XX}，设经过 R_1 的电流为 I_1，流过 R_2 的电流为 I_1 和集成稳压器静态工作电流 I_Q 之和，则输出电压 U_O 为

$$U_O = U_{XX} + R_2(I_1 + I_Q) \tag{8.11}$$

一般情况下，$I_1 \gg 5I_Q$，则 $U_O \approx U_{XX} + R_2 I_1$。将 $I_1 = U_{XX}/R_1$ 代入可得

$$U_O \approx \left(1 + \frac{R_2}{R_1}\right) U_{XX} \tag{8.12}$$

此种提高输出电压的电路比较简单，但稳压性能将有所下降。

练习

请用实验来测试图 8.18 所示电路中的输出电压值（或用 Multisim 软件仿真）。

（5）高输入稳压电路

在集成稳压器的实际应用中，往往会出现整流滤波后的电压 U_I 较高，而要求输出较低的情况。为了保证集成稳压器的输入与输出的电压差不超过允许值，就必须降低集成稳压器的输入值。一种适用于高输入电压的集成稳压源电路，如图 8.19 所示。此时三极管 VT 的发射极电位 U_E，即 CW7800 的 1 脚输入为：$U_1 = U_Z + U_{BE}$。

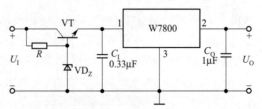

图 8.19　高输入电压的集成稳压源电路

> **归纳**
>
> 高输入和升压电路的组合，可构成高输入与高输出稳压源，这类电源电路适用于高输入高输出电压的情况，具体电路可参阅相关资料。

（6）输出可调稳压电路

W7800 和 W7900 均为固定输出的三端集成稳压器，如果希望得到可调的输出电压，可以选用可调输出的集成稳压器，也可以将固定输出集成稳压器接成图 8.20 所示的电路。

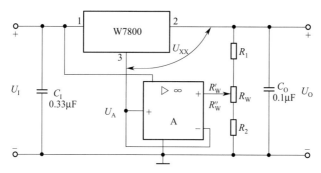

图 8.20　输出可调稳压电路

电路中接入了一个集成运放 A 以及采样电阻 R_1、R_2 和电位器 R_W，不难看出，集成运放接成电压跟随器形式，它的输出电压 U_A 等于其输入电压，即

$$U_A = \frac{R_2 + R_W''}{R_1 + R_W' + R_2} U_O$$

由图可得 $U_O = U_{XX} + U_A$，所以电路的输出电压为

$$U_O = \left(1 + \frac{R_2 + R_W''}{R_1 + R_W'}\right) U_{XX} \tag{8.13}$$

由上式可知，只需改变电位器 R_W 的滑动端，即可调节输出电压的大小。

> **提示**
>
> 但要注意，当输出电压 U_O 调得很低时，集成稳压器的 1、2 两端之间的电压 ($U_I - U_O$) 很高，使内部调整管的管压降增大，同时调整管的功率损耗也随之增大，此时应防止其管压降和功耗超过额定值，以保证安全。

> **练习**
>
> 请用实验来测试图 8.20 所示电路中的输出电压范围（或用 Multisim 软件仿真）。

8.4.3　三端式可调集成稳压器

三端式可调集成稳压器是指输出电压可调节的稳压器，分为正电压稳压器 W117 系列

（有 W117、W217、W317）；负电压稳压器 W137 系列（有 W137、W237、W337）。其特点是电压调整率和负载调整率指标均优于固定式集成稳压器，且同样具有启动电路、过热、限流和安全工作区保护。其内部电路与固定式 7800 系列相似，所不同的三个端子为输入端、输出端及调整端。其外形图与 7800 系列相似，引脚①为输入端、引脚②为调整端、③为输出端（而负电压输出型号引脚①为输出端，③为输入端）。在输出端与调整端之间为 $U_{REF}=1.25\text{V}$ 的基准电压，从调整端流出电流 $I_A=50\mu\text{A}$。

三端式可调集成稳压器基本应用电路如图 8.21 所示。为保证稳压器在空载时也能正常工作，要求流过电阻 R_1 的电流不能太小，一般取 $I_R=5\sim10\text{mA}$，故 $R_1\approx120\sim240\Omega$。由图可知，输出电压为

$$U_O = 1.25\left(1+\frac{R_W}{R_1}\right)+50\mu\text{A}\times R_W \tag{8.14}$$

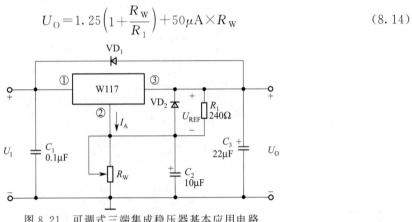

图 8.21 可调式三端集成稳压器基本应用电路

由式(8.14)可见，调节 R_W 可改变输出电压的大小。

提 示

电路中的电容 C_2 用来提高纹波抑制比，可达 80dB。C_3 用来抑制容性负载（500～5000pF）时的阻尼振荡，C_1 用来消除输入长线引起的自激振荡。当输出端外接大电容短路时，会产生火花使稳压器损坏，用 VD_1 进行保护，VD_2 则对 C_2 短路放电时起保护作用。

思考题

1. 三端集成稳压器有什么优点？
2. 三端集成稳压器组成的稳压电路中电容器所起的作用是什么？
3. 说明三端集成稳压器型号中字母和数字的含义。

8.5 开关型稳压电路

前面讨论的线性稳压电路因具有输出电压稳定度高、纹波电压小、响应速度快、电路简单和维修方便等特点而得到广泛应用。在线性（串联）稳压电路中，调整管必须工作在线性放大状态，要消耗较大的功率，故效率一般仅为 30%～50%。另外，为了使调整管散热，必须安装具有较大面积的散热器。如果将调整管改为开关工作，控制开关的启闭时间来调整

输出电压，则调整管的管耗就可显著减少，稳压电路的效率也就大大提高。根据这种原理设计的稳压电路称为开关稳压电路。开关稳压电源是20世纪70年代发展起来的一种电源。目前，彩色电视机、计算机等都广泛采用了开关电源。

8.5.1 开关型稳压电路的特点和分类

（1）开关型稳压电源的特点

开关型稳压电路具有以下一些特点。

① 稳压范围宽：一般串联式稳压电源允许电网电压波动的范围为190～240V，而开关式稳压电源当电网电压在100～260V范围内变化时，仍能获得稳定的直流电压输出，此外，开关稳压电源能使电网电压波动范围的大小与电路的效率基本无关。对于低压开关型稳压电源来说，这一性能比高压开关型稳压电源稍差些。

② 效率高、功耗小：开关式稳压电源效率为80%～90%，而其功耗仅为串联型稳压电源功耗的60%左右。

③ 整流滤波电容较小，体积小，重量轻，机内温升低，对于高压开关型稳压电源，可不用电源变压器。

④ 开关电源能同时提供多路的稳定直流电压，并设有灵敏的过压、过流保护电路，且不影响电路正常工作，全面提高了电路的稳定性与可靠性。

⑤ 开关电源的缺点是纹波系数较一般串联稳压电源大。

（2）开关型稳压电源的分类

按储能电感与负载的连接方式可划分为串联型开关稳压电源、并联型开关稳压电源；按开关调整管的激励方式可划分为他励式开关稳压电源、自励式开关稳压电源；按不同的控制方式可划分为调宽式开关稳压电源、调频式开关稳压电源。

8.5.2 开关型稳压电源的基本工作原理

开关型稳压电源主要由整流滤波电路、开关调整管、换能器、取样比较放大电路、基准电压和调宽（调频）控制电路等部分组成。

开关型稳压电源的基本工作原理是：将220V交流电压直接整流滤波（高压开关型稳压电源）或经电源变压器降压、整流滤波（低压开关型稳压电源），得到直流电压加至开关调整管。开关调整管工作在开关状态，输出脉冲电压经换能器的储能、放能、滤波和平滑输出电压，得到直流电压。取样电路从输出的直流电压处取样，经比较放大电路与基准电压比较并将其差值电压放大后，控制调宽或调频电路，改变脉宽与周期的比例，即可调整输出电压的大小，达到稳压的目的。

（1）他励式开关型稳压电源

他励式开关型稳压电源的电路如图8.22所示。图中输入电压U_I为交流电源经整流滤波后的输出电压，控制电路由比较放大器A、基准电压U_{REF}、比较器C和三角波发生器组成。输出电压U_O经取样电路R_1和R_2分压后为U_F，加到由双电源改用单电源运放组成的直流比较放大电路（图中未细列）的同相端，与反相端的U_{REF}进行比较放大后输出为u_1，在U_O调定下设$U_F=U_{REF}$，此时u_1为运放电源电压的一半，再作用到比较器C的反相端，与同相端频率固定的三角波u_T比较，其输出u_B为方波。当u_B为高电平时，调整管VT饱和导通，发射极上电压$u_E=U_I-U_{CES}$，若忽略饱和压降，则$u_E≈U_I$。这时二极管承受反向电压而截止。因 $u_L=U_I-U_O$ 不变，电感电流呈线性增长，电感储存能量，同时向电容充电，这时 u_O 先降再回升。当 u_B 为低电平时，VT 由导通变为截止，电感 L 产生自感电势，极性为右正左负，如图 8.22 所示。这时电感储能经 R_L 和 VD 形成释放回路，使 R_L 继续有电流通过，故 VD 又称续流二极管。同时电容 C 也向负载放电，电流由最大值逐渐减小，u_O 则先升后降，此时 $u_E=-U_D$。可见调整管处于开关工作状态。VD 的续流和 L、C 的滤波作用使输出电压较为平坦。

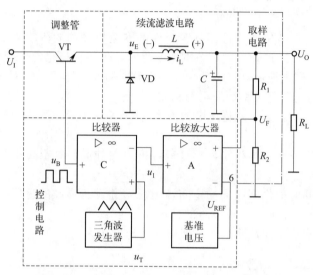

图 8.22 他励式开关型稳压电源的原理电路

（2）调宽式开关型稳压电源

调宽式开关型稳压电源如图 8.23 所示。图中功率开关为双极型三极管，VD 为续流二极管，L 为储能电感，C_O 为滤波电容；三极管基极所加的控制脉冲信号来自反馈控制电路，其周期 T 保持不变，而脉冲宽度 T_{on} 受误差信号调制。

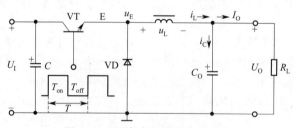

图 8.23 调宽式开关型稳压电路

当控制脉冲为高电平（T_{on} 期间）时，三极管饱和导通，发射极对地的电压等于 U_I（忽略 VT 的饱和压降），此时二极管 VD 反向截止。通过电感 L 的电流 i_L 随时间线性增长，它一方面向负载 R_L 供电，另一方面对电容 C_O 充电。此时，电感 L 两端将产生极性为左正右负的感应电动势，电感 L 处于储能状态（电能转换为磁能）。

当控制脉冲为低电平（T_{off} 期间）时，三极管截止，相当于开关断开，由于通过电感 L 的电流不能突变，所以在它两端感应出一个极性为左负右正的感应电动势，使二极管 VD 导通。此时，发射极对地电压近似为零（忽略该管的导通压降），电感 L 将原先储存的磁能转换为电能供给负载 R_L，同时给电容 C_O 充电。当电流 i_L 下降到某一较小数值时，电容 C_O 开始向负载放电，以维持负载所需的电流。由于电感中储存的能量通过二极管 VD 向负载释放，使负载继续有电流通过，因而把二极管 VD 称为续流二极管。虽然三极管工作在开关状态，但由于二极管 VD 的续流作用和 LC 的滤波作用，输出电压是比较平滑的直流电压。

由以上分析可画出调宽式开关型稳压电路的工作波形如图 8.24 所示，其中 T_{on} 表示三极管导通的时间，T_{off} 表示三极管截止时间，$T_{on}+T_{off}=T$ 是控制信号的周期，三极管导通时间 T_{on} 与周期 T 之比定义为占空比 q，即

$$q = \frac{T_{on}}{T} \quad (8.15)$$

u_E 的平均电压即为输出的直流电压 U_O，若忽略 L 中的直流压降，则

$$U_O \approx qU_I \quad (8.16)$$

由此式可见，通过调节占空比 q，即可调节输出电压 U_O。

实际上开关稳压电源与线性稳压电源一样，输出电压 U_O 会随 U_I 和 R_L 的变化而变化，为了达到稳压目的，电路中还应有负反馈控制电路，根据输出电压 U_O 的变动自动地调节占空比 q，使输出 U_O 稳定。

图 8.25 所示为闭环控制的开关稳压电源方框图。电路稳定工作时，占空比 q 为某一定值。当输出电压 U_O 由于 U_I 上升或 R_L 增大而有增加趋势时，采样电路将 U_O 的变化送到脉宽调制器，在周期 T 不变的前提下，使高电平作用时间（T_{on}）减小，q 减少，从而使输出 U_O 可基本稳定。反之，当 U_I 或 R_L 的变化使 U_O 下降时，自动调节 q 使之增大，亦可使 U_O 基本稳定。

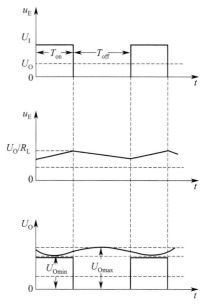

图 8.24　调宽式开关型稳压电路工作波形

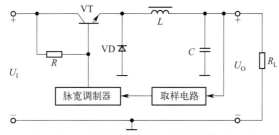

图 8.25　反馈控制的调宽式开关型稳压电源

由于开关稳压电源的效率高，近年来应用非常广泛。但是，在电源精度要求较高的场合仍采用线性稳压电源。

思考题

1. 开关型稳压电路的特点是什么？
2. 开关型稳压电路三极管是如何工作的？与线性型稳压电路中三极管有何不同？

8.6　故障诊断和检测

电源电路故障诊断时，常采用分步隔离的方法进行，如直流稳压电源发生故障时，根据

电源组成部分来检查各部分电路的工作情况。首先检查电源变压器是否正常工作，测试变压器副边电压就能判定变压器的好坏；变压器没问题后再检查整流电路部分，整流电路中二极管开路或短路都会使整流电路的输出偏离正常值，如桥式整流电路中有一个二极管开路，则输出电压大约比正确值小一半。上述两部分电路均正常工作的话，接下来检查滤波电路和稳压电路，下面将介绍如何检测直流稳压电源电路中的一些故障，并了解故障可能对电路或系统产生的后果。

8.6.1 变压器故障检测

直流稳压电源电路中的变压器如在初级或次级线圈开路，就会造成输出电压为0V。部分短路的初级线圈（发生的可能性比开路低很多）会造成整流电路输出电压的增加，这是由于变压器实际的线圈匝数比增加；部分短路的次级线圈会造成输出的整流电压下降，这是由于实际的线圈匝数比减少。

8.6.2 滤波电路故障检测

直流稳压电源电路中的电容滤波电路一般有三种故障情况。第一种是滤波电路中电容开路，则输出的电压变小，用示波器看其波形为整流电路的输出波形；第二种是滤波电路中电容短路，则输出是0V，电容器短路会使熔丝烧坏而开路，如果没有加上适当的熔丝，则短路的电容器会造成整流电路中的部分或者全部二极管，因为过大的电流而烧毁。第三种是滤波电路中电容器漏电。漏电电容器就像是再并联上一个漏电电阻，此漏电电阻会降低时间常数，并且允许电容器较正常情况下更快地放电，这会造成输出端的纹波电压增加，影响滤波效果。

8.6.3 稳压电路故障检测

直流稳压电源电路中的稳压电路部分的故障一般有：
第一种是输出的电压为零，应分别检测调整部分、基准部分和采样部分。
第二种是输出电压不能调节，应检测采样部分。

本章小结

1. 滤波电路是利用电容和电感的储能作用使整流电路后单向脉动的直流电压变得更为平滑，应弄清电容、电感的储能作用及电容两端电压不能突变、电感中电流不能突变的特点。负载电流较小时，采用电容滤波；负载电流较大时，采用电感滤波；希望滤波效果更好，采用 RC 或 LC 复式滤波。

2. 分立元件组成的串联型线性稳压电路由调整管、取样电路、基准电压电路和比较放大电路四个部分组成。电路中引入了深度电压负反馈，使输出电压很稳定；由于调整管的电流放大作用，输出电流可达几百毫安至几安培；可以很方便地实现输出电压在一定范围内连续调节。串联型稳压电路由于调整管工作在线性放大区，其管耗大，效率较低。

3. 为保证串联型稳压电路安全工作，电路中需要加过流保护措施，有两种过流电路。其中限流型适用于负载电流较小（几百毫安以下）的稳压电路，而截流型适用于负载电流较大（几百毫安以上）的稳压电路。

4. 三端集成稳压器因使用简便、性能稳定、价格低廉而得到广泛应用，要熟练掌握其使用技术技能。三端集成稳压器分为固定式输出和可调式输出两种。固定式输出有7800系列（输出正电压）和7900系列（输出负电压）；可调式输出分为W117系列（输出正电压）和W137系列（输出负电压）。

5. 从应用的角度，讨论集成稳压器如何将固定输出电压稳压电路变成为输出电压连续可调的稳压电路及输出电流和输出电压扩展等方面的问题。

6. 因调整管工作在开关状态，故开关稳压电源管耗小，效率高，又因其体积小、重量轻而应用广泛。开关型稳压电路按开关调整管的激励方式可划分为他励式开关型稳压电源、自励式开关型稳压电源；按连接方式可分串联型和并联型两种类型。

本章关键术语

整流器 rectifier　能够将交流输入信号转变成直流脉冲信号的电路。

滤波器 filter　电源中使用的电容器，可以减少整流器输出电压的变动情况。

稳压器 regulator　电源中的一部分，能够在输入电压或负载在一定变动范围内时，维持定值的输出电压。

线性调整率 line regulation　对于一定的输入电压变动量，所造成稳压电源输出电压的变动量，一般是以百分率（比）表示。

负载调整率 load regulation　对于一定的负载电流变动量，所造成稳压电源输出电压的变动量，一般是以百分率（比）表示。

纹波电压 ripple voltage　因为滤波电容器的充放电作用，造成滤波整流器直流输出电压的小波动。

自我测试题

一、选择题（请将下列题目中的正确答案填入括号内）

1. 滤波电路的目的是（　　）。
   (a) 交流变直流　　　　　(b) 高频变低频　　　　　(c) 滤掉交流成分

2. 滤波电路应选用（　　）。
   (a) 高通滤波电路　　　　(b) 低通滤波电路　　　　(c) 带通滤波电路

3. 在桥式整流电容滤波电路中，变压器副边电压有效值为10V，则输出电压可能的数值为（　　）。
   (a) 14V　　　　　　　　(b) 12V　　　　　　　　(c) 9V

4. 串联型稳压电路中的比较放大电路所放大的对象是（　　）。
   (a) 基准电压　　　　　　(b) 采样电压　　　　　　(c) 基准电压和采样电压之差

5. 开关型直流电源比线性直流电源效率高的原因是（　　）。
   (a) 调整管工作在开关状态　(b) 输出端有LC滤波电路　(c) 可以不用变压器

二、判断题（正确的在括号内打√，错误的在括号内打×）

1. 电容滤波电路适用于大负载电流。（　　）
2. 当电网电压或负载电流发生变化时，稳压电路的输出电压是绝对不变的。（　　）
3. 串联型稳压电路是一个深度的闭环电压负反馈电路系统。（　　）

4. 串联型稳压电路效率低的主要原因是调整管管耗大。（　　）
5. 开关型直流电源中的调整管工作在开关状态。（　　）
6. 开关型稳压电路比线性稳压电路效率高。（　　）

三、分析计算题

1. 桥式整流电容滤波电路中，已知交流电源频率为 50Hz，当负载 R_L 为 100Ω 时，其输出电压为 24V，试选择变压器次级电压、整流二极管和滤波电容。

2. 请指出如图 8.26 所示电路中，各元器件的作用。若电路中稳压管的稳压值为 5.3V，三极管的导通电压为 0.7V，$R_1=R_2=200Ω$，$R_W=200Ω$，$R_S=2Ω$，试估算：(1) 输出电压的调节范围；(2) 调整管发射极允许的最大电流；(3) 若 $U_I=30V$，电网波动范围为 ±10%，则调整管的最大功耗为多少？

3. 在如图 8.26 所示电路中，判断出现下列现象时，分析电路产生什么故障（即电路中哪个元器件开路或短路）。(1) $U_O≈30V$；(2) $U_O≈29.3V$；(3) $U_O≈12V$ 且不可调；(4) $U_O≈6V$ 且不可调；(5) U_O 可调范围变为 6~12V。

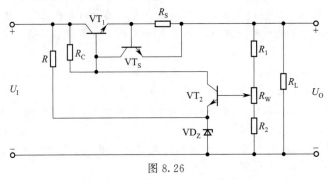

图 8.26

4. 用三端集成稳压器（7805 和 7905）组成一个正负电源，画出电路图并标出相关参数。
5. 用集成稳压器（W7805）设计一个输出电压可调的电源，输出电压 5~12V。

习题

一、选择题（请将下列题目中的正确答案填入括号内）

1. 理想二极管在电阻性负载、半波整流电路中，其导通角是（　　）。
   (a) 小于 180°　　　　(b) 等于 180°　　　　(c) 大于 180°

2. 在整流（　　）滤波电路中，二极管承受导通冲击电流小。
   (a) 电容　　　　(b) 纯电阻　　　　(c) 电感

3. 单相桥式或全波整流电路，电容滤波后，负载电阻 R_L 上平均电压等于（　　）。
   (a) $0.9U_2$　　　　(b) $1.2U_2$　　　　(c) $1.4U_2$

4. 电感滤波常用在（　　）场合。
   (a) 平均电压低，负载电流大的　　(b) 平均电压高，负载电流小的
   (c) 没有任何限制的

5. 带有放大环节的稳压电路中，被放大的量是（　　）。
   (a) 基准电压　　　　(b) 输出采样电压　　　　(c) 误差电压

二、判断题（正确的在括号内打√，错误的在括号内打×）

1. 单相桥式整流电路，电感滤波后，负载电阻 R_L 上平均电压等于 $1.2U_2$。（　　）
2. 在整流滤波电路中，电感滤波时二极管承受导通冲击电流大。（　　）
3. 稳压电路一般来说，属于负反馈自动调整电路。（　　）
4. 稳压电源输出电阻越小，意味着输入电源电压变化对输出电压的影响越小。（　　）
5. 由于开关型稳压电源的优点，所有场合下均可用开关型稳压电源。（　　）

三、填空题

1. 直流稳压电源一般由_____、_____、_____和_____组成。
2. 常用的滤波电路有_____、_____、_____和_____等几种。
3. 稳压电源主要是要求在_____和_____发生变化的情况下，其输出电压基本不变。
4. 串联型三极管线性稳压电路主要由_____、_____、_____和_____共四个部分组成。
5. 线性集成稳压器中的调整管工作在_____状态，而开关集成稳压器中的调整管工作在_____状态，所以它的效率_____。

四、名词解释题

1. 整流器、滤波器、稳压器。
2. 纹波电压。
3. 基准电压、采样电压。
4. 线性集成稳压器、开关集成稳压器。
5. 过载保护电路。

五、分析计算题

1. 有一单相桥式整流电容滤波电路，已知交流电源频率为 50Hz，当负载 R_L 为 120Ω 时，其输出电压为 36V，试选择变压器次级电压、整流二极管和滤波电容。
2. 在桥式整流、电容滤波电路中，$U_2=10V$（有效值），$R_L=100Ω$，$C=1000\mu F$。试问：(1) 正常时，输出电压为多少？(2) 如果电路中有一个二极管开路，输出电压是否为正常的一半？(3) 如果测得 U_O 为下列数值，可能出了什么故障？① $U_O=9V$；② $U_O=14V$；③ $U_O=4.5V$。
3. 用集成运放组成的稳压电路如图 8.27 所示。(1) 试标明集成运放输入端的符号；(2) 已知 $U_I=24\sim30V$，试估算输出电压大小；(3) 若调整管的饱和压降为 1V，则最小输入电压为多大？(4) 试分析其稳压过程。

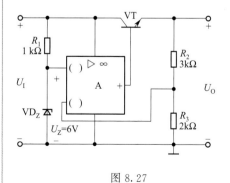

图 8.27

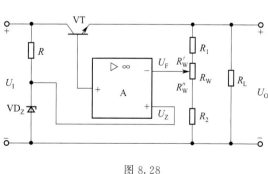

图 8.28

4. 在图 8.28 所示的串联型稳压电源电路中，已知 $U_Z=6\text{V}$，$R_1=100\Omega$，$R_2=200\Omega$，$R_W=100\Omega$。(1) 试求输出电压的调节范围。(2) 当 $U_I=16\text{V}$ 时，试说明调整三极管是否符合调整电压的要求？(3) 当调整管的 $I_E=50\text{mA}$ 时，其最大耗散功率出现在 R_W 的滑动端处于什么位置（上或下）？此时最大耗散功率等于多少？(4) 如果滤波电容 C 足够大，为得到 $U_I=16\text{V}$，所需的变压器副边电压 U_2（有效值）等于多少？

5. 在图 8.28 中，已知 $U_Z=6\text{V}$，$R_1=R_2=200\Omega$。(1) 要求当 R_W 的滑动端在最上端时 $U_O=10\text{V}$，电位器 R_W 的阻值应是多少？(2) 在第 (1) 小题选定的 R_W 值之下。当 R_W 的滑动端在最下端时，$U_O=?$ (3) 为保证调整管工作在放大状态，要求其管压降 U_{CE} 任何时候不低于 3V，则 U_I 应为多大？

6. 图 8.29 所示为集成稳压器 W7806 组成 $0.5 \sim 12\text{V}$ 可调式稳压电路。试证明：$U_O = 6 \times \dfrac{R_3}{R_3+R_4}\left(1+\dfrac{R_2}{R_1}\right)\text{V}$。

7. 用三端集成稳压器 (7805) 组成一个升压电路，其输出电压为 12V，用两种方法组成电路并计算电路相关参数。

8. 图 8.30 所示为恒流源电路，其输出电流 I_L 不随负载 R_L 变化。(1) 当 $U_Z=6\text{V}$ 时，试求 I_L 的值；(2) 试分析当 R_L 变化时，I_L 的稳定过程。

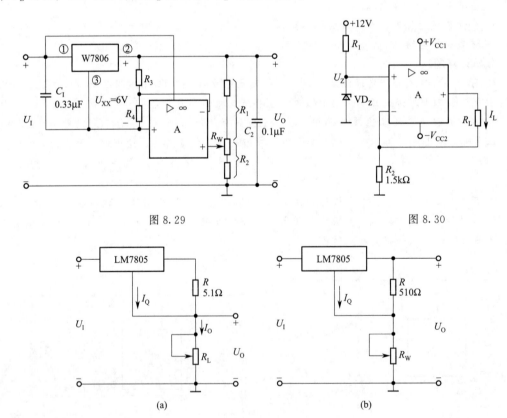

图 8.29　　　　图 8.30

图 8.31

9. 图 8.31 中画出了两个用三端集成稳压器组成的电路，已知静态电流 $I_Q=2\text{mA}$。

(1) 写出图 8.31(a) 中电流 I_O 的表达式,并算出其具体数值;(2) 写出图 8.31(b) 中电压 U_O 的表达式,并算出当 $R=R_W=510\Omega$ 时的具体数值;(3) 说明这两个电路分别具有什么功能?

10. 开关型稳压电源通常可分为哪几类?开关型稳压电源主要由哪几部分组成?

综合实训

设计一个可以通过数字量输入来控制输出直流电压大小的直流稳压电源

电路指标:

输出电压范围 0~+10V,步进为 1V,纹波电压不大于 10mV,输出电流为 500mA,输出电压由数码管显示。

设计提示:

本设计电路要求通过数字量的输入来控制直流电源输出电压的大小,因此输出电压是步进增减的。从 0~10V,每步 1V,共计 11 步。十一进制计数器的状态和输出电压的大小相对应,其状态可以通过预置设定,也可以通过步进的增减来进行调整。

数控直流稳压电源由可控放大器(其放大倍数受计数器的状态控制)、基准电源、十一进制计数器和步进控制器等组成。

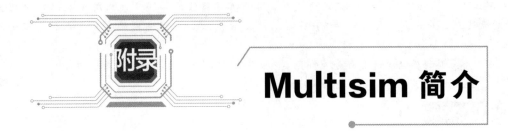

一、Multisim 概述

Multisim 是美国国家仪器公司（NI，National Instruments）推出的仿真工具。目前美国 NI 公司的 EWB 包含有电路仿真设计的模块 Multisim、PCB 设计软件 Ultiboard、布线模块 Ultiroute 及通信电路分析与设计模块 Commsim 4 个部分，能完成从电路的仿真设计到电路版图生成的全过程。Multisim、Ultiboard、Ultiroute 及 Commsim 4 个部分相互独立，可以分别使用。Multisim、Ultiboard、Ultiroute 及 Commsim 4 个部分有增强专业版（Power Professional）、专业版（Professional）、个人版（Personal）、教育版（Education）、学生版（Student）和演示版（Demo）等多个版本，各版本的功能和价格有着明显的差异。现以 Multisim 10 为例进行介绍。

Multisim 10 用软件的方法虚拟电子与电工元器件，虚拟电子与电工仪器和仪表，实现了"软件即元器件""软件即仪器"。Multisim 10 是一个原理电路设计、电路功能测试的虚拟仿真软件。

二、Multisim 10 电路生成

在 Multisim 10 软件中如何生成电路，是进行电路仿真的关键，下面将具体介绍电路生成的方法。

1. 通过 Option 菜单可以对软件的运行环境进行定制和设置

在 Multisim 10 中元器件放置方法是：首先选择与元器件对应的类别，然而寻找对应元器件，如果知道了元器件的级别、系列和型号，就可以方便地找到需要的元器件。如果不知道元器件所在的位置，可以从搜索元器件（Search Component）界面中寻找，只需要将元器件名称的关键数据输入就可以了。

2. 元器件之间连接

在 Multisim 10 中元器件引脚连接线是自动产生的，当鼠标指针放在元器件引脚（或某一个节点）附近时，会自动出现一个小"十"字节点标记，按住鼠标左键，拖动鼠标，连接线就产生了，将引线拖至另外一个引脚处，出现同样一个小"十"字节点标记，再次按下鼠标左键，就可以连接上。Multisim 10 连接线只能沿着栅格方向垂直地布线，需要画折线时就必须在连接线直角处拖动引线而产生。连接线产生的另一种方法是在一个无元器件空白处，用鼠标

左键快速单击两次,立刻就产生一个节点,拖动鼠标就可将连接线拖至元器件任一引脚(或某一节点)处,按下鼠标左键后,连接线就接上了;如果不想与元器件的引脚连接,可在一个无元器件空白处再次用鼠标左键快速单击两次,产生一个新的节点,连接线即在此节点处终止。

有一种简便的元器件连接方式是,在放置引脚少的元器件时,按住鼠标左键,将元器件上某一引脚对准已经在图面上的某元器件的引脚、电路的节点处或导线上,看到放置的元器件引脚与被连接处产生一个节点,松开鼠标左键后,元器件引脚就连接上了;此后再拖动器件至指定的位置,就可以将电路中元器件放置妥当。

为了图面的清晰,有时会需要移动连接线、节点。拖动元器件时,没有节点的连接线会跟随移动,有节点的连接线不会移动,除非选中该节点。移动一个电路、元器件和节点时,先选中要移动的点,然后单击鼠标左键,将它们快速移动到指定位置。如果需要移动的间距小、精确度高,可以在选中被移动点和元器件后,用上、下、左和右键将其慢慢移动到需要的地方。

3. 设置电源、信号源、接地端

电路生成后,需要给电路加电源和信号源,Multisim 10 中有多种电源、信号源和受控信号源,接地有模拟地和数字地。如果一个仿真电路中没有一个参考的接地端(0 节点),电路将无法进行模拟仿真。

4. 修改元器件属性和参数

在构成仿真电路的过程中,有时需要修改元器件属性,如标签、显示字符,以及故障点设置等,如电阻阻值、电容容量和晶体管内部参数等,可单击相关工具栏进行修改;也可以不修改元器件参数,而选用其他元器件来替换。

5. 电路规则检查

如果电路搭建完成或部分完成以后,单击运行按钮时出现错误信息,就可以考虑使用电路整体检查功能。此项功能对处理电路中参数错误有帮助。单击工具菜单中"电路规则检查"选项,画面上就会显示电路规则检查后结果,图中出现的小圆圈是故障点提示。对于按电路规则检查后出现的错误,处理方法是,先查看错误点和错误提示,然后根据错误提示和电路理论知识修改电路或元器件参数。

三、模拟电路仿真

1. 模拟电路仿真的基本要求

用 Multisim 10 中对模拟电路进行分析与设计时,必须掌握以下几点。

① 要熟悉元器件。对已知元器件可以直接调用,然后按原理图搭建电路后,再进行分析和设计;对不熟悉的元器件,应利用"帮助"菜单或查询相关资料了解元器件的状况。

② 选择、设置合适的信号源,输入逻辑信号,对电路进行仿真。信号可以是正弦交流信号,也可以是直流信号,正弦交流信号需要对输出参数进行设置,如频率、信号大小等动态参数。

③ 检测电路的输出。模拟电路的输出检测主要有两种。第一是波形显示,在输出波形上可以查看是否失真、输入与输出间的相位关系。模拟电路输出的第二种检测方法是用合适仪表测试输出信号的大小。

2. 模拟电路的仿真

（1）模拟电路的直流（静态）测试

在 Multisim 10 中进行仿真模拟电路实验时，通常电路连接好后，先不加输入信号，进行直流测试，在分立器件组成的放大电路中，主要测试器件的直流电位，判断静态工作点是否合适，可以用多种方法测试（用仪表、直流工作点分析或指针等测试）。

（2）模拟电路的交流（动态）测试

在直流（静态）测试正确的基础上，加上输入信号，进行交流（动态）测试，交流测试主要测试放大电路的动态指标，可以用多种方法测试（用仪表、交流分析或指针等测试）。需要注意的是，测试计算指标时用同一种仪表。

Multisim 10 软件对于学习好模拟电路有很大的作用，所以要熟练掌握好，本教材中所有的模拟电路图都可以用 Multisim 10 软件来仿真，通过仿真来提高对理论知识的理解，对学好本课程有非常大的帮助。

部分习题参考答案

第 1 章

一、选择题

1. c 2. b 3. a 4. a 5. c 6. b 7. b 8. c 9. a 10. b 11. a 12. a 13. a 14. b 15. c 16. b 17. c 18. c 19. a

二、判断题

1. √ 2. × 3. √ 4. × 5. √ 6. × 7. √ 8. × 9. × 10. √

五、分析计算题

2. $2.5\mu A$、$20\mu A$

3. 应比 200Ω 大

5. (1) 14mA (2) 24mA (3) 17mA

6. (1) 3.33V、5V、5V (2) 稳压管将因功耗过大而损坏

9. (1) 半波整流电路 (2) $U_O=5.4V$，$I_O=2.7mA$，$U_{DRM}=17V$

第 2 章

一、选择题

1. a 2. d 3. a 4. b 5. a 6. b 7. a

二、判断题

1. × 2. √ 3. × 4. √ 5. √ 6. √ 7. × 8. √

五、分析计算题

1. 图(a)点不合适，没有放大作用；图(b)不能输出，没有放大作用。

2. (1) 点不合适 (2) R_B 不变，减少 R_C，或者 R_C 不变，增大 R_B (3) $R_C=1.7k\Omega$，$R_B=155k\Omega$

3. (1) $A_u=-125$ (2) 饱和失真，通过增大 R_B 减少失真 (3) 电压有效值为 2V

4. $I_{BQ}=56\mu A$、$I_{CQ}=5.6mA$、$U_{CEQ}=6.4V$

5. (1) $I_{BQ}=40\mu A$、$I_{CQ}=2mA$、$U_{CEQ}=6V$、$A_u=-58$ (2) 饱和失真，增大 R_B 或减小 R_C

6. $I_{CQ}=1.65mA$、$I_{BQ}=55\mu A$、$U_{CEQ}=11.7V$、$A_u=-56$、$R_i=0.6k\Omega$、$R_o=3k\Omega$

7. (1) $I_{CQ}=1mA$、$I_{BQ}=33\mu A$、$U_{CEQ}=7.7V$、$A_u=-4.5$，$R_i=1.95k\Omega$、$R_o=3k\Omega$；(2) 若电容 C_E 开路，则将引起电路的 A_u 和 R_i 动态参数发生变化，其中 A_u 减小和 R_i

增大。

8. $u_{o1}/u_i = -\beta R_C/[r_{be}+(1+\beta)R_E]$，$u_{o2}/u_i = \beta R_E/[r_{be}+(1+\beta)R_E]$

9. $I_{BQ}=24\mu A$、$I_{CQ}=2.4mA$、$U_{CEQ}=7.2V$、$A_u=0.988$、$R_i=74k\Omega$、$R_o=178\Omega$

10. (1) $I_{BQ}=13.5\mu A$、$I_{CQ}=1.35mA$、$U_{CEQ}=4.4V$ (2) $R_L=\infty$，$A_u=0.997$、$R_i=136k\Omega$、$R_o=35\Omega$；$R_L=1k\Omega$，$A_u=0.982$、$R_i=59k\Omega$、$R_o=35\Omega$

11. (1) $R_i=117k\Omega$、$R_o=2k\Omega$ (2) $R_S=0$，$A_{uS}=-98.7$；$R_S=20k\Omega$，$A_{uS}=-86.3$

结论：信号源内阻较大时，采用射极输出器作为输入级，可避免源电压放大倍数衰减过多。

12. (1) $R_i=1.8k\Omega$、$R_o=110\Omega$ (2) $R_L=\infty$，$A_u=-236$；$R_L=3.6k\Omega$，$A_u=-221$

结论：负载电阻较小时，采用射极输出器作为输出级，可避免电压放大倍数衰减过多。

第3章

一、选择题

1. c 2. b 3. c 4. c 5. c 6. c

二、判断题

1. × 2. √ 3. × 4. × 5. √

五、分析计算题

2. $I_{REF}=293\mu A$、$I_{C2}=I_{C3}=293\mu A$、$I_{C4}=146.5\mu A$

3. $I_{C10}=1.16mA$

4. $I_{BQ}=6\mu A$、$I_{CQ}=0.6mA$、$U_{CQ}=8.4V$、$U_{BQ}=-12mV$；$A_{ud}=-43$、$R_{id}=16k\Omega$

5. $I_{BQ}=7\mu A$、$I_{CQ}=0.35mA$、$U_{CQ}=8V$、$U_{BQ}=-7mV$；$A_{ud}=-53$、$R_{id}=16.2k\Omega$

6. $I_{BQ}=2\mu A$、$I_{CQ}=0.1mA$、$U_{CQ}=7V$、$U_{BQ}=-20mV$、$A_{ud}=-14.2$

7. (1) $I_{CQ1}=I_{CQ2}=0.15mA$ (2) $A_{ud}=-62.5$

8. (1) 单端输入单端输出 (2) $R_{C3}=10k\Omega$ (3) $A_u=2085$

9. (1) $I_{CQ}=0.053mA$、$U_{CQ}=13.9V$ (2) $A_{ud}=-40$、$R_{id}=80k\Omega$、$R_O=40k\Omega$ (3) $R=9k\Omega$

10. (1) $I_{BQ}=10\mu A$、$I_{CQ}=0.5mA$ (2) $U_i=62mV$ (3) $A_{ud}=-20$

第4章

一、选择题

1. c b 2. c 3. b 4. b 5. a 6. b c 7. c 8. c 9. c 10. b

二、判断题

1. × 2. √ 3. √ 4. √ 5. ×

五、分析计算题

2. 图 (a) $u_o=(R_{F1}/R_1)u_{i1}-(R_{F2}/R_2)u_{i2}-(R_{F2}/R_3)u_{i3}$；图 (b) $u_o=(R_F/R_1)(u_{i2}-u_{i1})+u_{i3}$

3. 用两个反相求和运算电路组成

4. (1) 3V (2) −3V (3) −3V

5. 输出波形幅度为4V的三角波

6. (1) 0、0.5V (2) 1V、−0.5V (3) 0、0.5V

7. $t=1s$ 时 $u_o=1V$，$t=2s$ 时 $u_o=-2V$

9. A_1 为同相比例运算电路、A_2 为反相求和运算电路、A_3 为差动比例运算电路、A_4 为

反相积分运算电路

10. （1）低通滤波电路 （2）带通滤波电路 （3）高通滤波电路 （4）带阻滤波电路

11. （1）2V

12. u_{o1} 波形幅度为 4V 的方波、u_o 波形幅度为 2V 的三角波

13. （1）$U_{T+}=8V$ $U_{T-}=4V$ $\Delta U_T=4V$

14. $U_{T+}=(1+R_2/R_F)U_{REF}+(R_2/R_F)U_Z$、$U_{T-}=(1+R_2/R_F)U_{REF}-(R_2/R_F)U_Z$、$\Delta U_T=2(R_2/R_F)U_Z$

15. （1）20ms （2）80ms

第 5 章

一、选择题

1. b d 2. a a 3. b 4. d 5. b 6. b 7. a 8. d 9. d 10. b

二、判断题

1. √ 2. × 3. × 4. √ 5. √

五、分析计算题

5. （4）$A_{uf}=21$

6. （3）$-R_F/R$

7. （1）$U_{CQ1}=11.25V$ （2）$U_{C1}=11.19$、$U_{C2}=11.31V$ （4）$R_F=9k\Omega$

8. 11，-10

9. $A_{uf}=9$ $f_{Lf}=7.3Hz$、$f_{Hf}=220kHz$

第 6 章

一、选择题

1. b 2. a 3. c 4. c 5. c 6. a 7. c 8. a

二、判断题

1. × 2. √ 3. × 4. √ 5. ×

五、分析计算题

1. 图（a）不能振荡；图（b）能振荡

2. （2）160Hz （3）≤10kΩ （4）正温度系数

3. $R=1.5k\Omega$、$R_W=15k\Omega$

4. 图（a）和图（b）都可能振荡

6. 图（a）119kHz 图（b）225kHz

7. 2.25MHz、450kHz

8. （2）串联型 （3）串联谐振频率，等效为 R

9. （2）$T=1.8ms$ （3）6V、3.8V （4）0.91、0.09

10. （1）$C=0.012\mu F$、$R_1=25k\Omega$

第 7 章

一、选择题

1. c 2. b 3. a 4. b 5. b 6. a

二、判断题

1. × 2. √ 3. × 4. √ 5. ×

五、分析计算题

2. (1) 2.25W、9W (2) 0.45W、0.75A、12V 1.8W、1.5A、24V

3. 18V、9V

4. 32V、16V

5. (1) 5V 调节 R_1 (2) 不安全

6. (1) 0 (2) R_W 增大

7. (2) 达不到 (3) $\beta>50$ (5) 99kΩ

8. (1) 9V (2) 电压并联负反馈 (3) -33

第8章

一、选择题

1. a   2. c   3. b   4. a   5. c

二、判断题

1. ×   2. ×   3. √   4. ×   5. ×

五、分析计算题

1. $U_2=30$V、$I_{VD(AV)}=0.15$A、$U_{RM}=51$V、$C=417\mu F$

2. (1) 12V (2) 理论上为一半,实际上比一半略大

3. (2) 15V (3) 19~24V

4. (1) 8~12V (2) 符合 (4) 13.3V

5. (1) $R_W=100\Omega$ (2) 15V (3) 18V

参考文献

[1] 高吉祥. 模拟电子技术 [M]. 北京：电子工业出版社，2004.
[2] 杨素行. 模拟电子技术基础简明教程 [M]. 3 版. 北京：高等教育出版社，2006.
[3] 康华光. 电子技术基础（模拟部分）[M]. 5 版. 北京：高等教育出版社，2006.
[4] 周良权，傅恩锡. 模拟电子技术基础 [M]. 4 版. 北京：高等教育出版社，2009.
[5] 杨碧石. 模拟电子技术基础 [M]. 北京：人民邮电出版社，2007.
[6] 杨碧石，束慧，陈兵飞. 电子技术实训教程 [M]. 2 版. 北京：电子工业出版社，2009.
[7] 杨拴科. 模拟电子技术基本基础 [M]. 2 版. 北京：高等教育出版社，2010.
[8] 胡宴如. 模拟电子技术基础 [M]. 2 版. 北京：高等教育出版社，2010.
[9] 徐丽香. 模拟电子技术 [M]. 2 版. 北京：电子工业出版社，2012.
[10] 余红娟. 模拟电子技术 [M]. 北京：高等教育出版社，2013.
[11] 詹新生. 模拟电子技术项目化教程 [M]. 北京：清华大学出版社，2014.
[12] 王连英. 模拟电子技术 [M]. 3 版. 北京：高等教育出版社，2014.
[13] 余辉晴. 模拟电子技术教程 [M]. 北京：电子工业出版社，2014.
[14] 劳五一. 模拟电子技术教程 [M]. 北京：清华大学出版社，2015.
[15] 华成英，叶朝辉. 模拟电子技术基础 [M]. 5 版. 北京：高等教育出版社，2015.
[16] 江晓安，付少锋. 模拟电子技术 [M]. 4 版. 西安：西安电子科技大学出版社，2016.
[17] 隆平，胡静. 模拟电子技术 [M]. 2 版. 北京：化学工业出版社，2022.
[18] 张惠敏. 电子技术 [M]. 2 版. 北京：化学工业出版社，2021.
[19] 黄冬梅，马卫民. 电力电子技术 [M]. 2 版. 北京：化学工业出版社，2023.
[20] 曾令琴，陈维克. 电子技术基础 [M]. 4 版. 北京：人民邮电出版社，2019.
[21] 徐超明，李珍. 电子技术 [M]. 北京：人民邮电出版社，2021.